"河南省职业教育品牌示范学校建设项目"改革成果教材

计算机网络技术

主　编　陈永楠　张加锋
副主编　霍红磊　赵凤姣
　　　　董　倩　聂彦亮

黄河水利出版社
·郑州·

内 容 提 要

本书是根据河南省中职对口升学大纲所编写的教材,是根据计算机网络技术课程标准编写完成的。本书主要内容包括概述、数据通信基础、计算机网络体系结构与协议、计算机局域网技术、TCP/IP 协议、网络互连技术、计算机网络应用技术、计算机网络安全与管理、参考实验。

本书可供各类中等职业学校计算机应用专业教学使用,也可作为网络技术应用从业人员的培训教材,以及其他学习计算机网络知识人员的参考用书。

图书在版编目(CIP)数据

计算机网络技术/陈永楠,张加锋主编. —郑州:黄河水利出版社,2020. 6

"河南省职业教育品牌示范学校建设项目"改革成果教材

ISBN 978-7-5509-2626-4

Ⅰ. ①计… Ⅱ. ①陈… ②张… Ⅲ. ①计算机网络-职业教育-教材 Ⅳ. ①TP393

中国版本图书馆 CIP 数据核字(2020)第 057491 号

组稿编辑:田丽萍　电话:0371-66025553　E-mail:912810592@ qq. com

出 版 社:黄河水利出版社　网址:www. yrcp. com

地址:河南省郑州市顺河路黄委会综合楼 14 层　邮政编码:450003

发行单位:黄河水利出版社

发行部电话:0371-66026940、66020550、66028024、66022620(传真)

E-mail:hhslcbs@ 126. com

承印单位:河南承创印务有限公司

开本:787 mm×1 092 mm　1/16

印张:14

字数:320 千字　印数:1—1 000

版次:2020 年 6 月第 1 版　印次:2020 年 6 月第 1 次印刷

定价:60. 00 元

《计算机网络技术》编委会

前 言

本书是一本面向中等职业学校计算机应用专业的教材,将计算机的基本理论与实用知识进行了有机的整合,弱化了比较深奥的理论知识,加强了实用知识与技能的教学。本书在内容的选择上力求做到:理论知识以必需、够用为度,注重实用技术的介绍,注重培养学生基本职业技能,具有实用、适用、先进、精练、操作性强的特点。

本书由杞县职业中等专业学校承担编写工作,编写人员及编写分工如下:项目一~三由陈永楠、张加锋编写,项目四~六由霍红磊、董倩编写,项目七~附录由赵凤姣、聂彦亮编写。本书由陈永楠、张加锋担任主编,并负责全书统稿;由霍红磊、赵凤姣、董倩、聂彦亮担任副主编。

本书在编写过程中,得到了各院校的专家、教授及出版社的支持、帮助,同时参考了不少相关资料、著作,对提供帮助的同仁及资料、著作的作者,在此一并致以诚挚的谢意!

由于编者水平有限,书中难免存在疏漏和不足之处,恳请广大师生及专家、读者批评指正。

编 者

2020 年 2 月

目 录

项目一　概　述

计算机网络的应用正在改变着人们的工作方式与生活方式,并正在进一步引起世界范围内产业结构的变化,促进了全球信息产业的发展,在各国的经济、文化、科学研究、军事、政治、教育和社会生活等各个领域发挥着越来越重要的作用。因此,计算机网络技术也引起了人们的高度重视。

通过本项目的学习可以了解计算机网络的发展形成阶段及各阶段计算机网络的特点;掌握计算机网络的功能;了解计算机网络的组成与结构;了解计算机网络的各种分类方法以及特征。

任务一　计算机网络的形成与发展

计算机网络是计算机及其应用技术与通信技术逐步发展、日益密切结合的产物,是随着社会对资源共享和信息传递的日益增强的需求而发展起来的。概括地说,计算机网络的形成与发展一般可以划分为四个阶段:面向终端的计算机网络阶段,面向通信的分组交换计算机网络阶段,面向应用的开放式标准化计算机网络阶段及进一步发展与广泛应用阶段。

一、面向终端的计算机网络

以单个计算机为中心的远程联机系统,构成面向终端的计算机网络。

所谓联机系统,就是在整个系统中只有一台具有独立处理能力的中央计算机,由中央计算机连接大量地理上处于分散位置的终端。

计算机应用的早期,使用计算机的用户必须亲自携带程序和数据,到机房或者委托机房操作员用手工方式上机。这种工作方式使用户,尤其是远地用户感觉非常的不方便。为了使用计算机,用户需要付出大量的时间、精力和资金。随着社会对计算机使用越来越广泛,迫切需要对分散在各地的用户数据进行集中处理,从而促使批量处理系统采用通信技术,出现了具有通信功能的远程联机系统。如图 1-1(a)所示,其基本思想是在计算机上增加通信功能,将远地用户终端通过通信线路直接与中心计算机相连,用户通过远程终端向计算机发送数据,计算机一边从远程终端获得输入数据,一边处理数据。最后的处理结果也经过通信线路直接送到远地的用户终端。

终端设备与计算机之间可以采取多种形式的连接方式。最初,一台终端占用一条专用线路,线路利用率很低,随着进一步采用先进的通信技术,可以使多台终端共用一条线路与主机相连,随后利用现有的公用电信网络实现了终端与计算机之间传输信息,如图 1-1(b)所示。

1951 年开始设计,1958 年投入运行的美国半自动地面防空系统 SAGE(semi-automatic

ground environment)将远距离的雷达观测站、机场、防空导弹和高炮阵地,利用通信线路与中心计算机连接起来,形成终端联机计算机系统,从而开创了把计算机技术和通信技术相结合的尝试。

(a) 简单的远程联机系统

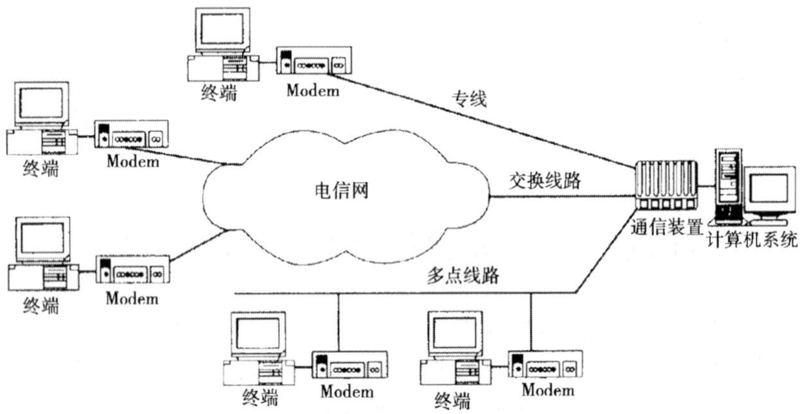

(b) 较复杂的远程联机系统

图 1-1　远程联机系统

这类简单的"终端—通信线路—计算机"系统构成了计算机网络的雏形。这种系统的特点是,在整个系统中只有一台具有独立处理能力的中心计算机,其余的终端设备都没有自主处理能力。为了区别于后来发展的多个计算机互联的计算机网络,就专称这种系统为面向终端的计算机网络。这就是被人们称作第一代的计算机网络。

随着连接的终端数目的增多,为了减轻承担数据处理任务的中心计算机的通信负担,在通信线路和中心计算机之间设置了一个前置通信处理机,专门负责与终端之间的通信控制,从而出现了数据处理和通信的分工,更好地发挥了计算机的数据处理能力。另外,在用户终端比较集中的地区设置集中器,终端通过低速通信线路汇集到集中器上,然后通过高速通信线路与远程计算机的前置处理机相连,构成如图 1-2 所示的具有前置处理机的远程联机系统。

二、面向通信的分组交换计算机网络

20 世纪 60 年代后期,出现了多台主计算机通过通信线路互联起来而为用户提供服务,即"计算机—计算机"网络。它和以单台计算机为中心的远程联机系统的显著区别在于:这里的多台主计算机都是具有自主处理能力的,它们之间不存在主从关系。这样的多台主计算机互联的网络才是目前常用的计算机网络。这种系统中,终端和中心计算机间的通信已发展到计算机和计算机间的通信,用单台中心计算机为所有用户需求服务的模式被大量分散而又互联在一起的多台计算机共同完成的模式所替代。ARPANET 是这一

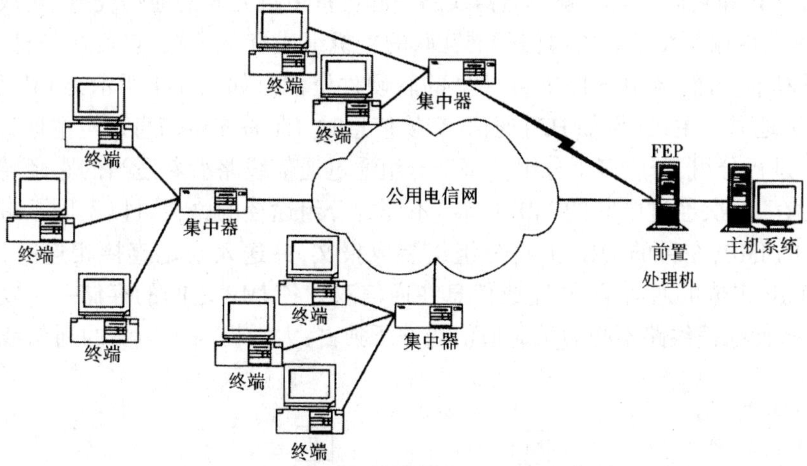

图 1-2 具有前置处理机的远程联机系统

阶段计算机网络的典型代表,20 世纪 60 年代后期美国国防部高级研究计划局 ARPA(目前称为 DARPA——defense advanced research projects agency)提供经费,联合计算机公司和大学共同研制而发展起来的 ARPA 网(ARPANET)开始运行并投入使用,标志着目前常用的计算机网络的兴起。ARPA 网的主要特点是:资源共享、分散控制、分组交换、采用专门的通信控制处理机和分层的网络协议。ARPANET 是一个成功的网络系统,它在概念、结构和网络设计方面都为后继的计算机网络奠定了基础。图 1-3 所示为采用分组交换的计算机网络。

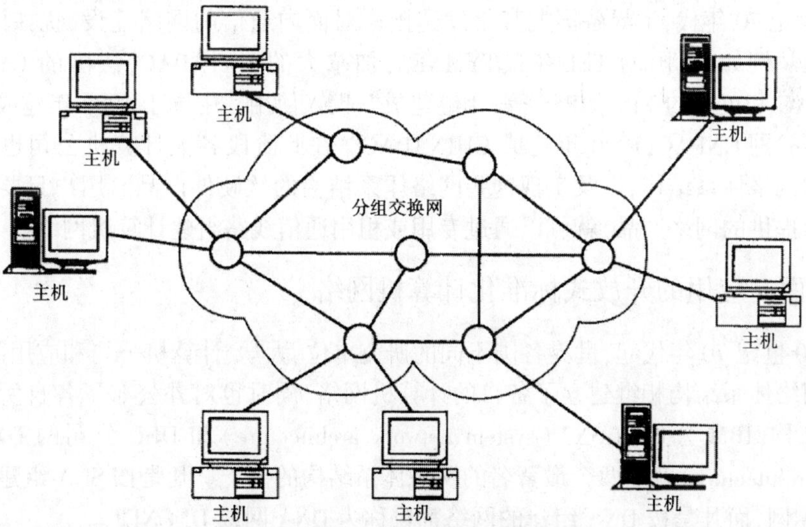

图 1-3 采用分组交换的计算机网路

ARPANET 中存储—转发的信息基本单元是分组(packet),它是将整个要交换的信息报文分成若干信息分组,对每个分组按存储—转发的方式在通信子网上传输,因此把这种以存储—转发方式传输分组的通信子网又称为分组交换数据网(PSDN)。

ARPANET 是由一种通信子网和资源子网组成的两级结构的计算机网络。由接口报文处理机 IMP 和它们之间互联的通信线路一起负责主机之间的通信任务，构成了通信子网，实现信息传输与交换。由通信子网互联的主机组成资源子网，它负责信息处理、运行用户应用程序、向网络用户提供可共享的软硬件资源。如图 1-4 所示，当某主机（例如 H1）要与远地另一主机（例如 H2）通信、交换信息时，H1 首先将信息送至本地直接与其相连的 IMP 进行分组，分成多个分组。每个分组通过通信线路沿着适当的路径转发至下一个 IMP 暂存，依次经过中间的 IMP 中转，不同的分组途径的路径可以不同。最终传输至远地的目的 IMP，在目的 IMP 上将分组组装成报文，并送入与之直接相连的目的主机。如此，由 IMP 组成的通信子网，完成信息在通信双方各 IMP 之间的存储—转发任务。采用这种方式使通信线路不必为某对通信双方所独占，大大提高了昂贵的通信线路的利用效率。

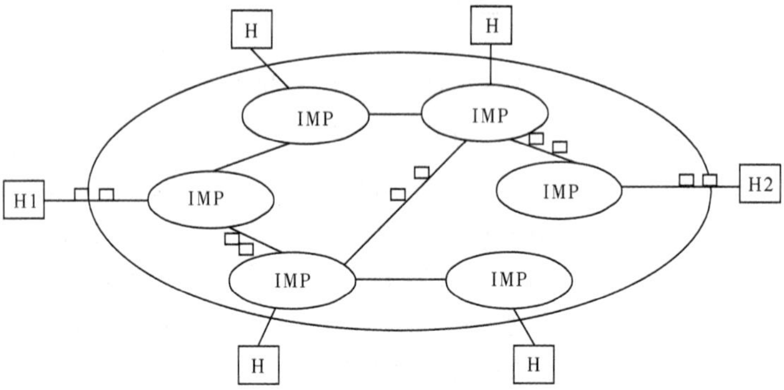

图 1-4　分组交换计算机网络示例

20 世纪 70 年代，世界各国尤其是发达国家对面向通信的网络建设，犹如雨后春笋，迅速发展。例如，美国的 TELNET、TYMNET，加拿大的 DATAPAC，法国的 CYCLADES、TRANSPAC 和英国的 NPL、BPSS 等，相继建成并投入使用。中国于 1988 年建成第一个公共数据实验网 CNPAC，1990 年建成 CHINAPAC。在此阶段各大计算机公司也都陆续推出自己的网络体系结构，以及实现这些网络体系结构的软硬件产品。用户只要购买某计算机公司提供的网络产品，就可以通过专用或租用通信线路组建计算机网络。

三、面向应用的开放式标准化计算机网络

自 20 世纪 70 年代起，世界各国不同的研究单位、大学、计算机公司和应用部门，按照不同的网络体系结构相继建立了各自的计算机网络，同时也对外公布了各自所采用的网络体系结构，IBM 公司的 SNA（system network architecture）和 DEC 公司的 DNA（digital network architecture）就是两个最著名的网络体系结构的例子。凡是按 SNA 组建的网络都称为 SNA 网，而凡是按 DNA 组建的网络都可称为 DNA 网或 DECNET。

由于第二代计算机网络是由不同的研究单位、大学、应用部门、计算机公司各自独立研制的，没有统一的网络体系结构。在不同的网络中计算机可能不是同一公司的产品，不是同一类型，它们具有不同的接口、不同的功能、不同的体系结构，使用不同的操作系统。由于这些原因，在这一阶段的计算机通信中，只有各自封闭的计算机网络，即只有同一计算机制造商生产的计算机才可以相互通信。不同结构的计算机和不同网络之间均无法通

信。例如,把一台 IBM 公司的计算机接入一个 SNA 网是不困难的,但要把一台 IBM 公司生产的计算机接入 DECNET 就不是一件容易的事情,同样,要把一台 DEC 公司生产的计算机接入 SNA 网也不是一件容易的事情。要把多种不同的计算机和网络互联在一起就更难了。

为了促进异种机互联网络的研究和发展,20 世纪 70 年代后期,国际标准化组织(ISO)制定了一个参考模型,为协调标准的研究提供了一个共同基础,允许现存的和正在演变中的标准化活动有一致的框架和前景。其最终目标是,允许任一支持某种可用标准的计算机的应用进程自由地同任何其他支持同一标准的计算机的应用进程进行通信,而不管计算机是由哪个厂商制造的。该模型称为 ISO 开放系统互联参考模型(open system interconnection basic reference model),简称 ISO/OSI RM。这个模型不涉及具体计算机通信网络的应用。它所描述的是通信软件的结构,借助于这种结构,提供可靠的数据透明通信服务,而与任何具体厂商的设备或规约无关,从而支持全球范围的应用。

四、计算机网络的发展与广泛应用

第四阶段最主要的标志是 Internet 的广泛应用,高速网络技术、网络计算与网络安全技术的研究与发展。

20 世纪 90 年代以来,Internet 作为国际性的网际网与大型信息服务系统,在经济、文化、科学研究、教育与人类社会生活等方面发挥着越来越重要的作用。Internet 是通过路由器实现多个广域网和局域网互联的大型网际网,它对推动世界科学、文化、经济和社会的发展有着不可估量的作用。对于广大用户来说,它好像是一个庞大的广域计算机网络。如果用户将自己的计算机连入 Internet,便可以在这个信息资源宝库中漫游。Internet 中的信息资源涉及商业、金融、政府、医疗卫生、信息服务、科研教育、休闲娱乐等多个方面。用户还可以使用 Internet 的 www 服务、电子邮件服务、IP 电话服务,更高性能的 Internet 2 正在发展之中。宽带网络技术的发展,为社会信息化提供了技术基础,网络与信息安全技术为网络应用提供了重要的安全保障。

以高速以太网为代表的高速局域网技术发展迅速。目前,在传输速率为 10 Mb/s 的传统以太网的基础上,速率为 100 Mb/s 与 1 Gb/s 的高速以太网已经被广泛地应用。

宽带网络的建设,正在全球范围内掀起一个高潮,很多国家的政府与企业投入巨额资金,把宽带网络作为战略产业来发展。近年来,世界各大电信运营商纷纷进行了大规模的战略重组,同时采用宽带网络技术建设了新的基础性电信网络,或是用宽带技术改造了现有的网络。宽带网络在基础设施、网络产品、信息服务等多个层面上提供了巨大的市场机会。宽带网络的发展还为新的网络服务运营商提供了发展的空间,从而也带动了网络产业的结构调整。

宽带网络是相对于传统网络而言的,它是具备较高数据传输速率和数据吞吐量的新一代网络。宽带网络可分为宽带骨干网和宽带接入网两个部分,因此建设宽带网络的两个关键技术是骨干网技术和接入网技术。基于光纤通信技术的宽带城域网与接入网技术,以及移动计算网络、网络多媒体计算、网络并行计算、网络计算与存储区域网络正在成为网络应用与研究的热点问题。

任务二　计算机网络的组成与结构

一、计算机网络的组成

计算机网络是一个复杂的系统,它与任何独立的计算机系统一样由网络硬件系统和网络软件系统组成。网络软件系统和网络硬件系统是网络必备的基本条件。对于不同的应用需求和不同的网络规模,网络的软件、硬件配置有很大的差别。

(一)计算机网络的硬件系统

网络硬件是计算机网络系统的物质基础。要构成一个计算机网络系统,首先要将计算机及其附属硬件设备与网络中的其他计算机系统连接起来。不同的计算机网络系统,在硬件方面存在着巨大的差别。随着计算机技术和网络技术的发展,网络硬件日趋多样化,功能更加强大,更加复杂。尽管不同计算机网络的硬件配置有较大的差别,但是,计算机网络的硬件系统主要是由服务器、工作站、网络接入控制设备和通信介质组成的。

1. 服务器

服务器是网络中为网络上的用户提供共享资源、提供各种服务的设备,它是整个网络的中心。因此,服务器的工作负荷很重,这就要求它具有高性能、高可靠性、高吞吐能力、大内存容量等特点,应选那些 CPU、存储器等性能较好、系统配置较高,并在设计时充分考虑散热的专用服务器,用以保证网络的效率和可靠性。较大规模的应用系统需要配置多个服务器。小型应用系统也可以用高档微机作为服务器使用。根据服务器所提供的作用和服务,可以将服务器划分为 Web 服务器、文件服务器、打印服务器、应用系统服务器、代理服务器、数据库服务器和邮件服务器等。

2. 工作站

当一台计算机连接到网络上就成为网络工作站,它是网络上的一个客户。对于一般应用系统来说,工作站的配置较低,可用个人计算机承担,它们可以使用网络所提供的服务和访问网络服务器中的共享资源。有些应用系统需要高性能的专用工作站,如计算机辅助设计需要配置图形工作站。

3. 网络接入控制设备

网络中的接入控制设备,种类繁多,但是它们完成的工作大都相似,主要是将工作站、本地局域网接入到网络,完成信号间的转换和恢复,完成网络之间的连接、控制和通信,如网卡、调制解调器、集线器、交换器、路由器等。网络接入控制设备直接影响网络的传输效率。

4. 通信介质

通信介质是计算机网络中发送方和接收方之间的物理通路。由于信号在传输过程中有噪声干扰,不可避免地会产生信号衰减或其他的损耗,而且距离越远,衰减或耗损就越大。不同的通信介质的传输数据的性能不同。计算机网络通常使用以下几种传送介质:双绞线、同轴电缆、光导纤维、无线传输介质(包括微波、红外线和激光)、卫星线路。在项目二任务五传输介质中将具体介绍以上各种通信介质。

(二)计算机网络的软件系统

网络系统与计算机系统一样,也是由硬件系统和软件系统两部分组成的。如果用户的计算机已经通过通信线路连接到网络中,但是没有安装网络软件,那么这台计算机也不可能提供任何的网络服务。计算机网络软件系统比单机的软件系统要复杂得多。计算机网络软件系统包括网络操作系统(NOS,network operating system)、网络应用服务系统等。

网络操作系统是为计算机网络配置的操作系统,网络中的各台计算机都配置有各自的操作系统,而网络操作系统把它们有机地联系起来。网络操作系统除具有单机操作系统所应需的功能外,还应具有以下网络管理功能,即网络通信功能、网络范围内的资源管理功能和网络服务功能等。目前常用的网络操作系统主要有 Unix、Linux、Microsoft 公司的 Windows 2000 Server、Novell 公司的 Net Ware 等。

二、计算机网络的子网结构

计算机网络是利用通信设备和线路将地理位置不同的具有独立处理能力的多个计算机系统互联起来,以功能完善的网络软件(网络通信协议、信息交换方式和网络操作系统等)实现网络资源共享和信息传递的系统。

计算机网络是计算机技术与通信技术相结合的产物。任何一个基本的计算机网络均可以看成由资源子网和通信子网两部分构成:资源子网提供网络的数据处理能力,通信子网用于实现网内的数据通信;通信子网包含传输介质、通信设备及相关的软件等。它承担着全网的数据传输、转接、加工和变换等通信处理工作。传输介质可以是双绞线、同轴电缆及光纤,也可以是公用通信线路,如电话线、微波等。通信设备是指通信处理机、交换设备和调制解调设备,以及用于卫星通信的地面站、微波站等。资源子网由服务器、工作站各种设备及相应的系统软件与应用软件组成,负责全网数据处理业务,向网络用户提供各种网络资源和网络服务。图 1-5 为计算机网络的子网结构。其中,T 为终端;H 为主机;C 为网络接入控制设备,包括集线器、交换机、路由器、桥接器等;SW 为接点处理机,可以是交换机、路由器等;CCU 为通信控制器;L 为传输链路。

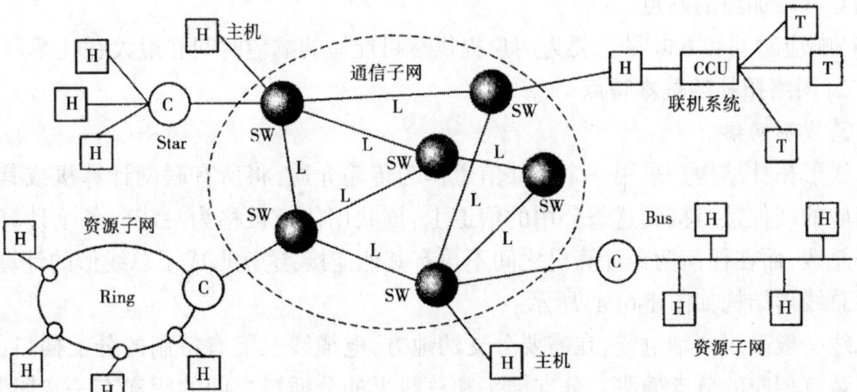

图 1-5 计算机网络的子网结构

三、计算机网络的拓扑结构

计算机网络拓扑结构指网络的几何形状，或者是网络中硬件系统相互连接的不同物理形态。计算机网络的拓扑结构主要有总线形拓扑、星形拓扑、树形拓扑、环形拓扑、网状形拓扑。图 1-6 为这 5 类网络构型的拓扑图。

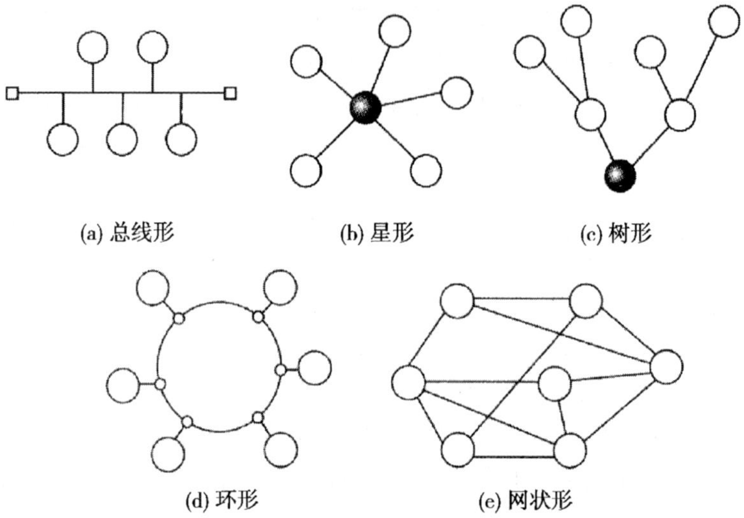

图 1-6　各种网络拓扑结构

(一) 拓扑结构的选择

拓扑结构的选择往往与传输介质的选择及介质访问控制方法的确定紧密相关。在选择网络拓扑结构时应考虑的主要因素有以下几点：

(1) 可靠性。尽可能提高网络的可靠性，以保证信息的正确传输和接收。

(2) 易维护性。系统的可维护性指设备故障检测和隔离应尽可能地方便。

(3) 灵活性。以后对网络进行扩展和改动时，能容易地重新配置网络拓扑结构，能方便地删除和增加新的站点。

(4) 响应时间和吞吐量。要为用户提供尽可能短的响应时间和最大吞吐率。

(二) 网络拓扑的基本特点

1. 总线形网络

总线形拓扑结构是采用一个公共信道作为传输介质，将所有联网计算机或其他设备通过相应的硬件接口接到这条公用的信道上，该共用信道被称为总线。各个计算机共用这一条总线，而在任何两台计算机之间不再有其他连接，这就形成了总线形的计算机网络结构。总线形结构如图 1-6(a) 所示。

总线一般采用同轴电缆，在需要分支的地方，电缆线上配有特制的分支插口，连接模块上也装有相应的分支插头。分支插头和总线上的分插口之间的距离有一定限制，一般要求在几厘米的范围；否则会影响总线的电气特性。

总线上传的信息，通常以基带的形式串行传送，它的传送方向总是从发送信息的节点开始向两端传送，如同广播电台发射的信息向四周扩散一样。因此，这种结构的网络又称为广播式计算机网络。

在同一时刻,只能有一台计算机发送信息,网络上其他计算机接收信息,这种接收只是被动地接收,它不负责再生数据并将其往前发送,当总线超过一定长度后,信号的质量将得不到保证,所以对网络总线的长度都有一定的限制。

如果要延长总线的长度,使其连接更多数量的计算机,需要增加中继器等设备将信号再生并向前发送。但不能靠中继器无限制地延长总线的长度,由于总线上的计算机要分别独占总线,当总线上的计算机数量增加后,单台计算机需等待更长的时间才能发送数据,从而使网络速度变慢。

由于总线作为公共传输介质为多台计算机所共享,就有可能出现同一时刻有两个或两个以上的计算机利用总线同时发送数据,因此会出现冲突,造成传输失败。

总线形网络结构简单,易于安装且价格低廉,是常用的局域网拓扑结构之一。

总线形网络的主要缺点有:如果总线断开,网络就不能使用;总线的传输距离有限,通信范围受到限制;故障的诊断和隔离较困难;不能保证信息的及时传送;不具有实时功能。

2. 星形网络

星形网络结构由一中心点(如集线器)和计算机连接成网。集线器是网络的中央布线中心,各计算机通过集线器与其他计算机通信,星形网络又称为集中式网络。星形网络如图 1-6(b)所示。

集线器(hub)是一种特殊的中继器,它可以把多个网络段连接起来。在星形网络中,如果一台计算机或该机与集线器的连线出现问题,只影响该计算机的收发数据,网络的其余部分可以正常工作;但如果集线器出现故障,则整个网络陷于瘫痪。

星形网络便于管理、结构简单、扩展网络容易,增加或去掉某个计算机,不影响网络的其余部分,更改容易,也容易检测和隔离故障。

需要强调指出,应注意物理布局与内部控制逻辑结构的区别。有的网络用集线器连接组成的拓扑结构,在物理布局上是星形的,但在逻辑上仍是原来的内部控制结构。例如,原来是总线以太网,尽管使用了集线器形成星形布局,在逻辑上网络控制结构仍然是总线形网络。自 20 世纪 90 年代开始,随着以太网 10BASE-T 标准的推出及集线器的使用,总线形网络逐步向星形网络拓扑演化。

3. 树形网络

树形拓扑形状像一棵倒置的树,有一个树根,树根以下带树干,树干下面带分支,每个分支下面还可以再带子分支,如图 1-6(c)所示。树根接收各点发送的数据,然后再广播发送到全网。树形拓扑易于扩展、便于管理,故障检测和隔离容易,如果某一分支的计算机或者线路发生故障,很容易将故障分支与整个网络隔离起来,网络的其余部分可以正常工作。

树形网络的缺点是,各个节点对根节点的依赖性太大,如果根发生故障,则全网就会瘫痪。

4. 环形网络

环形网络是将各个计算机与公共的缆线连接,缆线的两端连接起来形成一个封闭的环,数据包在环路上以固定方向流动。环形网络结构如图 1-6(d)所示。

由于计算机连接成封闭的环路,因此不需要端接器来吸收反射信号。信号沿环路的一个方向进行传播,通过环路上的每一台计算机。每台计算机都接收信号,并且把信号再生放大后再传给下一台计算机。假如环路中的某一计算机发生故障,环形网络将不能正常地传送信息,从而影响到整个网络。

在环形网络中,一般通过令牌来传递数据。令牌依次穿过环路上的每一台计算机,只有获得了令牌的计算机才能发送数据。当一台计算机获得令牌后,就将数据加入令牌中,并继续向前发送。带有数据的令牌依次穿过环路上的每一台计算机,直到令牌中的目的地址与某个计算机的地址相符合。收到数据的计算机返回一个消息,表明数据已被接收,经过验证后,原来的计算机创建一个新令牌并将其发送到环路上。令牌传送数据的方法也经常用于总线形网络,此时,各计算机形成一个逻辑环路。

环形网络中信息流控制比较简单,信息流在环路中沿固定方向单向流动,两个计算机节点之间仅有唯一的通路,故路径选择控制非常简单。所有的计算机都有平等的访问机会,用户多时也有较好的性能。

5. 网状形网络

容错能力最强的网络拓扑是网状拓扑。在这种网络中,网络上的每个计算机(或某些计算机)至少有两条或两条以上的线路与其他计算机连接。网状形网络结构如图1-6(e)所示。

在网状形网络中,如果一个计算机或一段线缆发生故障,网络的其他部分依然可以运行。如果一段线缆发生故障,数据可以通过其他的计算机和线路到达目的计算机。

网状拓扑建网费用高、布线困难。通常,网状拓扑只用于大型网络系统和公共通信骨干网,如帧中继网络、ATM网络或其他数据包交换型网络。这些网络主要强调网络的可靠性。

任务三　计算机网络的类型及其特征

可以按多种方法对计算机网络进行分类。按拓扑结构进行分类,有总线网、环形网、星形网等;按网络的覆盖范围分类,有局域网、城域网、广域网、互联网等;按通信介质分类,有有线网、无线网、卫星网等;按交换方式分类,有电路交换网、报文交换网、分组交换网;按资源共享方式分类,有对等网和服务器/客户机网;根据传输介质不同的利用方法分类,有共享介质的网络和交换式网络。其中,比较常用的方法是按网络的覆盖范围分类、按资源共享方式分类和根据网络对传输介质的利用方式分类。

一、按网络的覆盖范围分类

按网络的覆盖范围分类,可以将计算机网络分为局域网、城域网、广域网和互联网。网络的规模是以网上相距最远的两台计算机之间的距离来衡量的。

(一)局域网(LAN)

局域网是局部区域网(local area network)的简称,这类网络的作用范围有限,是将小区域内的各种通信设备互联在一起的网络,其分布范围局限在一个房间、一幢大楼或一个校园内，用于连接个人计算机、工作站和各类外围设备构成计算机网络。一般来说，局域网的覆盖范围最大不超过 10 km。

(二)城域网(MAN)

城域网(metropolitan area network)，又称市域网，指所有主机(工作站点)分布在同一城区内，网络覆盖范围为 10~100 km。

(三)广域网(WAN)

广域网(wide area network)是广阔区域网络的简称，指网络中所有主机与工作站点分布的地理范围能够覆盖数百千米至数千千米以上的范围，网络可以覆盖一个大城市、一个国家或一个洲，甚至跨越几个洲等。

(四)互联网(internet)

互联网实质上是指两个或多个网络互联所形成的网络。Internet 是目前世界上最大的、应用最广泛的互联网络。

二、按资源共享方式分类

按资源共享方式分类，可将计算机网络分为对等网和服务器/客户机(基于服务器)网。

(一)对等网

在计算机网络中，每台计算机都是平等的，各台计算机既是服务器又是客户机。每台计算机分别管理自己的资源和用户，同时又可以作为客户机访问其他计算机的资源。对等网非常适合于小型的、任务轻的局域网，例如在普通办公室、家庭、游戏厅、学生宿舍内建立对等局域网。

(二)服务器/客户机(基于服务器)网

在网络中有几台计算机或设备只作为服务器为网络上的用户提供共享资源，而其他的计算机仅作为客户访问网络上的共享资源，这样的网络就是服务器/客户机网络。根据服务器所提供资源的不同，又可以把服务器分为文件服务器、打印服务器、应用程序服务器、通信服务器等。

基于服务器的网络可以集中管理网络中的共享资源和网络用户，具有较好的安全性。由于重要的资源集中在几台服务器上，这些服务器还可以集中存放，所以容易管理和维护；这种网络可以对网络用户进行分组管理。在实际应用中，大多数的局域网都是基于服务器的局域网网络。

三、根据网络对传输介质的利用方式分类

计算机网络是通过传输介质来传输信息的。传输介质的两种不同的利用方法形成了两种类型的网络，即共享介质的网络和交换式网络。

(一)共享介质的网络

传统的局域网大都是以共享传输介质为基础的，例如在以太网络上各工作站共享总线，每一时刻只有一个工作站占用总线，在令牌环网上只有拥有令牌的工作站才能往网络发送信息。在这样的网络上，随着用户的增多，每个用户所能占用传输介质的时间将越来

越少、网络通信的延时将增加。为了解决这个问题,人们采用网络微化技术,即在网络中增加网桥或路由器将网络分成若干个小的网段,各个网段内的计算机共享传输介质。如果要访问的目标计算机在其他网段内,则该访问信息才能穿过网桥或路由器,如果要访问的目标计算机就在本网段内,则访问信息就由网桥或路由器限制在该网段内。

(二)交换式网络

交换式网络类似于电话网,电话网通过各电话交换机连接起来,每个电话交换机又连接若干个电话分机,在同一个电话局的两个用户通话也要通过电话交换机。在交换式网络中,需要设置网络交换机,与网络交换机相连的网络或计算机之间可以经过交换机通信。

局域网交换技术通过把节点工作站按照需要交换到特定的网段,在网段上按需要配置可以控制数目的工作站。

局域网交换技术把共享介质分段,使每个 LAN 段上节点工作站的数目减少到适当的程度,减少网络冲突。局域网交换可以比拟成将 1 个大型全体会议分散成同时在若干个小会议室内开小型会议的例子。在 1 个大型全体会议上同时只允许有 1 个人发言,若在 5 个小会议内同时开小型会议,同一时刻便允许有 5 个人发言。局域网的分段还可以对特定的网段隔离通信,同时给工作站配置和管理带来了方便和灵活性。

小　结

计算机网络是电子计算机及其应用技术与通信技术逐步发展、日益紧密结合的产物,随着技术的发展和应用的需要,计算机网络经历了四个发展阶段,即面向终端的计算机网络阶段,面向通信的分组交换计算机网络阶段,面向应用的开放式标准化计算机网络阶段以及进一步发展与广泛应用阶段。

计算机网络是利用通信设备和线路将地理位置不同的、具有独立功能的多个计算机系统互联起来,以功能完善的网络软件(网络通信协议、信息交换方式和网络操作系统等)实现网络中资源共享和信息传递的系统。

计算机网络由通信子网和资源子网组成,通信子网负责网络中的信息传递;资源子网负责信息处理。

网络拓扑结构指网络中节点与链路相互连接的不同物理形态。基本网络拓扑结构有 5 种,分别为总线形拓扑、星形拓扑、树形拓扑、环形拓扑、网状形拓扑。

可以按照不同的分类方法,对计算机网络进行分类。计算机网络常用的分类方法有:按网络的覆盖范围分类、按资源共享方式分类和根据网络对传输介质的利用方式分类。

按网络的覆盖范围分类:可以将计算机网络分为局域网、城域网、广域网、互联网;按资源共享方式分类有对等网和基于服务器的网络;根据网络对传输介质的利用方式分类有共享介质的网络和交换式网络。

习　题

1. 简述计算机网络的定义、分类和主要功能。

2. 计算机网络发展分为几个阶段？每个阶段各有何特点？

3. 计算机网络由哪几部分组成？各部分的作用是什么？

4. 谈谈你对资源共享的理解。

5. 常用的网络拓扑结构有哪几种？各有什么特点？

6. 判断下列哪些系统是计算机网络？并说明是局域网还是广域网。

(1)在一个计算机房里，100 台微机和打印机等设备连在一起，相互共享文件和打印机。

(2)在计算机室里有一台功能强大的小型机连接了 10 个终端和打印机，用户可以使用小型机和打印机。

(3)在一家庭的住房里，有两台计算机互联共享其中一台的打印机和调制解调器。

(4)一个经常出差的推销员用随身携带的便携式计算机通过普通电话网向公司总部的主机传递文件。

(5)在一家公司的计算机室里有 20 台独立的计算机，20 位文字录入员各自输入文稿的一部分并存放在软磁盘里，最后在一台计算机上把各部分文稿编辑在一起。

7. 基于服务器的网络与对等网络有什么不同？

8. 共享介质的网络和交换式网络有什么区别？

项目二　数据通信基础

数据通信技术是建立计算机网络系统的基础之一。无论是计算机与计算机之间,还是计算机与终端之间,它们之间要进行数据交换,都要借助于数据通信技术。模拟通信在通信技术发展的早期占有很大的比例,如有线和无线的语音广播、电话和电视,通信设备发送、传输和接收的都是模拟信号。现代通信中数字通信占据越来越重要的地位。如果把计算机内的元器件看成是通信设备,那么它们之间的通信都是数字的。本项目主要通过对数据通信模型的介绍,讲述数据交换技术、数据编码、信道复用、差错控制等内容,为后续项目的学习提供必备的基础知识。

任务一　数据通信模型

大家都知道打电话的过程,呼叫的一方拿起话筒拨号,被呼叫的一方听到电话机振铃后拿起话筒,然后双方开始交谈。在交谈的过程中,语音以模拟声波的形式发出信息,声波经过电话机转换成模拟的电信号,这个电信号通过电话线进行传输,到达通话的另一方的电话机后,再转化成声波的形式从听筒里发出。听话的一方所听到的声波不是说话的一方所发出的声波的准确复制,而是变了调的声音,这是由于信号在传输过程中要受到干扰而发生畸变,只是这种畸变一般不会改变语言的可懂性,再加上人有识别模糊信息的智能,所以这种变形的声波也能被听懂。

下面来看一看两台计算机之间传输文件的过程。图 2-1 表示两台远程的计算机通过电话线路传输文件。首先,计算机 A 通过调制解调器和电话线路与计算机 B 建立连接;然后,利用通信软件,计算机 A 将存在磁盘上的文件通过建立的连接传到计算机 B 的磁盘里。这样接收到的文件和发送的文件是完全一致的。

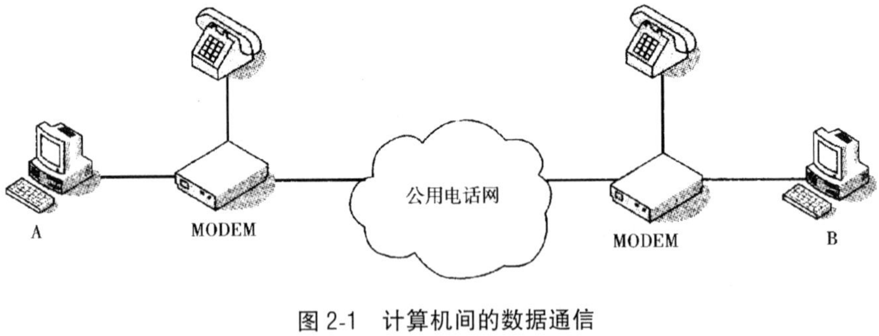

图 2-1　计算机间的数据通信

上述文件传输过程看似简单,其实它包含了非常复杂的通信技术。假设在计算机 A 中的文件中包含一条问候信息"Hello World!",这一问候信息其实由一些 ASCII 码字符组成,而每个 ASCII 码字符又是 8 位二进制数的序列,所以计算机 A 中的文件由一个二进制数的计算机网络序列组成。在发送文件时,这个二进制数的序列从磁盘调入计算机的内存,然后通过计算机与调制解调器之间的通信电缆,二进制数的序列被送到调制解调器时,成为一个二进制的电信号序列。为了防止传输错误,调制解调器往往在这个二进制的电信号序列中添加一些错误校验信息,然后转换成适合于在电话线中传输的模拟信号,以便有效而可靠地传输。在这个模拟信号的传输的过程中,由于信号的能量会有所衰减和受到其他的干扰,所以在接收端,计算机 B 的调制解调器收到的信号往往与计算机 A 的调制解调器发出的信号不同。计算机 B 的调制解调器将接收到的信号转换回二进制的电信号序列,并根据校验信息试图发现或纠正传输中的错误。正确的二进制电信号序列被送到计算机 B 的存储器里,然后又转储到磁盘中。计算机 B 的用户打开接收到的文件就可以看到接收到的信息,这条信息通常是发送的原始信息的准确复制。

从上面的描述可以看出,计算机间的通信和普通电话机间的通信有着一些显著的区别。首先,计算机通信系统中发送和接收的是数字信号,而电话通信中发送和接收的是模拟信号;其次,计算机间的通信增加了信号变换的设备,例如调制解调器,通过它可以在模拟信号线路上传递数字数据,并且可以发现或纠正传输中的错误。再者,在计算机间的通信中,接收到的数据和发送的数据通常是完全一致的,而在电话通信中,接收的却是变了样的原始信号的仿制品。

本项目介绍的通信系统是指计算机间的数据通信系统。将上面的计算机间传输文件的系统抽象化,就成为如图 2-2 所示的数据通信系统模型。

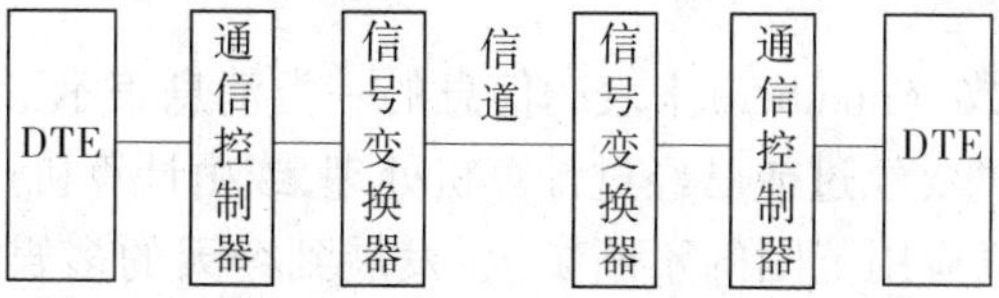

图 2-2　数据通信系统模型

在图 2-2 中,DTE(data terminal equipment)是数据终端设备,它是数据的出发点和目的地。数据输入/输出设备、通信处理机和计算机属于 DTE 的范围。DTE 根据协议控制通信的功能。通信控制器负责 DTE 和通信线路的连接,完成数据缓冲、速度匹配、串并转换等。如微机内部的异步通信适配器(UART)、数字基带网中的网卡就是通信控制器。

信道是传输信号的通道,可以是有线的传输介质,也可以是无线的传输介质。信号变换器的功能是把通信控制器发出的信号转换成适合于在信道上传输的信号,或者相反,把从信道上接收的信号转换成通信控制器所能接收的信号。如调制解调器、光纤通信网中的光电转换器。信号转换器和其他的网络通信设备又统称为数据通信设备(DCE,data communication equipment),DCE 为用户设备提供入网的连接点。

任务二　数据传输技术

数据传输技术主要是指数据信号的变换(信号编码)及其与传输信道相匹配的问题,以便尽可能提高传输质量,降低误码率。

一、术语和概念

(一)信息、消息、信号和数据

信息(information)是消息所包含的内容。例如,每天的天气预报是一种消息,预报中告知某日某时的真实天气情况如何,就是该消息所包含的“信息”,即消息的含义。

消息(message)是表达信息的表示形式。消息的形式是多样的,同一种信息内容可用不同形式(例如文字、声音、图形、图像等)的消息来表达。例如,天气预报信息,可用文字消息,也可用话音消息来表达。在时间上连续变化形式的消息称为模拟消息,例如由人嘴或扬声器发出的声波话音,由传感器指示出的温度、湿度等的连续变化等。用数码表达的、不连续变化(离散)形式的消息称为数字消息(或叫离散消息),例如由键盘打出来的字母或由文字或数字记录的各种量值和内容等。

信号(signal)是为消息的传播而用来表达消息的一种载体。在电(光、声)通信中,就要使用电(光、声)信号波形(如正弦波、脉冲波等)来作为消息的载体,然后把消息寄附(携带)在波形的某个特征参量(如幅度、频率、相位、宽度等)上。如果信号波形参量上携带的是模拟消息,则该信号参量必然按时间随消息而连续变化,称这种信号为模拟信号;如果信号波形参量上携带的是离散消息,则该信号参量必然是离散取值的,称这种信号为数字信号。使用 A/D 装置,可以将模拟信号变换成数字信号;使用 D/A 装置,则可以将数字信号变换成模拟信号。

数据(data)是以“数”(number)来表达信息的一类消息表示形式,即数据类消息。它指“计算机数据”,也即“要经过或已经过计算机处理,或由计算机产生的任何东西”,就称为“数据”。随着计算机应用范围的不断扩大,发展到今天的多媒体时代,数据的概念就非常广义了,从声音、图像到文字、图片,甚至由光、电磁、温度、湿度等传感而来的量值,将它们数字化之后作为计算机处理(或传输)的对象时,都可归类为“数据”。由此可见,数据的定义与计算机相关,计算机通信和网络所操纵的对象就是数据,也只能是数据。

(二)模拟通信、数字通信和数据通信

如果消息的表示形式(信号)是模拟的,例如普通的模拟话音或图像信号,直接用其模拟信号来表示和传递消息的通信方式叫作模拟通信(analog communication)。如果消息经过(或不必经过)数字化处理后便成为离散消息,然后用其数字信号来表示和传递消息的通信方式叫作数字通信(digital communication)。这一对通信技术的概念只是在消息载体(信号)形式上的区分,与被传递的消息是数据类还是话音类无关。

数据通信(data communication)是特指传递数据类消息的通信方式。因为数据的传送载体既可使用模拟信号也可使用数字信号,所以传输数据类消息既可用模拟通信技术实现“模拟的数据通信”,也可用数字通信技术实现“数字的数据通信”。

二、数字数据

数据可以分为两类,即模拟数据和数字数据。模拟数据的物理信号容易实现,但是不精确且容易受干扰。数字数据具有精确及受扰动可以恢复的特性,数字数据最常用的是十进制数,但物理实现最容易且已经采用的是二进制形式。现代的数字计算机即采用二

进制。通过二进制数字的各种排列组合可以形成数值、字符串及其他各类型的数据。较早的数据通信系统是电报系统，它采用的是莫尔斯码；现代计算机最通用的代码是美国标准学会(AN-SI)所颁布的ASCII码；中国使用的汉字及其他一些符号采用国标码。

莫尔斯电报码是由萨谬尔·莫尔斯所发明的，在电报操作中很流行。莫尔斯电报码很简单，是一种用一连串的滴答声和停顿间隔来表示字母和数字的方法。例如，莫尔斯电报码用一短的滴答声后跟一长的滴答声来表示字母A。在定义电报码所代表的值时，莫尔斯试图用短的滴答序列来表示经常使用的字母，这样它能更快地传送信息。

ASCII码(american standard code for information interchange)是美国信息交换标准代码的简称。它采用8位二进制表示1个字符，又常称为7单位码(第8位为奇偶校验位)。此种编码共有128种编码字符。在一般情况下，若是同步传输时采用偶校验，异步传输时采用奇校验。由于这种代码扩展了编码的范围，并具有一定的检错能力，故在计算机通信领域中得到广泛的采用。

三、模拟数据数字化

数字传输(digital transmission)在信息传输过程中是用有限个离散值的信号来表达信息。要利用数字信号传输像电话语音那样的模拟数据，首先需要将它数字化，一般在发送端设置一个模拟/数字转换器(A/D)，将语音模拟信号变换成数字信号再发送。而在接收端设置一个数字/模拟转换器(D/A)，将接收的数字信号转变成语音模拟信号。通常把模拟/数字转换器称为编码器，而把数字/模拟转换器称为解码器。计算机数据是数字数据，因此如果采用数字传输方式，就不再需要调制解调器，这样就可以省去数字与模拟之间的变换和反变换。将模拟信号数字化的方法有两种，即脉冲编码调制和增量调制。

脉冲编码调制(PCM，pulse code modulation)是把模拟信号转换成数字信号的最基本方法之一，其理论基础是采样定理。对模拟信号进行幅度采样，使连续信号变为时间轴上的离散信号。根据采样定理，如果模拟信号$f(t)$的最高频率为f_m，对于该连续变化的模拟信号进行周期性的采样，只要采样频率不小于f_m的2倍，即在均匀间隔$T \leqslant 1/2f_m$的各点对$f(t)$进行采样，则这些离散的幅度采样值可以无失真地恢复成原来的模拟信号。数字化转换过程包括采样、量化和编码三个步骤。

(1)采样。是每隔一定的时间间隔，把模拟信号的幅值取出来作为样品，并让其代表原信号，取样频率$f_s \geqslant 2f_m$。f_s越高则精度越高，但如果过高，会过多地增加计算量。

(2)量化。实际上是一个分级的意思，将模拟信号按幅度划分成N个量化级。将连续量变成离散量的过程称为量化，即把采样所得到的信号脉冲幅度按量级比较，并且用取整或四舍五入等方法，使每一个采样值归并到某个临近的整数。脉冲幅度经量化后，它的取值就不再是连续的了，而是以一定时间差距出现的有限个数值。

(3)编码。是用一定位数的二进制数来表示采样所得脉冲的量化幅度。如果有N个量化级，那么每次取样将需要$\log_2 N$位个二进制数码。目前，在语音数字化脉码调制系统中，通常分为128个量级，即用7位二进制数来表示它。每个样值的二进制码组称为码字，其位数称为字长。

如图2-3所示，对模拟信号$f(t)$在T_1、T_2、T_3、T_4、T_5时刻采样得到的值分别为4.0、

6.9、4.9、1.4、2.2。按8个量级四舍五入量化后分别得整值:4、7、5、1、2。采用3位二进制编码后,其编码分别是100、111、101、001、010。在发送端,经过这样的变换过程,就把模拟信号转换成进制编码脉冲序列,然后发送到信道上进行传输。在接收端,接收到二进制编码脉冲序列后,首先进行译码,将二进制数码转换成为代表原来模拟信号的幅度不等的量化脉冲,再经过滤波(如低通滤波器)即能使幅度不同的量化脉冲恢复成原来的模拟信号。

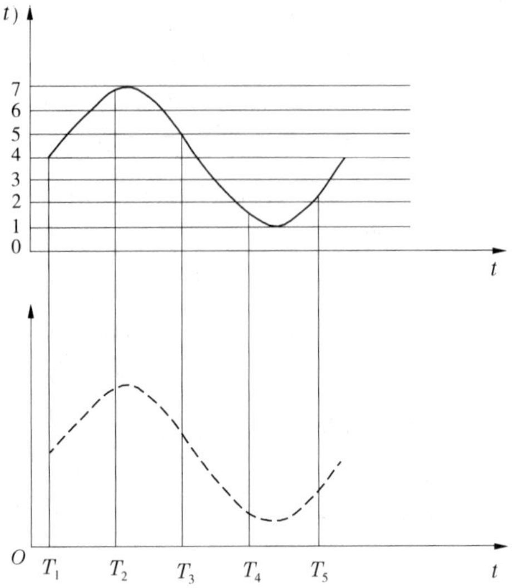

图 2-3　PCM 脉冲编码调制

脉冲增量调制是在脉冲编码调制的基础上发展起来的,它是实现模拟信号数字化的另一种方法。所不同的是,在脉冲编码调制中,是以一组代码序列表示模拟信号的采样值,为了减少量化噪声,一般采用较长的代码组或较复杂的编译码设备。而在脉冲增量调制中,是用1位二进制码表示相邻采样值的相对大小。

四、数据编码

在通信系统中,要把数字数据或者模拟数据从一个地方传到另一个地方总是要借助于一定的物理信号,如电磁波和光。而物理信号可以是连续的模拟信号,也可以是离散的数字信号。模拟数据和数字数据两种数据形式中的任何一种数据都可以通过编码形成两种信号(模拟信号和数字信号)中的任何一种信号。于是就产生了四种数据传输形式,即模拟信号传输模拟数据、模拟信号传输数字数据、数字信号传输模拟数据和数字信号传输数字数据,如图 2-4 所示。

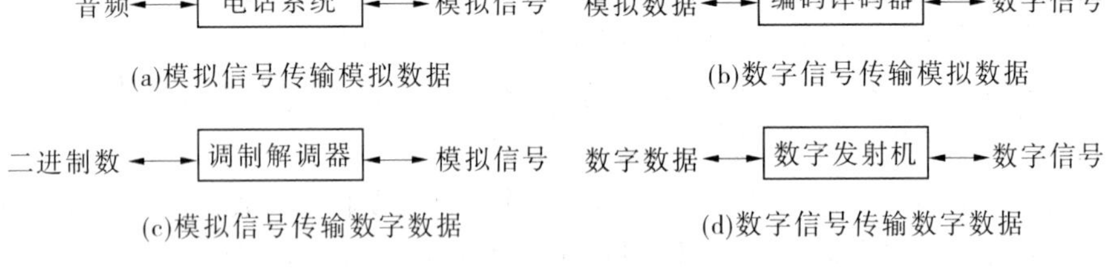

图 2-4　数据传输的形式

使用数字信号传输数据时,数字信号几乎要占用整个频带,也就是终端设备把数字信号转换成脉冲电信号时,这个原始的电信号所固有的频带,称为基本频带(base band),简称基带。在信道中直接传送基带信号时,称为基带传输。采用模拟信号传输数据时,往往只占有有限的频谱,对应基带传输将其称为频带传输。

(一)数字数据的模拟信号编码

传统的远距离通信线路大多为频带传输线路(例如载波电话线路),不能直接传输数字数据的基带信号,即不能传输接近于零频率的分量,所以必须采用模拟信号传输。模拟信号传输的基础是载波,它是一个频率恒定的连续正弦波信号。因此,必须用基带脉冲对载波进行调制,变换成适合于远距离传输线路传输的频带信号,此即对数字数据的模拟信号编码[通常称为"数字调制技术的波形制"(见图 2-5)]过程。通过对载波信号的不同参数(振幅、频率、相位)进行调制,可以得到 3 种性能各异的调制方法。下面是数字数据对载波信号进行调制的 3 种基本形式,统称为"数字调制技术"。

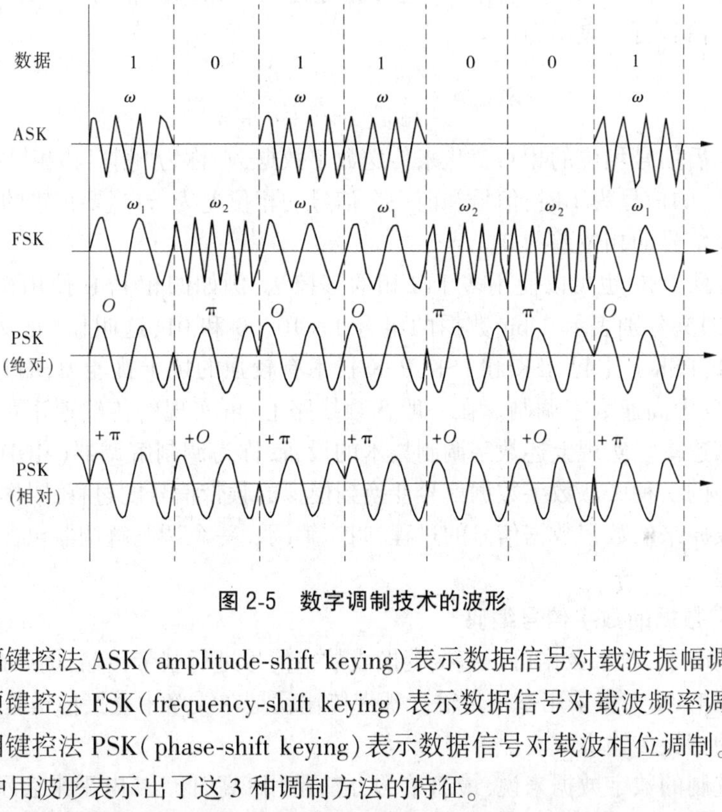

图 2-5 数字调制技术的波形

(1)振幅键控法 ASK(amplitude-shift keying)表示数据信号对载波振幅调制。

(2)移频键控法 FSK(frequency-shift keying)表示数据信号对载波频率调制。

(3)移相键控法 PSK(phase-shift keying)表示数据信号对载波相位调制。

图 2-5 中用波形表示出了这 3 种调制方法的特征。

如图 2-5 所示,用基带信号对一个载波信号的振幅进行调制,称为调幅 AM,基带信号是数字信号,就称为振幅键控 ASK。它是用载波的 2 个不同的振幅来表示 2 个二进制值,或者是用"载波存在"来表示数字"1",而用"载波不存在"来表示数字"0"。ASK 方式容易受增益变化的影响,是一种效率相当低的调制技术。在音频线路上,通常只能达到 1 200 b/s 以下的数据速率。

用基带信号对一个载波信号的频率进行调制,称为调频 FM。若基带信号是数字信号,就称为频率键控 FSK。它是用载波频率(或中心频率)的正负偏移表示 2 个二进制值。如要进行全双工通信,则必须采用两个载波,其中一个形成正向传输频带,另一个形成反向传输频带。例如,设正向频带中心频率为 1 170 Hz,分别使用频率 1 070 Hz 和 1 270 Hz 的信号来表示 0 和 1,相对于中心频率各移位 100 Hz,与此类似,反向频带中心频率是 2 125 Hz,两边也各有 100 Hz 移位的频率为 2 025 Hz 和 2 225 Hz。此正、反向两个频带几乎不存在重叠,因此正、反向信道之间几乎不会互相串扰。在一般音频线路上,实现的数据速率通常可达 1 200~2 400 b/s。这种方式也广泛用于高频(3~30 MHz)和甚高频(30~300 MHz)的无线电传输。

用基带信号对一个载波信号的相位进行调制,称为调相 PM。若基带信号是数字信号,就称为移相键控 PSK。在 PSK 方式下,利用载波信号的相位偏移来表示数据,分为绝对相位调制和相对相位调制。如图 2-5 所示的二相 PSK 方式,用初始相位为 $\phi=0°$的等幅正弦信号来表示数据“1”,用初始相位为 $\phi=180°$的等幅正弦信号来表示数据“0”,数据“0”和“1”的相位固定不变,这叫作“绝对移相键控”,如果载波信号为 $A\cos(2\pi ft+\theta)$,则绝对移相键控信号可以表示为

$$S(t)=\begin{cases}A\cos(2\pi ft+\theta)\\A\cos(2\pi ft+\theta+\pi)\end{cases}$$

若利用前后信号相位的相对变化来传送数字数据,则称为“相对移相键控”,如图 2-5 所示,当要传输的信号为 1 时,信号和前一个信号的相位差为 π;当要传输的信号为 0 时,信号和前一个信号的相位差为 0。

相位键控法 PSK 也可以使用多于二相的键控法,例如四相 PSK 使用初始相位 45°、135°、225°和 315°分别表示 2 bit 数据的组合 11、10、00 和 01,这叫作“正交四相移相键控”,表示为 4QPSK。比起 ASK 和 FSK,PSK 技术有较强的抗干扰能力,而且频带利用率更有效,可实现中高速数字调制。在一般音频线路上,可实现的传输速率可达 9 600 b/s 或更高的数据速率。实现上述数字调制技术的设备,称为调制解调器(MODEM),它属于信号变换器中的一种。从数字数据信号变换到模拟的频带信号的过程,叫作调制;从频带信号反变换成原来的数字数据信号的过程,叫作解调。一个调制解调器包含了正、反向变换的双重功能。

(二)数字数据的数字信号编码

在很多情况下,数字数据可以直接变换成数字信号进行基带传输,例如在近距离内通信的局域网络 LAN 大多采用基带传输。基带传输就是在线路中直接传送基带信号,这是一种最简单的直接传输方式。

对于二进制的数字数据来说,最简单的办法是用“高、低”二电平来表示两个二进制数字,即直接使用数据的原始数字波形(通常是矩形脉冲序列)。但是,这种最简单的编码方法也就决定了它只能具有最差的传输性能。因为,在基本条件保持不变的情况下,决定传输质量的重要指标是信噪比、数据速率和信号带宽,它们的关系是:数据速率增加,误码率增加;信噪比下降,误码率也增加;增加带宽,数据速率可增大。这种互相制约的关系,最后体现在数字信号的带宽(由信号波形反映出来)选择上,所以要求设计出最合适的数字信号编码波形。

另外,在进行数字的基带传输时,收发两端之间的信号必须保持严格的位同步关系,才能进行准确的接收判决。通常,发送端通过传输出去的信号波形来携带位同步信息,接收端则从接收到的信号波形中将位同步信息提取出来加以利用,实现与发送端之间的比特同步关系。不同的信号波形所包含同步信息的多少程度是不同的。因此,设计和选择

不同的信号编码波形的目的,除对信号带宽的考虑外,更重要的是能否包含更多的位同步信息。

常用的数字信号编码方法主要有以下几种:

(1)不归零(NRZ)码。

(2)归零(RZ)码。

(3)曼彻斯特码、差分曼彻斯特码。

(4)双极性码。

图 2-6 画出了这五种编码波形,通过比较,如下两点是值得注意的:

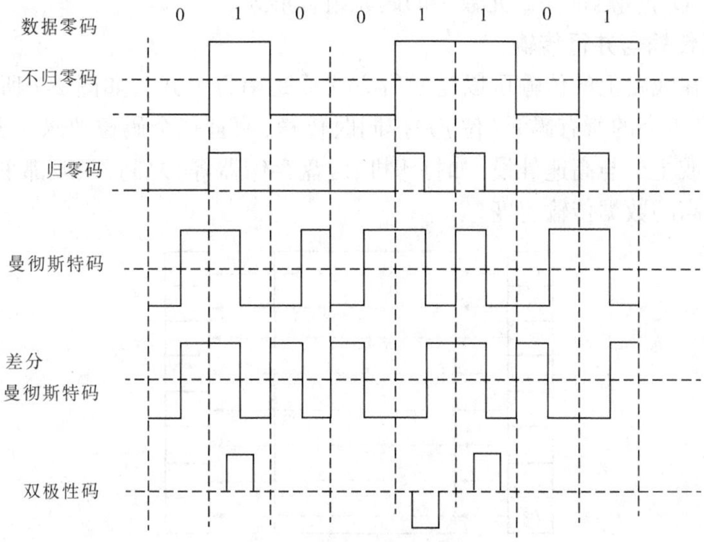

图 2-6　数字编码波形条

(1)凡是不归零码,不是每一个比特位都有对应的位定时信号,在传输时就要求用某种方法来使发送器和接收器之间进行定时或同步。凡是归零码,其信号的脉冲较窄,信号的频谱较宽,因而在传输时占用信道的频带也就比较宽。

(2)因为单极性码会存在直流分量,这就要求在传输线路上不能使用变压器或其他具有绝缘的交流耦合元件。双极性码大多能做到趋近零的直流分量。从长时间统计来看,数据序列中"1"码的位数和"0"码的位数几乎相等,那么双极性码就几乎不存在直流输出,交替双极性码也没有直流输出,这避免了对数据传输线路中使用交流耦合元件的限制。

在数字数据传输中,有两类位同步方法:

(1)外同步法。在发送数据期间,发送端先向接收端发出一定长的同步时钟脉冲序列,接收端从中提取出位定时信号,并以此定时信号来锁定接收端的本地时钟的频率,这样就可以在一定时间范围内保持接收端与发送端之间的位同步。因为接收端的同步信号是先由发送端专门发送来的,而不是由信息中提取出来的,故称为外同步法。

(2)自同步法。如果数据的传输系统选择使用的数字信号编码波形本身就含有足够的位同步信息,就可以在接收数据信号的过程中不断提取出定时信号来调整和锁定本地的时钟频率,就可以使接收端与发送端始终保持同步。因为定时信号是从数据信号自身不断提取出来用于实现同步的,故称为自同步法。典型的自同步信号波形是曼彻斯特编码波形,它被广泛用于局域网的物理层。

五、数据传输方式

构成码字的每一位数字,称为"码元"。码元是数据的最小单元,在传输时,它们具有时间属性,也就是说,它是有序的且持续时间有限的。在电通信中,需要借助于电信号的状态来表征码元的数值。因为绝大多数电器件呈现两种状态,可以分别表示为"0"和"1",所以绝大部分代码都是二元数字的码元组合形式。

(一)串行传输与并行传输

数据码字在线路上的传输可以是并行方式或是串行方式。如图 2-7 所示,在并行传输方式中,一个码字的所有码元(位)并排同时传送,而且每个码位要求一条通路。在计算机设备内部或主机与高速外设(如打印机、磁盘存储器等)之间,一般都采用并行传输,它可以获得很高的数据传输速度。

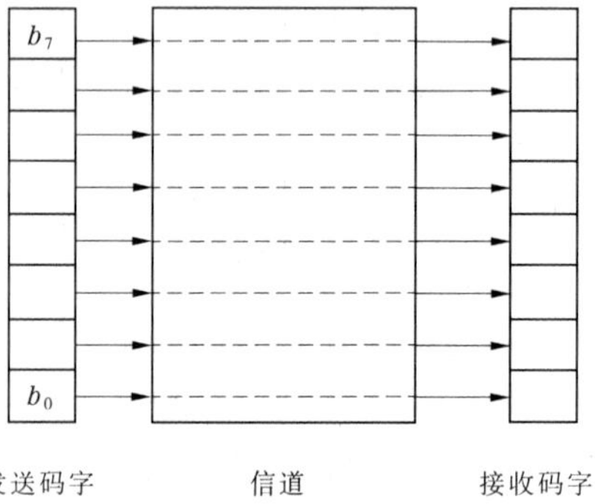

图 2-7　并行传输

并行传输一般只限于在 1 m 以内的极短距离内进行。如要进行远距离的并行传输,则要求采用多元调制或复用的信号编码与变换技术。

串行传输中,一个码字的最低码位 b_0 在先,高位 b_7 在后,逐位串序送出,直到最高码位被送出,完成一个码字的发送过程,如图 2-8 所示。这种传输方式只要 1 条传输线路,通常用在较远距离的数据传输。在相同的时钟频率下比较,虽然它的数据速率可能比并行方式低,但由于要求的信道条件和技术都简单、经济,所以它是数据通信中常用的实用传输方式。

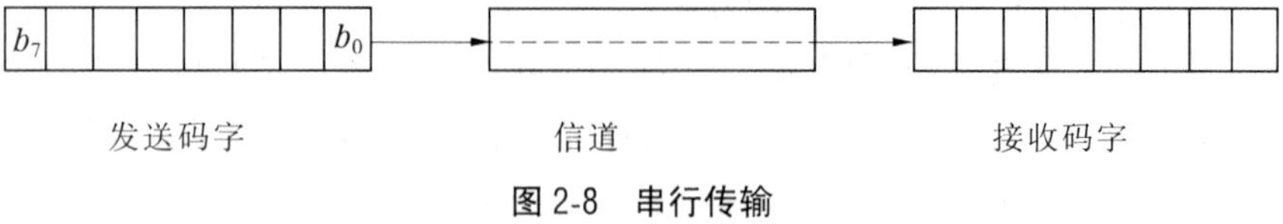

图 2-8　串行传输

(二)同步传输与异步传输

在串行传输方式中,又有同步传输与异步传输之分。并行传输则都是同步传输。

1. 同步传输

如图 2-9(a)所示,在时间轴上,每个数据码字占据等长的固定时间间隔。码字之间一般不得留有空隙,前后码字接连传送。收发双方不仅保持着码元(位)同步关系,而且保持着码字(群)同步关系。如果在某一期间确实无数据可发,则需用某一种无意义码字或位同步序列进行填充,以便始终保持不变的数据串格式和同步关系。否则,在下一串数据发送之前,必须发送同步序列,以完成再同步过程。

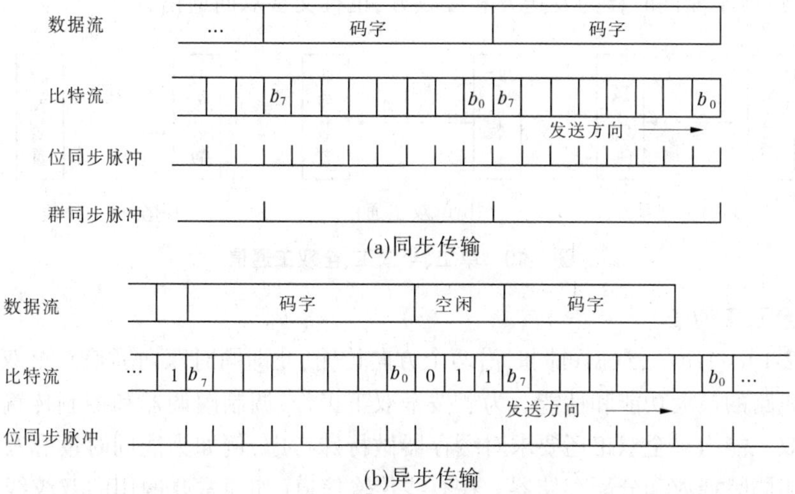

图 2-9　同步传输与异步传输

同步传输时,收发之间必须有确定的时间关系,它借助于双方保持着同步关系的位同步脉冲序列来保证,有了位同步关系,接收器方能对码字的每一码位做出正确的判决。此外,为了能正确地区分出每个数据单元(一个码字、一个字节或一串码字构成的“分组”),通信双方还必须有群(组)同步关系,它借助于发送器在发送数据码字之前送出若干群同步码字来实现。接收端在完成位同步之后,一旦检测到群同步码,立即锁住群同步电路,输出群同步信号。

同步传输可以实现比较高速率和高效率的数据传输,最终的有效信息速率较高。但是,要付出的代价是必须使用同步控制装置。

2. 异步传输

相对于同步传输,异步传输则允许码字之间存在不确定的空闲区间。也就是说,各数据码字之间没有确定的时间关系,如图 2-9(b)所示。为了让接收端能准确地判断一个码字的开始和结束,就必须附加相应的指示信息,即“起始码位”和“停止码位”。起始码位(规定为“0”)用于确定一个码字的开始,并启动产生用于判决该码字的位定时脉冲;停止码位(规定为“1”)用于表示一个码字的结束,并用于填充空闲区间。基于这种“起—止”机制,异步传输方式被更加通俗地称为“起止式”传输方式。

六、单工/半双工/全双工通信

根据通信线路的传输方向,可以有三种不同的通信方式。

(一)单工通信

如图 2-10(a)所示,通信的双方只能在一个指定的方向上进行数据传输,即一方只能是发送方,另一方只能是接收方,也称单向通信。

(二)半双工通信

如图 2-10(b)所示,数据可以沿任一方向传输,但不允许同时沿两个方向传输。在任何给定时间,传输仅能沿某一方向进行。换句话说,此时通信的任一方既可为发送方也可以为接收方,但不能同时作为发送方和接收方,也称交替双向通信。

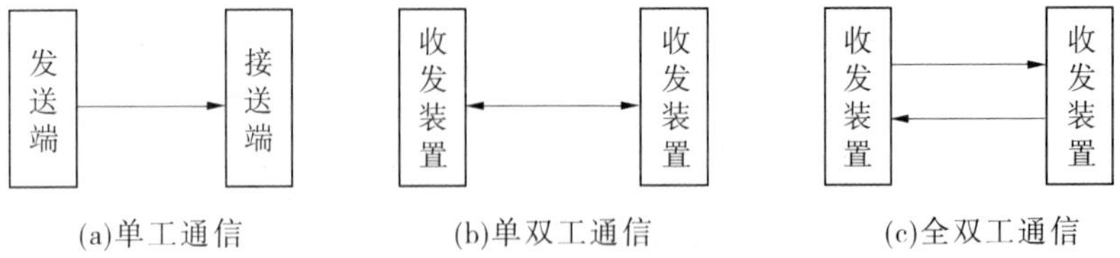

图 2-10　单工、半双工、全双工通信

(三)全双工通信

如图 2-10(c)所示,数据可同时沿两个方向传输,此即同时双向通信。全双工方式提供了传输线路的最大功能和性能。为了按全双工工作,调制解调器和控制传输的协议也必须提供双工能力。全双工还要求对缓存器做特殊考虑,例如为能同时读和写就要求在缓存中也能同时释放和分配存储器。在有线传输信道(如通常联网用的双绞线)中,全双工方式通常要求用 4 根导线(2 对绞线),每个方向的传输要求有 2 根导线(1 对绞线),但有时通过采用频分复用、时分复用或回波抵消等技术,用 2 线也可实现全双工传输。另一方面,有时半双工方式也用 4 线,这时每一传输方向总是保持有 2 线连接。与 2 线半双工相比,其优点是节省了调制解调器的换向时间。

七、信道与传输速率

(一)信道

信道(channel)是通信双方之间以传输介质为基础传递信号的通路,由传输介质及其两端的信道设备共同构成。根据传输介质(如普通导线、双绞线、同轴电缆、光缆,以及各种频段的无线电传播等)的不同,信道可划分为有线信道和无线信道两大类。任何信道都只有有限的带宽,所以从抽象的角度看,信道实质上是指定的一段频带,它允许信号通过,但又给信号以限制和损害。与信号的模拟/数字分类相似,信道也可以分成传送模拟信号的模拟信道和传送数字信号的数字信道两大类。数字信号在经过数模变换后就可以在模拟信道上传送,而模拟信号在经过模数变换后也可以在数字信道上传送。数字信道更适合于传输数据,只要解决数据终端与数字信道的接口和特性匹配即可。利用模拟信道传输数据时,要使用信号变换器(如调制解调器)将数字数据信号变换成合适的模拟信号,才能与信道匹配。

模拟信道的质量用信号在传输过程中的失真及输出信噪比来衡量。数字信道的特性则是用平均差错率(又称“误码率”)及差错序列的统计特性来描述。

根据对信道的构成和运用方式的不同,信道还分为单向信道和双向信道。单工通信可以使用单向信道,半双工通信和全双工通信必须使用对称的或非对称的双向信道。

(二)数据传输速率

为了衡量数据在传输时的速度高低,实际中采用两个不同的单位来度量,这就是波特率和比特率。

1. 波特率

波特率(单位:波特,baud)是指在信道上传输信号的波形速率(又称"信号速率"或"调制速率")。在传输中,往往用一种信号波形来代表一个或几个码元。不同特征的信号波形可以代表不同的码元值或码元组合值,波形的持续时间与它所代表的码元或码元组合的时间长度一一对应。显然,一个波形的持续时间越短,在单位时间内传输的波形数就越多,或者说,传输的数据就越多,即数据的传输速度就越高。因此,波特率可以这样定义:数据传输过程中,在信道上每秒钟传送的信号波形个数即为波特率,其单位是"baud"(波特)。在使用二元波形的情况下,波特率也就是"码元传输速率"。

设一个波形的持续期为 T_s,则波特率 N_b 由下式给出,即

$$N_b = 1/T_s \text{(波特)}$$

例如,在采用 FSK 制式的传输系统中,若选用一个频率为 f_1、持续期为 1.667 ms 的正弦波来表示码元"0";用一个频率为 f_2 且相同持续时间的正弦波表示码元"1"。则可求得该传输系统的波特率为

$$N_b = 1/1.667 = 600 \text{ (波特)}$$

最高可应用的波特率受到信道的最高码元传输速率的限制。这种最高速率由所谓的"奈奎斯特准则"决定,即

理想低通信道最高码元传输速率 = $2W$ 波特

理想带通信道最高码元传输速率 = W 波特

式中,W 为信道的带宽,Hz。实际中运用的波特率如果超过了上式中给出的最高码元传输速率,在接收端将无法准确地判决出被传输码元(0 或 1)的正确值。

2. 比特率

比特率(单位:比特/秒,b/s)又称为信息传输速率(或简称为"信息速率"),它反映出一个数据传输系统每秒内所传送的信息量的多少。信息速率直接与波形速率和一个波形所携带的信息量有关。一个波形所携带的信息量等效于该波形所代表的二进制码元数目。比特率 R_b 可按下式计算:

$$R_b = N_b \log_2 L \quad \text{(b/s)}$$

式中,N_b 为波形速率(波特率);L 为信号集合中的波形数。

例如,在采用 4dPSK 制式的数据传输系统中,ITU-T 的 V.22 建议选用初始相角分别为 270°、180°、90°、0° 的 4 个正弦波形来代表码元组合 00、01、11、10。这里,$L = 4$,$\log_2 L = 2$,又因为每个波形代表了 2 个二进制码元,所以携带了 2 b(比特)信息量。设 $N_b = 600$ 波特,则该系统的信息速率 $R_b = 600 \times 2 = 1\,200$ b/s(或 b/s)。在上例中,因为信号集合中只有 f_1 和 f_2 这 2 个正弦波形用来分别代表"0"和"1",所以,$L = 2$,$\log_2 2 = 1$。这时,信息速率 $R_b = 600 \times 1 = 600$ b/s,在数值上与波特率相同。当 $L > 2$ 时,称为"多元制(或多进

制)”调制体制。

比特率受到信道的最大传输能力即极限信息传输速率的限制。这种极限速率由著名的香农(Shannon)公式表示出来,即

$$信道的极限信息传输速率=W\log_2(1+S/N)\quad(b/s)$$

式中,W 为信道的带宽;S 为带宽内所传信号的平均功率;N 为信道内部的高斯噪声功率。

由该公式看出:信道的带宽越大或信道中的信噪比越大,则信息的极限传输速率就越高。一条信道上实际所运用的传输速率一般都远小于由香农公式所给出的值。信道被指定运用的额定信息传输速率(例如100 Mb/s或1 000 Mb/s),即是该信道被限定的信道容量。

需要注意的是,“比特率”和“波特率”是在两种不同概念上定义的速度单位,在不留心的时候,往往容易将两者混淆。尤其在采用二元波形($L=2$)时,波特率与比特率两者在数值上是相等的,但它们所代表的意义却不同。要反映真实的信息传输速度大小必须使用“比特率”。

任务三　数据交换技术

在数据通信系统中,当终端与计算机之间,或者计算机与计算机之间不是直通专线连接,而是要经过通信网的接续过程来建立连接的时候,那么两端系统之间的传输通路就是通过通信网络中若干节点转接而成的所谓“交换电路”。在一种任意拓扑的数据通信网络中,通过网络节点的某种转接方式来实现从任一端系统到另一端系统之间接通数据通信的技术就称为数据交换技术。

数据交换技术经历了漫长的演进过程,从传统的电路交换制式演进到传统的分组交换制式,进而又演进到现今的快速交换技术,直到将来的光交换技术。

一、传统交换技术的演进

(一)源自电话交换的电路交换技术

电路交换(circuit switching)是最早用于数据通信的交换方式,它完全是源于传统的电话网交换技术,所以有人说电路交换是“Telephone-like System”。电路交换的特点是:在开始正式数据传输之前,首先由一端系统发起呼叫,通过沿途各节点的入/出线转接过程,直到与另一端系统间建立起一条接续式数据通路,然后才开始进行数据传输。在整个传输期间,该通路一直为通信双方占用,通信结束后才释放电路。因为这种交换方式直接沿用了电话网的交换技术,所以在很多情况下可以直接利用电话网来构建数据网络。在20世纪70年代以前的数据通信发展早期,一些发达国家专门构建了一些电路交换的数据网。但是,电路交换制式很快就被存储—转发交换技术所取代。

(二)源自电报交换的存储—转发交换技术

存储—转发交换(store-and-forward switching)是源于传统的电报传输方式而发展起来的一类数据交换技术,它不像电路交换那样需要通过呼叫建立起物理的接续通路而是以接力方式,数据报文在沿途各节点进行接收—存储—转发过程,逐段传送直到目的端系

统。所以,有人比拟这种交换方式为“Mailbox-like System”。数据报文所经过的通信线路都是动态地被利用,担任数据转接的节点总是先把数据接收存储下来,然后转发到下一条线路上去,所以叫“存储—转发”交换。图 2-11 为存储—转发交换的原理示意。显然,数据经过每一个节点的交换都会引入交换迟延,此即所谓的存储—转发时延。这种传输时延上的损失却换取到另一个重要的优点——通信线路资源的可共享性,这正是存储—转发交换技术能够发展起来并成为最重要的数据交换技术基础的原因。

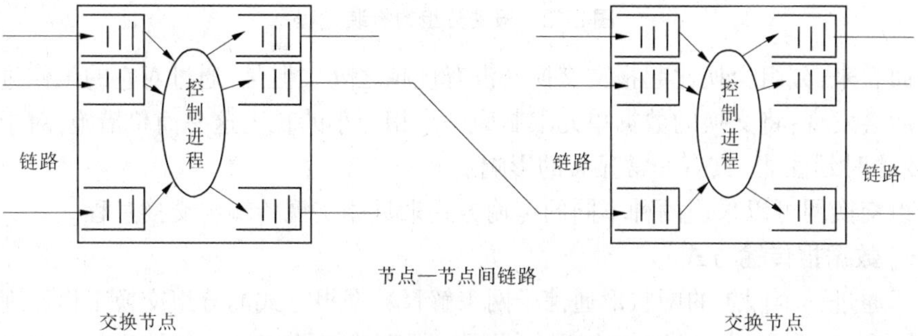

图 2-11　存储—转发交换原理示意

根据被交换数据单元长度的不同,存储—转发交换技术主要有两种实现方式,即报文交换(message switching)和分组交换(packet switching)。

在报文交换中,数据是以完整的一份报文(不管它有多长)为单位,一次传送一个报文。为了使各节点能自动完成上述功能和处理进入的数据,就要求每一进入网络的报文除有效的数据部分外,还必须附加一些报头信息(如报文开始和结束的标志,报文的源/宿地址以及编号和控制信息等)。在采用报文交换的通信网络中,各个节点配有小型或微型计算机,用以完成必要的报头信息处理及路由选择等功能。

虽然报文交换不要求呼叫建立线路和拆除线路的过程,但由于一份报文往往比较长,每一个节点对报文数据的接收—转发的时间也相应地比较长,从端到端传输一份报文的总时间并不比采用电路交换方式短,或许会更长,因而报文交换不适于计算机进程间的数据通信,它注定不适用于计算机通信。但是,如果把报文分割成一系列更短的“分组”分别传输和交换,就可大大缩短存储—转发迟延,这就出现了分组交换技术。

二、分组交换原理

分组交换(也称“包交换”)与报文交换同属于存储—转发交换技术,依据完全相同的机制。它们之间的差别在于参与交换的数据单元的长度不同,一个分组的长度一般限制在几十至 2 048 字节。

分组交换的简单过程是:在分组交换网的每个端系统中,由高层实体发出的报文数据传递到网络层后,首先被该层的协议实体分割成为若干个规定长度的数据块(data block)并封装成为一个个分组(packet),每个分组都附有地址及其他信息(构成分组标头),然后就被送入分组交换子网中进行存储—转发式交换传输。这些分组到达目的节点或目的端系统后,经卸装后被重新组装成原来的报文。图 2-12 为一个报文分组的拆装过程。

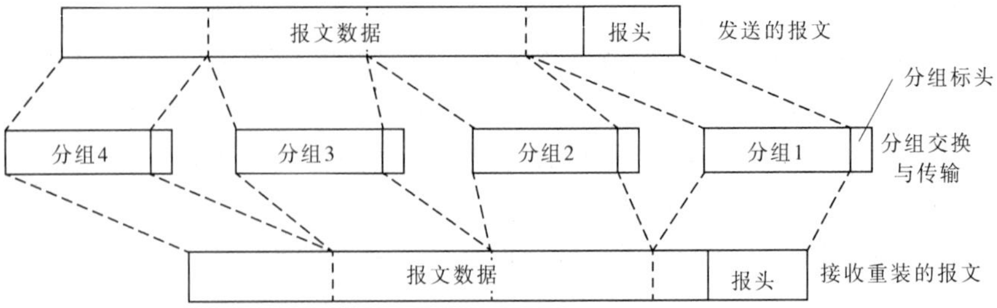

图 2-12　报文分组的拆装过程

表面看来,分组交换比起报文交换并没有优越之处。但是,通过对它的工作过程仔细分析之后会发现:将交换的数据单元限制为一个相当小的长度这一简单措施,对于系统性能(主要是时延性能)具有非常显著的影响。

分组交换网可以采用两种不同的传输方式来具体实现传输与交换过程。

(一)数据报传输方式

下面通过一个假想的网状形通信子网来解释数据报方式的分组交换工作原理。

如图 2-13 所示,曲线范围内属通信子网。子网有 6 个节点,分别标为 A、B、C、D、E、F,它们各自都连接有若干端系统(主机或终端等)。今假设用户终端 A_1 访问主机 F_1,从 A_1 有一个报文 M_1 要通过网络传送到 F_1 去。对于 A_1 和 F_1 这两通信实体间的报文(M_1)交换来说,节点 A 是源节点,F 是宿节点,其余节点则是中转节点。为了分组传输,报文 M_1 进网后,源节点首先对它做如下处理(或者由端设备自己处理):

(1)将报文按规定的长度划分成一个个数据块,并给予编号。这里设 M_1 已被划分成 5 个块。

(2)根据 M_1 的报头信息形成分组标头域信息(附加控制信息,包括地址码、分组编号、传输控制码等),并与数据块一起计算出差错控制校验码。利用这些附加信息将各数据块分别装配成分组 $P_1, P_2, \cdots, P_5$,等待发送。

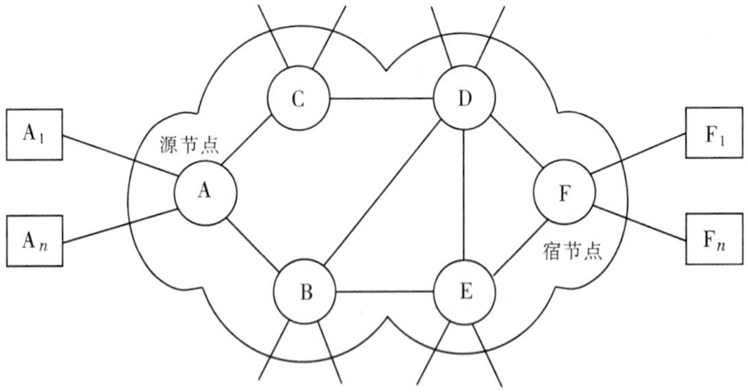

图 2-13　数据报传输方式的分组交换

一般地,子网中任一节点有多条链路分别与其相邻节点连接,这表明一个节点中的数据分组可以向多个方向上发送出去。假定每个节点的处理机具有同时接收与发送分组的能力,但在任一时刻,每条链路只能传送一个分组。为了便于表示,用一个“有序对”符号来表示每条链路,例如用(ac)表示从节点A到节点C的链路。同样,可用一个“有序对”符号来表示穿越子网的通路,例如用(ac,cd,df)表示从节点A到达节点F的一条通路。各个节点可以根据本身的转发业务量和链路负荷情况来决定分组的发送时刻和输出链路。因而各个分组虽然目的节点相同,但它们所经过的路线(通路)不一定相同。具有这种独立寻径传输的分组,被称为数据报(datagram)。

宿节点F每接收到一个数据报,立即对标头域信息做分析。若确认本节点是该分组的宿节点,则它对该数据报做如下处理:

(1)去数据报的标头域和校验域,获得分组数据块,将它存入存储器。

(2)根据数据报编号检查构成一个报文的所有数据报是否都已到齐。

(3)若构成一个报文的所有分组数据块全部已到达存储器,立即进行报文装配等待其余数据报到达。

(4)装配完毕后,冠以报头,一方面通知用户设备 F_1 准备接收报文 M_1,另一方面源节点A发回去一个“确认”监控分组,表明报文 M_1 已经收妥。至此,对报文 M_1 进行数据报方式的传输即告结束。其他通路上的报文传输过程是类似的。

数据报在各条链路上的传输过程是独立的,其控制过程服从于该条链路上执行的链路传输控制规程,此属链路层上的通信。当宿节点(如节点F)收到了正确的全部报文分组数据后,就向源节点(如节点A)送回去一个“确认”监控数据报,表示报文收妥;若宿节点在指定的时间内没有正确地收完全部报文数据,就向源节点送回去一个“否认”监控数据报,表示要求源节点重发前一个报文的所有数据报。这种从源节点到宿节点的报文一级的传输过程属于网络层上的通信,所以这种通信控制过程服从于网络层上的某个数据报传输协议。

(二)虚电路传输方式

在前述的电路交换网中,端系统之间的通信是在经转接形成的一条实在的物理通路上进行的。而在分组交换网中,一条物理线路可被多条逻辑信道复用。当各对端系统间需要通信时,通信子网就为它们提供一条逻辑信道。这种逻辑信道不同于物理线路,它是通过节点交换机的路由表映射功能建立起来的一条“虚”通路。每个与分组交换网相连的端设备和节点设备内部,都配置了一组逻辑信道号供选择使用。如图2-14所示,假设终端 A_1 有报文 M_1,送给主机 F_1。首先,主呼端系统 A_1 先取得一个逻辑信道号 CH_1,然后发送一个呼叫分组,其中给出主呼和被呼端系统的全称网络地址以及主呼逻辑信道号 CH_1,目的是要在双方的逻辑信道上建立一个逻辑连接。为了提供虚电路服务,在分组交换网的每个节点中都有一个虚电路转换表,记录虚电路与入/出线之间的对应关系。各节点上的转换表是在存储—转发呼叫分组时,根据既定的路由选择算法,边选择路径边动态地建立的。呼叫分组到达 F_1 后,它也取得一个逻辑信道号(例如 CH_1),从而在 CH_1 与 CH_1 之间建立了连接。这种连接关系等效为一条数据传输通路,此即虚电路。连接建立之后,双方只要使用较短的逻辑信道号(不再使用全称网络地址)即可在通信双方之间进行分组传输。此后双方要传送的所有报文分组都沿着这条通路按照存储—转发方式在 A_1 与 F_1 之间传输。

由于应用了链路分组复用和逻辑信道的概念,所以一个端系统在接入子网的单一物理线路上可以同时使用多个逻辑信道号与其他多个端系统同时建立通信连接，完成一对多的报文分组传输。如图 2-14 所示，A_1 与 B_1，E_1，F_1 三个端系统建立了虚电路进行同时的通信。

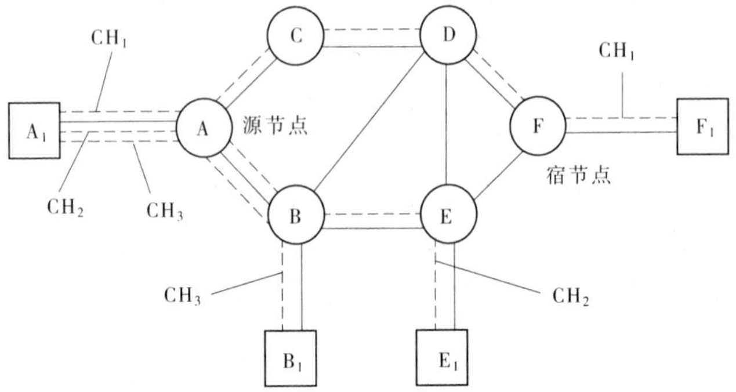

图 2-14　虚电路传输方式

上述这种分组交换方式被称为虚电路传输分组交换方式。为建立虚电路的呼叫过程称为虚呼叫（virtual　calling），通过虚呼叫建立起来的逻辑通路称为虚拟线路（virtual circuit，VC，简称虚电路或虚通路）。这种交换方式的主要特点是要求一对通信实体间连接传输的所有分组都必须沿着预先建立的虚电路传输，存在一个虚呼叫建立阶段。但是，这并不意味着通信双方之间存在像电路交换方式那样的独占线路。分组所途经的所有节点都对这些分组完成存储—转发过程，这与电路交换方式有实质上的区别；另外，虚电路的标识号只是对逻辑信道的一种编号，并不是指某一条物理线路本身。一条物理线路可能被标识为许多个逻辑信道编号，这一点正体现了信道资源的共享性。

最后，分组交换技术（不管是数据报方式还是虚电路方式）除提高网络信道资源的共享性外，在网络性能方面受益最大的莫过于报文传输时延性能的改善上。这种实质性的改善，只是由于将一份较长的报文划分为一个个较短的分组作为传输单元这一简单措施所带来的。因此，分组长度的选择将成为一项关键性的参数。最佳分组长度的选择是一个很复杂的问题，必须在众多的制约因素中做出全面的权衡。

任务四　多路复用

多路复用（multiplexing）技术是将传输信道在频率域或时间域上进行分割，形成若干个相互独立的子信道，每一子信道单独传输一路数据信号。从通信角度看，相当于多路数据被复合在一起共同使用一条共享信道进行传输，故称"复用"。复用技术包括复合、传输和分离三个过程，由于复合与分离是互逆过程，在采用全双工通信或半双工通信方式的线路上都把实现复合与分离过程的装置集中在一起，做成为所谓的"复用器"（通常表示为 MUX）。如图 2-15 所示，多路信号在一对 MUX 之间的一条复用线路上传输。若复用线路是模拟的，则在复用器之后应加入一个 MODEM；若复用线路是数字的，则不必使用 MODEM。

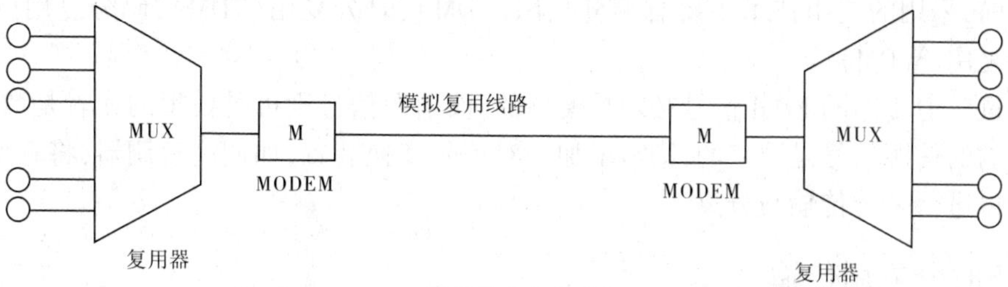

(a)模拟线路复用传输

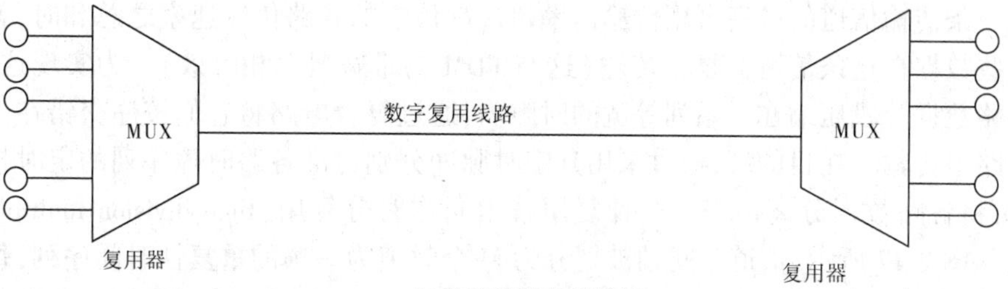

(b)数字线路复用传输

图 2-15　多路复用模型

一、频分复用传输

当一条传输信道的总可用带宽超过欲传输的多路信号所要求的总带宽时，就有可能使这些信号在这条信道上复合传输。为实现这一点，可将各路信号调制到彼此有足够频率间隔的各个载波频率上，通过复合电路将它们同时发送到线路上传输。在目的端，通过采用其中心频率分别对准各路载频的带通滤波器，即可将各路信号分离出来。这种复用传输技术叫作频分复用(frequency division multiplexing，FDM)，相当于把信道的总通频带在频率域上进行了固定的划分而形成若干子信道，各路信号分别占用各自的子信道，如图 2-16 所示。在实际应用中，除每一子信道的带宽应满足一路信号本身的带宽要求外，往往还要求相邻子信道之间应留有一定的间隔，如图 2-16 中阴影部分。此频率间隔俗称为“保护带”，利用它来避免相邻信道信号之间的相互干扰。

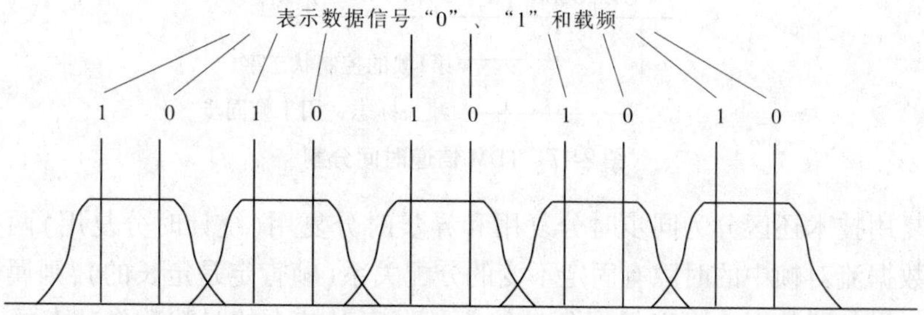

图 2-16　FDM 的信道频带分割

目前,采用的复用技术主要有频分复用(FDM)、时分复用(TDM)、码分复用(CDM)和波分复用(WDM)。

通过信道传输的 FDM 信号必须是模拟的,而信源信号则可是模拟的或者是数字的。如果传输的信源信号是数字的,则需增加一对信号变换装置,如调制解调器,将它变成模拟信号再进行复合传输与分离。

二、时分复用传输

当一条传输信道的最高可用传输速率超过欲传输的各路传输速率之总和时,就有可能使这些数据在这条信道上复合传输(这与 FDM 的带宽概念相等效)。为实现这一点,可将各路数据分段压缩在一系列等宽的时隙内,通过复合电路将它们按序交错在一起发送到线路上传输。在目的端,通过采用其定时脉冲分别对准各路时隙序列的定时扫描电路,即可将各路数据分离出来。这种复用技术叫作时分复用(time division multiplexing, TDM),如图 2-17 所示,信道时间轴被划分为 M 个时隙为一帧的重复性时间序列,每路数据流固定地占用每帧中的一个时隙(TS_i)。例如,第 A 路数据信号占用每帧的第 1 号时隙 TS_1,第 B 路数据输入多路数据流信号占用每帧的第 2 号时隙 TS_2 等。这样,由每帧相应时隙所组成的时隙序列$\{TS_i\}$等效为一条"子信道"。每一条子信道都可以为一对通信对象建立起一条链路。时隙的宽度应足以传输一个数据单元(比特、字符或分组)。当然,最小的时隙宽度应是一个二进制位(比特),或者是一个数据字符的长度。在一对复用器之间,如果传输线路是数字信道,则可直接用基带信号传输;否则,还得另加一对调制解调器来完成数字信号到模拟信号的变换和反变换。

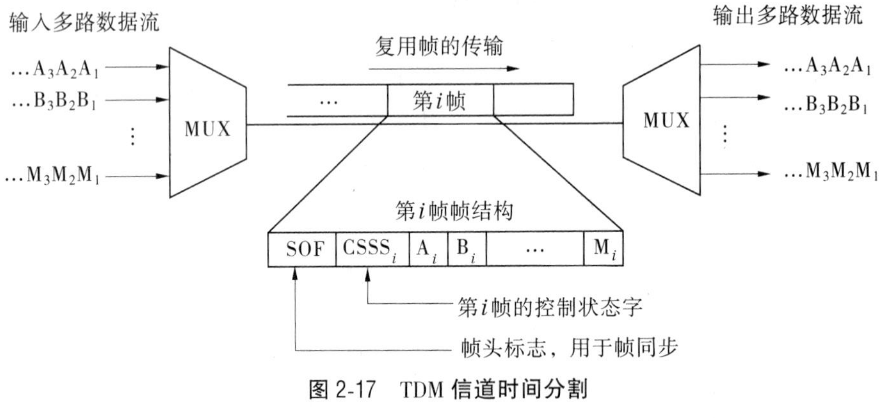

图 2-17　TDM 信道时间分割

时分复用技术还区分为同步时分复用和异步时分复用(统计时分复用)两类。如果各路输入数据流对帧中的时隙有固定不变的分配关系(帧肯定是定长的),则属于同步时分复用。如果各路数据流可以根据各自的业务强度对帧中的时隙数作动态的分配使用(帧可以是定长的,也可以是不定长的),则属于异步时分复用。

三、码分复用传输

码分复用(code division multiplexing, CDM)是目前第三代移动通信中迅速发展的一种多路传输技术。在第二代移动通信中,GSM(全球通)采用了时分复用 TDM 技术,将信道按 TDM(静态)和 ALOHA(动态)方法分配给联网的各路站点而形成传输通路,可看作是一种强制性的信道分配方法。CDM 与 TDM 和 FDM 完全不同,它是在传输信号的波形空间中对带宽资源进行分割的信道分配方法,允许所有各路站点在同一时间在同一个频段上进行多路传输,并采用一种扩展频谱(spread spectrum)技术,使用独特的数字代码来区分不同子信道的数据信号,而不再是用时间、频率或频道来区分。由于每一路信道使用正交序列码集中一个特定的代码序列作为自己的传输码,互通的站点能在多重线性叠加的信号中提取所需的信号,而对其他的信号则当作随机噪声丢弃,由此识别自己的通信对象,实现无线信道上的相互接续。

CDM 复用技术的一个重要特点,就是给各路分配的代码序列不仅要各不相同,而且还要求彼此互相正交(orthogonal),所以在实现中一般都采用伪随机码序列。在 CDM 中,将每比特时间分成 m 个码片(chip),通常每比特可有 64 个或 128 个码片。每一子信道被指定使用一个唯一的 m 位代码即码片序列(chip sequence)。当发送比特“1”时,站点送出的是码片序列的原码;当发送比特“0”时,站点送出的是码片序列的补码(或反码)。为简单说明其工作原理,例如假设每比特含 8 个码片,某一路的码片序列原码为 00011011,这样在信道上传输的码片序列 00011011 表示发送了比特“1”,而其补码 11100101 则表示发送了比特“0”。显然,CDM 要求的带宽增加了 m 倍。例如,1. 25 MHz 的带宽给 100 个通路共享,在使用 FDM 方法时,每个一路传输速率只能为 12. 5 kb/s(假定 1 bit/Hz);当使用 CDM 技术时,每个子信道能使用 1. 25 MHz 的全部带宽,码片速率则为 1. 25 kb/s。

在发送端,将所有各路发送的码片序列进行同步线性叠加(求和)。因为它们是互相正交的,所以复合序列的向量内积(inner product)等于 0。

在接收端,CDM 复用器接收到的是包含所有码片序列的复合流。若要从信号中提取某一路的比特流,必须事先知道该路的码片序列原码。将此原码与复合流进行内积计算。若计算输出“+1”,表示接收到比特“1”;若计算输出“-1”,则表示接收到比特“0”。因而分解出这一路的比特流(数据信号)。其他各路的码片序列与这一路原码的内积计算结果都应该等于“0”,因此而被过滤掉。

CDM 多路复用传输技术现在已经被越来越广泛地应用于移动通信中。在计算机通信领域中,主要应用在无线局域网。CDM 通信系统在话音质量和数据传输可靠性以及抗干扰能力等方面都有它的优势,而且在扩大通信容量和降低发射功率这两方面,更具有其独特的优越性。

四、波分复用传输

波分复用(wavelength division multiplexing,WDM)事实上是将频分复用技术用于光纤信道,从而在一根光纤上实现大容量传输的一种多路复用技术,其基本原理与 FDM 没有实质区别。唯一的区别是,WDM 使用光调制解调设备(棱镜或衍射光栅)使不同波长的光信号在同一光纤中传输。值得一提的是,虽然单根光纤的可用带宽很宽,但由于光电转换速度所限,单根光纤的带宽很难被充分利用,而复用技术是提高带宽利用率的一种途径。

如图 2-18 所示，各个光网络单元（optical network unit，ONU）根据所分配的光载波对输入的信息脉冲进行调制，从而产生多路不同波长的光脉冲，使用波分复用方法通过光调制解调设备（本图中是棱镜）把这多个不同波长且互不交叠的光载波合成一路光脉冲信号，在单根光纤上共享传输，并在接收端进行相应的逆过程即可得到输出信号。由于信号的波长与频率是同一个参数概念，所以波分复用也可以说是在光波段内的频分复用。

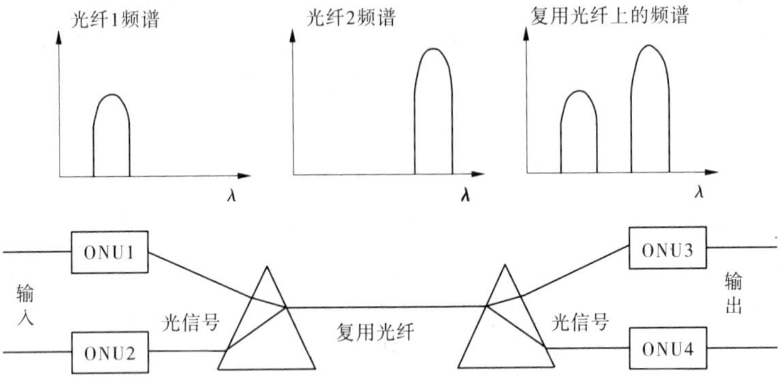

图 2-18　波分复用原理

代光纤使用了 0.8 μm 波长的激光器，传输速率只达到 280 Mb/s。目前，已使用第四代的掺饵光放大器，单模光纤的数据传输速率已可达 10~20 Gb/s。为了更充分地利用光纤的低损耗带宽，并使用掺饵光放大器同时放大所有波长信道，人们又提出了密集波分复用技术（density wave division multiplexing，DWDM）。DWDM 技术指在当前 1.55 pm 波段密集放置更多信道，同时在单根光纤中传输。在 ITU-T 的有关建议标准中，规定信道间隔为 100 GHz 的整数倍（100 GHz、200 GHz、300 GHz 和 400 GHz 等，即波长间隔分别为 0.8 nm、1.6 nm、2.4 nm 和 3.2 nm）。现在，人们已不满足于这样的密集度，试验采用 50 GHz 和 33.3 GHz 的信道间隔，甚至更窄，力求更充分地利用光纤的可用常宽。DWDM 的发展趋势将是波段的进一步扩展（现在是 C 波段，将来会发展到 L 和 S 波段），信道间隔进一步减小，意味着传输容量将获得进一步扩大。

任务五　传输介质

任何一个数据通信系统（包括计算机通信系统）都包括发送部分、接收部分和通信线路（信道），其传输质量不但与传送的数据信号和收发特性有关，而且与传输介质有关；同时，通信线路沿途不可避免地有噪声干扰，它们也会影响到通信质量。所以，必须了解所用通信线路的性质及噪声干扰问题，以便设计一个良好的数据通信系统或计算机网络系统。下面介绍几种常用的传输介质和通信线路及其特性。

一、双绞线

双绞线（twisted pair）是在短距离范围内（如局域网中）最常用的传输介质。把两根互相绝缘的铜导线并在一起用规则的方法扭绞起来，然后在外层套上一层保护套或屏蔽套，就可做成双绞线,如图2-19所示。也可以将多对双绞线装在同一个保护套和屏蔽套内。采用这种扭绞结构是为了减少(来/向)外界的电磁干扰,绞与不绞、绞得好与否,效果大不一样。如果带有金属屏蔽外套,则可大大提高抵抗外部干扰的能力。在市场上的产品中,主要有5个类别的非屏蔽双绞线(UTP)和1个类别的屏蔽双绞线(STP),表2-1列出了这些双绞线电缆的主要特性。

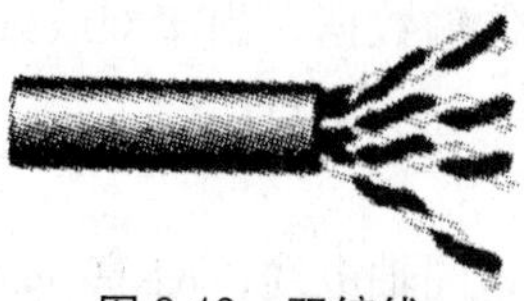

图2-19　双绞线

表2-1　双绞线的分类和特性

类别	描述名称	特性参考标准	应用场合
1类非屏蔽双绞线	UTP-1	EIA/TIA 类1	模拟/数字电话用户线
2类非屏蔽双绞线	UTP-2	EIA/TIA 类2	数字电话用户线 ISDN 和 T1 线路(1~544 Mb/s)
3类非屏蔽双绞线	100 Ω UTP-3	EIA/TIA 类3 NEMA100-23-LL UL Level Ⅲ	4 Mb/s 令牌环网 10 Mb/s 以太网 ISDN 话音线路
4类非屏蔽双绞线 低损耗	100 Ω UTP-4	EIA/TIA 类4 NEMA100-23-LL UL Level Ⅳ	16 Mb/s 令牌环网 10 Mb/s 以太网
5类非屏蔽双绞线 低损耗,扩展频率	100 Ω UTP-5	EIA/TIA 类5 NEMA100-240-XF UL Level Ⅴ	16 Mb/s 以上令牌环网 10~100 Mb/s 以太网
屏蔽双绞线	150 Ω STP	EIA/TIA 150Ω STP NEMA100-22-LL	16 Mb/s 以上的令牌环网 10 Mb/s 以上的以太网 100 MHz 上的全息图像

使用双绞线最多的场合是电话系统,差不多所有的电话用户线路都使用双绞线连接到电话交换机。通常将一定数量的这种双绞线对捆成缆线(称为"音频电缆"),在其外面包裹保护套,架空或埋地使用。

模拟传输和数字传输都可以使用双绞线。用于模拟传输时,一般为无限长应用;用于数字传输时,一般为有限长应用。这两种应用场合下的传输特性有很大差别。

(1)无限长应用。典型为电话接入网应用(用户线或中继线),其通信距离一般从几千米到十几千米。距离太长时就要加放大器以便将衰减了的信号放大到合适的数值,可用带宽为200 kHz左右,典型应用时可复用24路话音,约268 kHz(可折合230 kb/s的数据速率)。

(2)有限长应用。典型为局域网应用,其传输距离一般从几米到几百米(但通常限定在100 m内)。距离再远时需加上中继器(或集线器)以便将减弱和失真了的数字信号进行整形放大。导线越粗,其通信距离就越远,但使用成本也越高。可用传输速率为几 Mb/s到几百 Mb/s。例如,UTP-5双绞线在100 m范围内的典型应用是以100~155 Mb/s的速率传输数据。由于双绞线的价格低、使用方便且性能也不错,因此使用十分广泛。

二、同轴电缆

同轴电缆(coaxial cable)由内导体铜质芯线(单股实心线或多股绞合线)、绝缘层、外导体屏蔽层及塑料保护外套等构成,如图 2-20 所示。由于外导体屏蔽层的作用,同轴电缆具有较高的抗干扰能力、比较宽的可用频带,所以被广泛用于较高速率的数据传输。

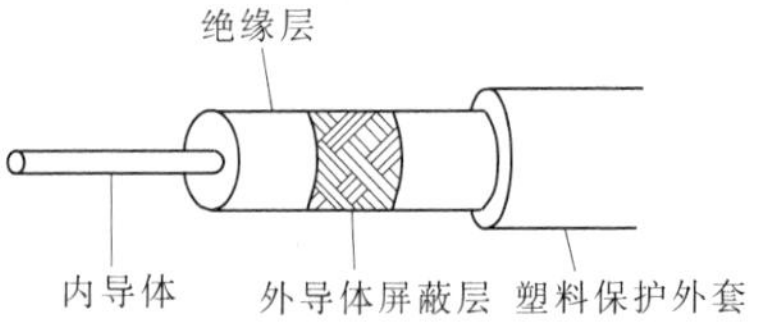

图 2-20 同轴电缆

同轴电缆按其特性阻抗值的不同,分为两类。

(一)50 Ω 同轴电缆

50 Ω 同轴电缆又称为基带同轴电缆,用于传输基带数字信号,专为数据通信所用,在局域网中广泛地使用这种同轴电缆作为传输介质。用这种同轴电缆在 1 km 距离以内,基带数字信号传输速率上限可达 50 Mb/s(通常用在 10 Mb/s)。一般来说,传输速率越高,所能传送的距离也就越短。

使用基带同轴电缆作传输介质的一般都是总线形拓扑网络,总线的两端必须接上 50 Ω 的匹配电阻,以防止信号的反射,保障介质内的信号传播质量。将一台计算机接入缆线的方法,通常都是利用 T 形接头(或称为"T 形连接器")串入电缆总线上,然后用分支电缆连接到计算机的网络适配器。这样,由于总线上串接了大量的 T 形接头,所以保持电缆接头处的接触良好,是使用这种电缆作为传输介质时必须特别注意的事项。

(二)75 Ω 同轴电缆

75 Ω 同轴电缆是公用有线电视系统 CATV 中的标准传输电缆,一般用于模拟传输系统,传输的信号通常采用频分复用的宽带信号,所以又称它为宽带同轴电缆。

宽带同轴电缆用于传输模拟信号时,在 100 km 传输距离内,其可用频带可高达 300~500 MHz。在做数字的数据传输应用时,必须将其数据信号转换成模拟信号在缆线上传输。在接收端,则要把收到的模拟信号转换成数字信号。一般来说,每秒传输 1 bit 需要 1~4 Hz 的带宽,具体还与对信号编码的形式与传输设备的电气性能密切有关。通常一条带宽为 300 MHz 的电缆可以支持 150 Mb/s 的数据速率。

由于在宽带系统中要用放大器来放大和中继模拟信号,而放大器只能单向工作,所以在宽带电缆的双工传输中,一定要有数据发送和数据接收两条分开的数据通路。采用双电缆系统和单电缆系统都可以达到这个目的。

三、光缆

光缆是由若干条光导纤维(optical fiber,简称为"光纤")作为芯线加上防护外套而做成。光纤通常由非常透明的石英玻璃拉成细丝(其直径为 8~100 μm),主要由纤芯和包层构成双层同心圆柱体,如图 2-21 所示。纤芯用来传导光波,包层较纤芯有较低的折射率。当光线从高折射率的介质射向低折射率的介质时,其折射角将大于入射角。因此,如果入射角足够大,就会出现全反射,即光线碰到包层时就会折射回纤芯。这个过程不断重复,光也就沿着光纤传输下去。现代的生产工艺可以制造出超低损耗的光纤,即做到光线在纤芯中传输几千米而基本上没有什么衰耗,无须中继放大。

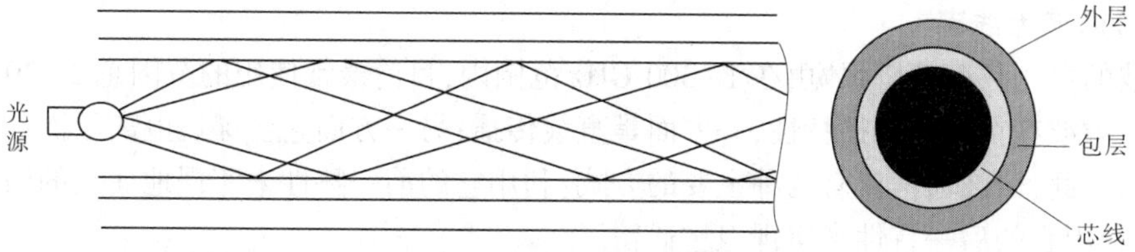

图 2-21 光纤构造和传播

如果射到光纤表面的光线的入射角大于某一个临界角度,就可以产生全反射,这样就会有许多条不同角度入射的光线在一条光纤中传输,这种光纤就称为多模光纤。但是,若光纤的直径减小到只有一个光的波长,则光纤就像一根波导那样,它可使光线一直向前传播,这样的光纤就称为单模光纤。单模光纤的光源要使用较贵的半导体激光器,而不能使用较便宜的发光二极管。但单模光纤的衰耗较小,在 2.5 Gb/s 高速率下的无中继距离可达几十千米。目前,在传输干线和室外线路上都使用单模光纤,多模光纤则由于传输中存在光线扩散的原因容易造成信号失真,所以它只在局域网的线路上使用。

光纤通过传递光脉冲来进行数字通信,有光脉冲相当于传输"1",而没有光脉冲相当于传输"0"。一根光纤相当于一条 $10^{14} \sim 10^{15}$ Hz 频段内工作的光波导(激光),可用传输带宽约为 10^8 MHz 数量级,所以它是目前最理想的宽带传输介质。光纤作为传输介质,它具有如下优点:

(1)传输频带非常宽,因而通信容量大。

(2)误码率极低,传输损耗小,无中继距离长。

(3)不受雷电和电磁干扰,本身也无相互串扰和辐射,所以安全性和保密性好。

(4)价格低,体积小,质量轻。

四、无线传输介质

前面三种都属于"有线"传输介质。在自由空间传播的电磁波或光波统称为"无线"传输介质,包括各个波段的无线电、地面微波接力线路、卫星微波线路,以及激光、红外线等。但是,在数据通信中有应用价值的主要是超短波无线电和(地面或卫星)微波无线电路。尤其是微波通信线路在数据通信中占有重要地位。

(一)超短波无线电

在数据通信中所用的无线频带范围在 30 MHz 至 1 GHz 之间,分为两个子频段:

(1)高频 VHF。频率范围为 30~300 MHz。

(2)超高频 UHF。频率范围为 300 MHz~1 GHz。

在数据通信中基本上应用超高频 UHF 中 600 MHz 以上的高端频段。由于这个波段内的信号会穿透电离层,而且传播损耗又较大,所以它只能用于沿地面局部范围传播的、无方向性广播型通信应用。例如,用于 FM 和 TV 广播、交通和生产调度指挥系统等,在组网通信中,广泛用于移动通信电话网、蜂窝移动数据网和分组无线电数据网等。和微波相比,无线频段的波长较长,故衰耗也更大。影响无线电波传播质量的主要因素是多径传播

(从地面、水面、人造的或天然物体的反射会在通信方向上方形成多条不同延时的路径)引起的自相干扰。

(二)微波无线电

微波的可用频率范围很宽,在1~300 GHz范围内,目前最常使用的范围是2~30 GHz的频段。微波在空间的传播特性,一方面是直线传播;另一方面它会穿透电离层而进入宇宙空间。因此,微波通信就有两种主要的方式:利用它的前一特性来实现地面上的微波接力通信;利用它的后一特性来实现卫星通信。

1. 地面上的微波接力通信

由于微波的直线传播特性,加之地球表面是个曲面,因此作为地面通信使用时,电波只能沿地球表面的切线方向传播,在一般可方便实现的天线高度情况下,能达到的一跳通信距离为50 km左右。再加高天线高度,则距离可再增大,但实现距离很难超过100 km以上。如果实现更远距离的通信,只能采用“接力”的办法,即:在欲实现通信的两个端站之间建立若干个中继站,每个站把前一站送来的信号经过放大后再发送到下一站,进行逐站传递以形成一条端到端的通信信道。在长途电话通信干线中大量使用这种微波接力线路,使用频率多数为2~6 GHz,常用的微波通信设备的容量多为960路、1 200路、1 800路和2 700路。

由于微波波段频率很高,其频段范围很宽,所以微波信道的通信容量很大,可以同时传输电话、电报、图像、数据等信息,并且不易受到工业干扰和天电干扰,因而传输质量较高。加之这种接力线路的架设方便、灵活,特别适宜于山地和条件恶劣的环境,抗自然灾害的能力强,抗毁性好。当然,微波接力通信线路毕竟是属于无线传输信道,在信号传输质量、误码性能和保密性等多方面,逊色于有线信道。

2. 卫星通信

用于通信的卫星是定位于距地球36 000 km上空的一种人造同步地球卫星。所谓“同步”是指它沿着轨道旋转的角速度与地球自转的角速度相同,所以它相对于地球的位置始终是固定的,因而又有“静止卫星”一说。卫星通信正是在各个地球站之间利用这种卫星来作为中继站的一种微波接力通信,卫星就是在太空中无人值守的微波通信的中继(或说“接力”)站。这样的话,卫星通信的主要特性应当是与地面微波通信很类似的,当然主要是突出利用其最独特的方面。

卫星通信的最大特点,是因为同步卫星发射出的电磁波能辐射到地球上的广阔地区,其通信覆盖区的跨度达18 000多km,相当于1/3的地球表面。这样,可以实现的通信距离很远且通信费用与距离无关。只要在地球赤道上空的同步轨道上,等距离地放置三颗相隔120°的卫星,就能基本上实现全球的通信。目前常用的卫星通信频段为6/4 GHz,即:上行(从地球站发往卫星)频率为5.925~6.425 GHz,下行(从卫星转发到地球站)频率为3.7~4.2 GHz,频段宽度都是500 MHz。由于这个频段已经非常拥挤,因此现在也使用频率更高一些的14/12 GHz的频段,甚至还有更高的。一个典型的通信卫星通常拥有12个转发器,每个转发器的频带宽度为36 MHz,可用来传输50 Mb/s速率的数据。

卫星通信区别于其他通信的一个最大的特点就是它具有很大的传播时延。由于各地球站的天线仰角并不相同,因此不管两个地球站之间的地面距离是多少(相隔一条街或相隔上万千米),从一个地球站经卫星到另一个地球站的传播时延在250~300 ms,一般取典型值270 ms。例如,对于地面微波接力通信链路,其传播时延约为3.3 μs/km,而对同轴电缆链路,由于电磁波在电缆中传播比在自由空间中慢,因此传播时延一般是按5 μs/km来计算。计算机网络从应用的角度来说,相对于其他通信信道,通信卫星本身和发射卫星的火箭造价都较高,而且卫星也有一定的使用寿命(一般只有7~8年),地球站的技术较复杂、成本高。所以,在选择使用的传输介质时,必须要考虑到这些制约因素。

小 结

数据通信有模拟通信和数字通信之分,现代通信中数字通信占据越来越重要的地位。数字通信不仅可以传输数字数据,也可以传输语音、视频等数据。数据通过通信信道传输时需要进行信号编码。常用的模拟信号编码方法有振幅键控法、移频键控法、移相键控法;常有的数字信号编码方法有归零码、不归零码、曼彻斯特码、差分曼彻斯特码等。数字数据在传输中发送方和接收方必须要保持时钟的同步,同步方法有外同步法和自同步法,曼彻斯特码是典型的具有自同步能力的编码。数据传输可分为并行传输和串行传输,在计算机网络通信中,多采用串行传输方式。根据传输方向的不同,数据通信可分为单工通信、半双工通信和全双工通信。数据的传输速率,有波特率和比特率两种表示方式,波特率是指单位时间内传输的信号波形的数量,比特率是指单位时间内传输的信息位的数量,两者之间有如下关系:$R_b=N_b\log_2 L$ b/s(N_b为波特率,L为波形数,R_b为比特率)。信道的传输容量可由奈奎斯特公式和香农公式确定,对于无噪声信道,可使用奈奎斯特公式;对于有噪声信道,则可利用香农公式计算信道容量。模拟通信的传输质量一般用信噪比来衡量,数字通信的传输质量一般用误码率来衡量。

在数据通信系统中,计算机与计算机之间一般不是直通专线连接,而是要经过通信网的接续过程来建立连接,在一种任意拓扑的数据通信网络中,通过网络节点的某种转接方式来实现从任一端系统到另一端系统之间接通数据通路的技术,称为数据交换技术。数据交换技术从传统的电路交换,逐渐发展为存储转发和分组交换。分组交换是计算机网络通信的主要数据交换方式,有数据报和虚电路方式之分。分组交换技术除具有提高网络信道资源的共享性外,在网络性能方面也极大地降低了分组传输时延。

多路复用技术是将物理传输信道在频率域或时间域上进行分割,形成若干个相互独立的子信道,每一子信道单独传输一路数据信号。从通信角度看,相当于多路数据被复合在一起共同使用一条共享信道进行传输。多路复用技术可以充分发挥物理信道的传输能力,并可在单一的物理信道上实现双向的全双工通信。目前使用的多路复用技术主要有频分复用(FDM)、时分复用(TDM)、码分复用(CDM)和波分复用(WDM)。

数据在传输过程中由于噪声(冲击噪声和热噪声)的干扰,会出现差错,差错控制就是指数据通信过程中能发现或纠正差错,把差错限制在尽可能小的允许范围内的技术和方法。常用的差错控制方法是差错控制编码。利用差错控制编码来进行差错控制的方法有两类,一类是自动请求重发ARQ,另一类是前向纠错FEC。ARQ方式只使用检错码,但必须有双向信道才可能将差错信息反馈至发送端。同时,发送方要设置数据缓冲区。

FEC 方式必须用纠错码,但它可以不需要反向信道来传递请求重发的信息,发送端也不需要存放以备重发的数据缓冲区。常用的差错控制编码有奇偶校验码和 CRC 校验码。

一个数据通信系统的传输质量不但与传送的数据信号和收发特性有关,而且与传输介质的特性也密切相关。计算机网络中常用的传输介质分为两大类,即有线介质和无线介质。有线介质主要包括双绞线、同轴电缆和光纤;无线介质主要有包括地面微波接力线路、卫星微波线路,以及激光、红外线等。

数据通信技术是建立计算机网络系统的基础之一。无论是计算机与计算机之间,还是计算机与终端之间,它们之间要进行数据交换,都要借助于数据通信技术。通过本项目的学习,可以了解数据通信过程中所采用的传输介质特性、数据编码方法、数据交换技术以及信道的多路复用和差错控制技术,为后续项目的学习奠定基础。

习 题

1. 如何理解数据、信息、信号这几个概念的含义以及它们之间的关系?

2. 如何理解数据传输速率和信号传输速率?它们之间有什么关系?

3. 如何利用公用电话网络来组成数据通信网络?需要用到哪些设备?它们的作用是什么?

4. 常用的传输介质有哪几种?其特点是什么?

5. 对于带宽为 4 kHz 的语音信号,采用量化级别为 128 的 PCM 方法编码,所产生的数据要用多大传输速率的信道才能传输?

6. 已知生成多项式 $G(X)=X^4+X^3+X^2+1$,求数据序列 10101011 的循环冗余位。

7. 试比较数据报和虚电路交换方式的特点。

8. 试比较报文交换和分组交换的特点,理解并叙述分组交换的原理。

9. 什么是"前向纠错"?什么是"自动反馈重发"?为什么在数据通信中大都采用 ARQ 差错控制技术?

10. 分别采用标准曼彻斯特编码和差分曼彻斯特编码画出数据序列 101001 的波形图。

11. 已知数据序列 1100101,试画出它的 FSK 和 PSK 的信号波形图。

12. 简述异步传输方式和同步传输方式的区别。

13. 什么是单工通信、半双工通信和全双工通信?试举出采用这三种通信方式的实际例子。

14. 为什么码分复用技术可以使所有的用户在同样的时间使用同样的频带进行通信而不会互相干扰?

15. 奈奎斯特公式和香农公式在数据通信中的意义是什么?

项目三　计算机网络体系结构与协议

计算机网络体系结构是计算机网络的层次、网络拓扑结构、各层次的功能划分及每层协议与接口的总称。OSI 参考模型把整个网络系统划分为物理层、数据链路层、网络层、传输层、会话层、表示层、应用层七个层次,每层执行一种明确定义的功能。

学完本项目后,你能够对计算机网络体系结构有一个清晰的认识,能明确分清各层,理解各层的功能特点,并对各层常用的网络协议有较清晰的概念。

任务一　网络体系结构

一、OSI 体系结构

(一)协议及体系结构

通过通信信道和设备互联起来的多个不同地理位置的计算机系统,要使其能协同工作实现信息交换和资源共享,它们之间必须具有共同的语言。交流什么、怎样交流及何时交流,都必须遵循某种互相都能接受的规则。

1. 网络协议(protocol)

网络协议就是为进行计算机网络中的数据交换而建立的规则、标准或约定的集合。协议总是指某一层协议,准确地说,它是对同等实体之间的通信制定的有关通信规则约定的集合。网络协议有以下三个要素:

(1)语义(semantics)涉及用于协调与差错处理的控制信息。

(2)语法(syntax)涉及数据及控制信息的格式、编码及信号电平等。

(3)定对(tiining)涉及速度匹配和排序等。

2. 网络的体系结构及其划分所遵循的原则

计算机网络系统是一个十分复杂的系统。将一个复杂系统分解为若干个容易处理的子系统,然后“分而治之”,这种结构化设计方法是工程设计中常见的手段。分层就是系统分解的最好方法之一。在图 3-1 所示的一般分层结构中,n 层是 $n-1$ 层的用户,又是 $n+1$ 层的服务提供者:$n+1$ 层虽然只直接使用了 n 层提供的服务,实际上它通过 n 层还间接地使用了 $n-1$ 层及以下所有各层的服务。

层次结构的好处在于使每一层实现一种相对独立的功能。分层结构还有利于交流、理解和标准化。所谓网络的体系结构(architecture),就是计算机网络各层次及其协议的集合。层次结构一般以垂直分层模型来表示,如图 3-2 所示。

1)层次结构的要点

(1)除在物理媒体上进行的是实通信外,其余各对等实体间进行的都是虚通信。

(2)对等层的虚通信必须遵循该层的协议。

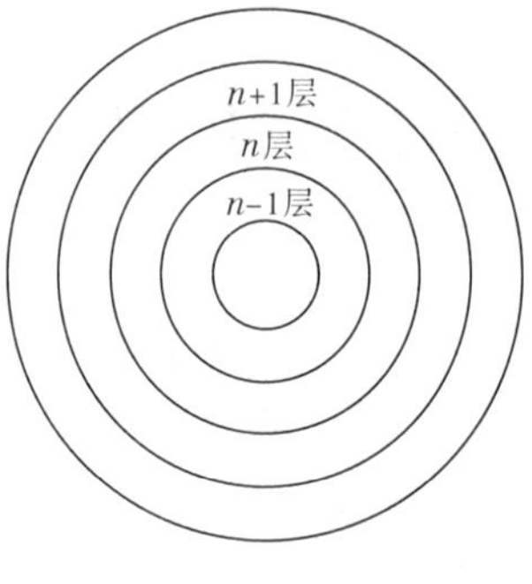

图 3-1　层次模型

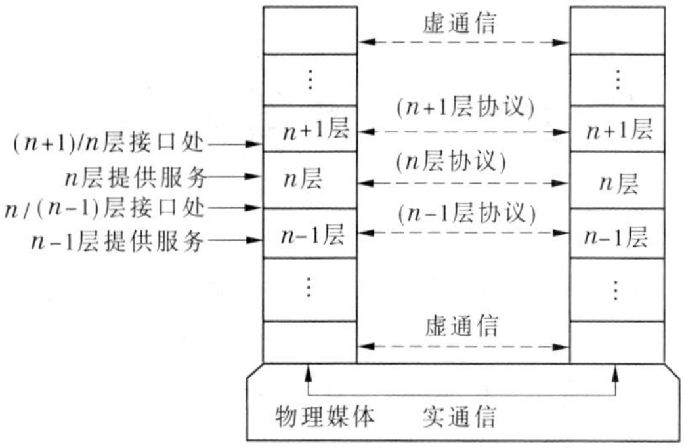

图 3-2　计算机网络的层次模型

(3)n 层的虚通信是通过 $n/(n-1)$ 层间接口处 $n-1$ 层提供的服务以及 $n-1$ 层的通信(通常也是虚通信)来实现的。

2)层次结构划分的原则

(1)每层的功能应是明确的,并且是相互独立的。当某一层的具体实现方法更新时,只要保持上、下层的接口不变,便不会对邻层产生影响。

(2)层间接口必须清晰,跨越接口的信息量应尽可能少。

(3)层数应适中。若层数太少,则造成每一层的协议太复杂;若层数太多,则体系结构过于复杂,使描述和实现各层功能变得困难。

3)网络体系结构的特点

(1)以功能作为划分层次的基础。

(2)第 n 层的实体在实现自身定义的功能时,只能使用第 $n-1$ 层提供的服务。

(3)第 n 层在向第 $n+1$ 层提供的服务时,此服务不仅包含第 n 层本身的功能,还包含由下层服务提供的功能。

(4)仅在相邻层间有接口,且所提供服务的具体实现细节对上一层完全屏蔽。

(二)OSI 参考模型

制定 OSI 参考模型的背景是:20 世纪 70 年代,各公司纷纷提出自己的网络体系结构,而这些网络体系结构所构成的网络之间无法通信和互操作。为了在更大范围内共享资源和通信,人们迫切需要一个共同的可以参照的标准,使得不同厂商的软硬件资源和设备能够互通和互操作。这就是开放式系统互联网络体系结构产生的原因。开放式系统互联网络体系结构就是在多个不同的环境中支持互联。该模型为计算机开放式通信所需要定义功能层次建立了全球标准。

OSI 参考模型(OSI/RM,见图 3-3)将整个网络的通信功能分成 7 个层次,包括低三层(物理层、数据链路层和网络层)、高四层(传输层、会话层、表示层和应用层)。通常将计算机网络分成通信子网和资源子网两大部分。OSI 的低三层属于通信子网范畴;高三层属于资源子网范畴,传输层起着衔接上三层和下三层的作用。

各层的功能用协议描述,协议规定了某层跟另一远方系统中的一个对等层通信所使用的一套规则和约定。每一层向相邻的上层提供一套确定的服务,并且使用由相邻下层提供的服务向远方对等层传输与该层协议相关的信息单元。例如,传输层为它上面的会

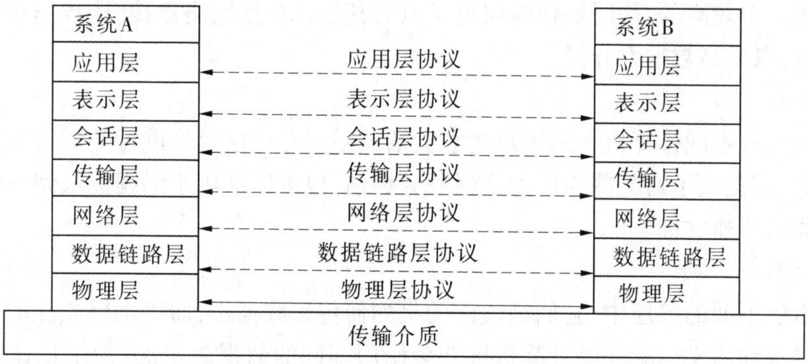

图 3-3　OSI 参考模型总体结构

话层提供可靠的与网络无关的信息传输服务,并且使用其下面网络层所提供的服务将与传输层协议有关的一组信息单元传送给另一系统中的对等层。

在概念上,每层都根据一个明确定义的协议跟一个远方系统中的一个类似对等层通信,这样的通信称为虚拟通信,这些虚拟通信完成了通过物理介质进行通信的过程。但实际上该层所产生的协议信息单元是借助于相邻下层所提供的服务传送的。

下面就从最下层开始,逐次讨论 OSI 参考模型的各层功能和通信标准。

1. 物理层

物理层涉及通信在信道上传输的原始比特流。设计上必须保证一方发出"1"时,另一方接收到的是"1"而不是"0"。在物理层,设计的问题主要是处理机械的、电气的和过程的接口,以及物理层下的物理传输介质等。该层典型问题有:用多少伏特电压表示"1",多少伏特电压表示"0";一个比特持续多长时间;传输是否在两个方向上同时进行;最初的连接如何建立和完成通信后连接如何终止;网络接插件有多少针及各针的用途等。

2. 数据链路层

数据链路层的主要任务是加强物理层传输原始比特的功能,使之对网络层显示为一条无错的线路。发送方把输入数据封装在数据帧(data frame)里,按顺序发送各帧,并处理接收方回送的确认帧(acknowledgement frame)。由于物理层仅仅接收和传送比特流,并不关心它的意义和结构,所以只能依赖各链路层来产生和识别帧边界。需解决的问题有:解决由于帧的破坏、丢失和重复的问题;为防止高速的发送方的数据把低速的接收方"淹没"(数据溢出),需要进行某种流量调节控制等。

3. 网络层

网络层关系到子网的运行控制,其中的一个关键问题是确定分组从源端到目的端的路由选择问题。路由既可以选用网络中固定的静态路由表,也可以在每一次会话时临时决定,还可以根据网络当前的负载状况,高度灵活地为每一个分组决定路由。

4. 传输层

传输层的基本功能是,从会话层接收数据,并且在必要的时候将它分成较小的单元,传输给网络层,并确保到达对方的各段信息正确无误,而且这些任务必须高效地完成。通常,会话层每请求建立一个传输连接,传输层就会为其创建一个独立的网络连接。如果传输连接需要一个较高的吞吐量,传输层也可以为其创建多个网络连接,让数据在这些网络连接上分流,以提高数据吞吐量。

5. 会话层

会话层允许不同计算机上的用户建立会话关系。会话层允许进行类似传输层的普通数据的传输,并提供了对某些应用的增强服务会话,也可以被用于远程登录到分时系统或在两台机器间传递文件。

6. 表示层

在表示层下面的各层中,它们最关注的是如何传递数据位,而表示层关注的是所传递的信息的语法和语义。不同的计算机可能会使用不同的数据表示法,为了让这些计算机能够进行通信,它们所交换的数据结构必须以一种抽象的方式来定义;同时,表示层还应该定义一种标准的编码方法,用来表达网络线路上所传递的数据。表示层管理这些抽象的数据结构,并允许定义和交换更高层的数据结构。

7. 应用层

应用层是 OSI/RM 的最高层,其功能与系统应用所要求的网络服务目的有关,该层为对等应用系统中的应用进程提供访问 OSI 环境的"窗口"和手段,所以它是为系统的应用目的直接提供网络访问的功能层。如传输文件功能,由于不同的文件系统有不同的文件命名原则,文本行有不同的表示方法等。不同的系统之间传输文件所需处理的各种不兼容问题,就是应用层的工作。此外还有电子邮件、远程作业输入、名录查询和其他各种通用和专用的功能等。

(三)OSI 参考模型总结

OSI 参考模型中的 7 层功能的总结见表 3-1。

表 3-1 OSI 参考模型中的 7 层功能的总结

层号	层的名称	英文	主要功能
7	应用层	application layer	与用户应用进程的接口,提供分布式信息服务
6	表示层	presentation layer	数据格式的转换,为应用程序提供通用接口,提供加密解密服务
5	会话层	session layer	提供在应用程序之间通信的控制结构;在协同工作的应用程序之间建立、管理和释放连接,即会话的管理和数据传输的同步
4	传输层	transport layer	端到端经网络透明的传输报文;提供端到端的差错恢复和流量控制
3	网络层	network layer	分组传输和路由选择,使高层与数据传输和用来连接系统的交换技术无关
2	数据链路层	data link layer	在链路上无差错地传送一帧一帧信息,在此层将数据分帧,并处理流量控制,本层指定拓扑结构并提供硬件寻址
1	物理层	physical layer	将比特流送到物理介质上传送。关心在物理介质上非结构的比特流的传输;考虑接入物理介质的机械、电气、功能和过程的特性

(四) OSI 参考模型评价

值得注意的是,OSI 模型本身不是网络体系结构的全部内容,这是因为它并未确切地描述用于各层的协议和实现方法,而仅仅说明每一层应该完成的功能。不过,ISO 已经为各层制定了相应的标准,但这些标准并不是模型的一部分,它们是作为独立的国际标准而被发布的。

OSI 参考模型是在其协议开发之前设计出来的。这意味着 OSI 模型不是基于某个特定的协议集而设计的,因而它更具有通用性。但另一方面,也意味着 OSI 参考模型在协议实现方面存在某些不足。实际上,OSI 协议过于复杂,而且运行的效率低,这也是 OSI 从未真正流行开来的原因所在。

虽然 OSI 参考模型和协议并未获得巨大的成功,但是 OSI 参考模型在计算机网络的发展过程中仍然起到了非常重要的指导作用,作为一种参考模型和完整体系,它仍对今后计算机网络技术朝标准化、规范化方向发展具有指导意义。

二、TCP/IP 参考模型

(一) TCP/IP 参考模型概述

由于 Internet 是一个跨国界的庞大的网络体系,连入其中的计算机自然有着许多不同之处。为了使网络中所有计算机能够畅通无阻地进行通信,自然需要一个大家都共同遵守的数据传输标准,这种"标准"或称为"约定"就是"通信协议"。在计算机网络中使用的通信协议有许多,如 TCP/IP、IPX、NetBEUI 等。

TCP/IP 是 Internet 中使用的主要通信协议,它是目前最完整、应用最普遍的通信协议标准。它可以使不同硬件结构、不同操作系统的计算机之间相互通信。TCP/IP 是一个广泛发布的公开标准,完全独立于硬件或软件厂商,可以运行在不同体系结构的计算机上。

网络协议通常在不同的层次进行,各层分别负责不同的通信功能。一个协议组件,是一组不同层次上的多个协议的组合。TCP/IP 协议是以协议集的形式推出的,它包括一组互相补充、互相配合的协议。TCP/IP 协议集包括 TCP 协议(传输控制协议)、IP 协议(互联网协议)和其他一些协议。所有这些协议相互配合,实现网络上的信息通信。TCP/IP 不仅仅表示 TCP 和 IP 两个协议,还指整个协议集,TCP 和 IP 只是协议集中两个最主要的协议,读者应注意此术语的真正含义。

TCP/IP 协议栈包括 4 个功能层:应用层、传输层、互联网络层及网络接口层。这 4 层大致相对于 OSI 参考模型中的 7 层。图 3-4 显示了 TCP/IP 的体系结构及其与 OSI 的 7 层协议模型的对应关系。

1. 应用层

应用层为用户提供所需要的各种服务,TCP/IP 模型中的应用层包含了所有的高层协议,常用的包括远程登录 Telnet 协议、文件传输协议(FTP)、简单邮件传输协议(SMTP)、简单网络管理协议(SNMP)、超文本传输协议(HTTP)、域名系统(DNS)等。很多其他应用程序驻留并运行在此层,并且依赖于底层的功能。相似地,网络上通信的任何应用也在模型的这一层中描述。

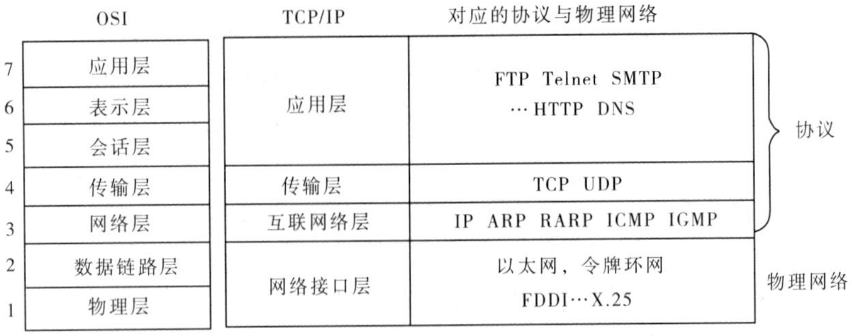

图 3-4 TCP/IP 体系结构

2. 传输层

传输层在 TCP/IP 模型中位于互联网络层之上，其功能是使源端主机和目的端主机上的对等实体可以进行会话（和 OSI 的传输层一样），这里定义了两个端到端的协议。

(1)传输控制协议(TCP)。它是一个面向连接的协议，允许从一台计算机发出的字节流无差错地发往互联网上的其他计算机。它把输入的字节流分成报文段，并传给互联网络层。在接收端，TCP 接收进程把收到的报文再组装成输出流。TCP 还要处理流量控制，以避免快速发送方向低速接收方发送过多报文而使接收方无法处理。为了完成可靠的数据传输任务，TCP 协议具有数据包的顺序控制、差错检测等功能。

(2)用户数据报协议(UDP)。UDP 是用户数据报协议，与 TCP 一样位于传输层。UDP 是一种不可靠、无连接的协议，采用数据报方式发送和接收数据，不能保证重传或丢失的数据报和处理垃圾数据报。但这并不是说明 UDP 处理数据很糟糕，可以通过对采用 UDP 协议的应用程序强化通信管理，来保证数据传输的质量。例如，SNMP 协议就是建立在 UDP 基础上的。

3. 互联网络层

互联网络层是将整个网络体系结构贯穿在一起的关键层。该层的任务是，允许主机将分组发送到任何网络上，并且让这些分组独立地到达目标端（目标端可能位于不同的网络上）。这些分组到达的顺序可能与它们被发送时候的顺序不同，在这种情况下，如果有必要保证顺序，则重新排列这些分组的任务由高层来负责。

互联网络层定义了正式的分组格式和协议，该协议称为 IP（internet protocol）。互联网络层的任务是将 IP 分组投递到它们该去的地方。很显然，分组路由和避免拥塞是这里的主要问题。由于这些原因，所以可以这样说，TCP/IP 的互联网络层在功能上类似于 OSI 的网络层。

4. 网络接口层

网络接口层似乎与 OSI 的数据链路层和物理层相对应，但实际上 TCP/IP 本身并没有真正描述这一部分，只是指出主机必须使用某种协议与网络连接，以便能在其上传递 IP 分组。具体的物理网络可以是各种类型的局域网，如以太网、令牌环网、令牌总线网等，也可以是 X.25、帧中继、电话网、DDN（数字数据网）等公用数据网络。网络接口层负责从主机或节点接收 IP 分组，并发送到指定的物理网络上。

（二）TCP/IP 参考模型评价

TCP/IP 模型和协议存在以下问题：

（1）该模型没有清楚区分服务、接口和协议的概念，而这一点 OSI 模型做到了。因此，在使用新技术来设计新的网络的时候，TCP/IP 模型并不是一个很好的参照。

（2）TCP/IP 模型并不通用，它不适合用来描述 TCP/IP 之外的任何协议栈。

（3）在分层协议环境中，主机到网络层并不是常规意义上的层的概念，它是接口（位于网络层和数据链路层的接口），接口和层的区别是非常重要的。

（4）TCP/IP 没有区分物理层和数据链路层。它们是完全不同的。物理层必须考虑铜线、光纤和无线通信的特征。而数据链路层的任务则是确定帧的起点和终点的位置，并且按照期望的可靠度把这些帧从一端发送到另一端。一个正确的模型应该把它们作为单独的层包含进来。而 TCP/IP 模型并没有这样做。

（5）尽管 IP 和 TCP 协议进行了详细的设计，并且很好地实现了，但是，在实际中还有很多其他特定的协议，通常这些协议是自由发布的，从而导致了这些协议被广泛地使用，确立了其牢固的地位，因而难用其他的协议来取代。现在这样的一些协议反而成了一种障碍。

总之，尽管 OSI 模型存在很多问题，但是，事实证明它对于讨论计算网络是非常有用的。但是 OSI 协议并没有流行起来。而 TCP/IP 却正好相反，模型本身实际上并不存在，但是协议却被广泛使用了。

任务二　物理层协议

一、物理层协议概述

物理层是 OSI 模型的最底层，它向下直接与传输介质相连，向上相邻且服务于数据链路层，其作用是为数据链路层实体之间提供必需的物理连接，按顺序传输比特流。物理层协议要解决的是主机、工作站等数据终端设备与通信线路上通信设备之间的接口问题。

在 ISO 中，将这些数据终端设备称为 DTE，即指数据输入/输出设备和传输控制器，或计算机等数据处理及其通信控制器，其功能就是产生、处理数据。把数据电路端接设备，即自动呼叫设备、调制解调器以及其他一些中间装置的集合称作 DCE，其基本功能是沿传输介质发送和接收数据。

DTE 和 DCE 之间连接需要遵循共同的接口标准。接口标准由 4 个特性来详细说明。这 4 个接口特性分别为机械特性、电气特性、功能特性和规程特性。接口标准不仅为完成实际通信提供了可靠的保证，而且使得不同厂家的产品相兼容，设备间可有效地交换数据。

（一）机械特性（mechanical characteristics）

机械特性规定了 DTE 和 DCE 实际的物理连接。DTE 与 DCE 作为两种设备，通常采用接插件实现机械上的互联，机械特性详细说明了接插件的形状、插头的数目、排列方式及插头和插座的尺寸、电缆的长度及所含导线的数目、锁定装置等。

（二）电气特性（electrical characteristics）

电气特性规定了数据交换信号及有关电路的特性。一般包括最大数据传输速率的说明，表示信号状态（逻辑电路、通或断、传号或空号）的电压和电流的识别，以及电路特性的说明和与互联电缆有关的规定。DTE 和 DCE 之间有多条导线，除地线无方向性外，其他信号线都有方向性。电气特性规定这些信号的连接方式，驱动器和接收器的电气参数，并给出有关互联电缆方面的技术指导。

（三）功能特性（functional characteristics）

功能特性规定接口信号所具有的特定功能，即 DCE 和 DTE 之间各信号线的信号含义。通常信号线可分为 4 类：数据线、控制线、定时线和地线。

（四）规程特性（procedural characteristics）

规程特性是指 DTE 和 DCE 在各线路上的动作序列或动作规则，即为实现建立、维持、释放线路等过程中所要求的各控制信号变化的协调关系。对于不同的网络，不同的通信设备，不同的通信方式，不同的应用，各自有不同的规程特性。

为了使各类数据终端设备（DTE）和数据电路端接设备（DCE 等）在计算机通信网中能够易于互联和互操作，必须遵循统一的标准才能实现广泛的兼容性。国际标准化组织（ISO）和国际电报电话咨询委员会（CCITT）从 20 世纪 60 年代起陆续推出了一些关于物理接口的标准。在 CCITT 制定的标准中，有针对模拟信道的 V 系列建议和针对数字信道的 X 系列建议。而在 V 系列和 X 系列建议中的许多标准又和美国电子工业协会（EIA）所推荐的系列接口标准 EIA/RSXXX 中的内容十分相近。

在应用中习惯于用 EIA/RSXXX 系列接口标准术语互相交流，因为这些接口标准在计算机通信网中应用十分广泛，所规范的大部分内容和参数值又可以从对应的 X 和 V 系列中查到。

二、物理层协议举例

（一）EIARS-232-C 接口标准

RS-232-C 是由美国电子工业协会（EIA）发布的用于 DTE/DCE 之间的接口标准。RS 是 recommended standard 的缩写，232-C 是标准的标志号码，相应的国际标准是 CCITT 推荐的标准 V. 24，它与 RS-232 相似，只是在某些很少使用的电路上稍有不同。

RS-232-C 是 DCE 和 DTE 之间的接口标准，如图 3-5 所示。

图 3-5　EIARS-232-C 连接示意

RS-232-C 接口标准所定义的内容属于国际标准化组织 ISO 所制定的开放式系统互联（OSI）7 层参考模型中的最低层——物理层所定义的内容。RS-232-C 接口规范的内容包括机械特性、电气特性、功能特性和规程特性四个方面。

1. 机械特性

RS-232-C 接口规范并没有对机械接口做出特别严格规定。RS-232-C 的机械接口一般有 9 针、15 针和 25 针 3 种类型。标准的 RS-232-C 接口使用 25 针的 DB 连接器。RS-232-C 在 DTE 设备上用作接口时一般采用 DB25M 插头(针式)结构,在 DCE 设备上使用时采用 DB25F(孔式)结构。

2. 电气特性

DTE/DCE 接口标准的电气特性主要规定了发送端驱动器与接收端驱动器的信号电平、负载容限、传输速率及传输距离。RS-232-C 接口使用负逻辑,用低于-3 V 的电压表示二进制 1,用高于+3 V 的电压表示二进制 0,-3~+3 V 为过渡区,逻辑状态不确定,如图 3-6 所示。RS-232-C 的噪声容限是 2 V。

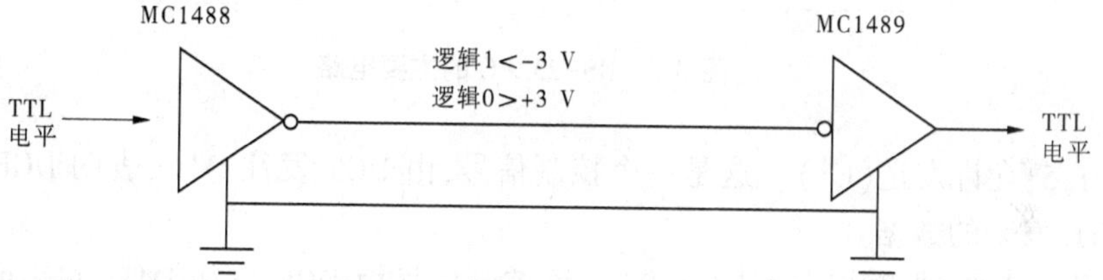

图 3-6 RS-232-C 接口电路

RS-232-C 的电气特性有一些不足之处:首先是参考"信号地"问题。发送端和接收端是对信号地测量的,信号地与逻辑地连接在一起,但发送端和接收端的逻辑地可能不一致,使信号地中有地电流。而导线是有电阻的,所以导线的两端存在电压降,当发送器对接口电路施加电压时,这个电压降会使接收器收到的电压与没有电位差时收到的电压不同。为尽量减少地电位对信号的影响,RS-232-C 接口使用较高的传送电压。

其次是电缆电容。EIA 标准规定在数据传输率为 20 kb/s 时,被驱动电路的电容(包括所连电缆电容)必须小于 2 500 pF。因此,RS-232-C 标准中规定在数据传输率为 20 kb/s 时,RS-232-C 传输电缆的长度不能超过 15 m。实际上可以正常工作的电缆长度远远大于给出的限制,但由于电缆电容,时钟频率变化,噪声干扰和地电位差的影响,使工作不可靠,所以电缆长度不能超过 15 m。当数据传输率较低时,可以适当增加电缆长度。

3. 功能特性

RS-232-C 的功能性指标规定了 25 针的电路连接,以及每个信号的含义。图 3-7 给出了其中 10 个端子的情况,这 10 个端子经常要使用,而其余的端子常常不用。

下面描述这 10 条电路的功能,其中端子的命名是从 DTE 角度给予的。

端子 1:保护地(PG),是可选的,通常不用,如用则接到设备的外壳。

端子 2:发送数据(TD)信号时,从 DTE 发给 DCE。不发送数据时,串行口维持该电路在 MARK 标志状态(逻辑 1 电平,等同于停止位)。

端子 3:接收数据引线,在串行数据由 DTE 接收时使用。

端子 4:请求发送(RTS)。该电路用来发信号给 DCE,请求在端子 2 上发送数据、该信号和端子 5 上的 CTS 信号控制 DTE 和 DCE 之间的数据传输。

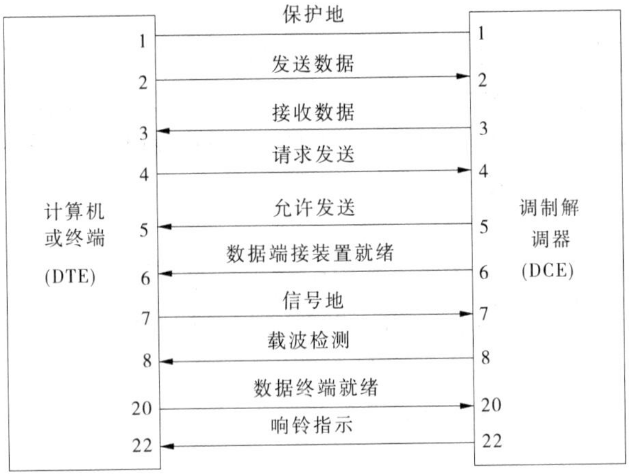

图 3-7 RS-232-C 的主要电路

端子 5:允许发送(CS)。这是一个控制信号,由 DCE 发往 DTE,表明 DCE 准备好接收从 DTE 发来的数据。

端子 6:数据端接装置就绪(DSR)。该控制信号由 DCE 发往 DTE,它表明本地数据装置的状态。

端子 7:信号地(SG)。这是一个必要的公共地回路,它是除保护地外的所有其他 RS-232-C 电路的测量参照点,是一个公共返回通路。

端子 8:载波检测(CD)。这是一个控制电路,控制信号由 DCE 发往 DTE。当 DCE 向 DTE 发送 ON 条件时,表明它正在从远方 Modem 接收载波信号。

端子 20:数据终端就绪(DTR)。这是一个控制电路,控制信号由 DTE 发往 DCE,当 DTE 准备好与 DCE 通信时,它就将该电路置成 ON。只有 DTR(data terminal ready)电路处于 ON 状态时,DCE 才能将 DSR 置成 ON 状态。当 DCE 连接成功并且正在发送数据时,DTR 从 ON 状态变成 OFF 状态会引起 DCE 从通信通道上断开。

端子 22:响铃指示(RI)。这是一个控制电路,控制信号由 DCE 送往 DTE。当振铃指示(RI)信号线置成 ON 状态时,表明 DCE 正在接收一个响铃信号。该信号主要用于自动应答的 Modem 配置。每次响铃时,电路处于 ON 状态,其他时间电路都处于 OFF 状态(表示 DCE 现在未接收响铃信号)。

4. 规程特性

RS-232-C 接口的工作过程是在控制线有序的 ON 和 OFF 状态的配合下进行的。在 DTE-DCE 连接的情况下,只有当 DTR 和 DSR 均为 ON 状态时才具备操作的基本条件。

(二)其他接口

除 EIARS-232-C/CCITTV.24 接口标准外,还有其他一些接口标准,下面将简单介绍这些接口标准。如果读者想要更详细地了解这些接口,可以查找相应的接口标准文本。

如前所述,由于 RS-232-C 接口标准具有某些不足,如不能进行远距离传输驱动,因此为了改善 RS-232-C 的电气性能,美国电子工业协会(EIA)提出了一个新型接口标准 RS-449。该标准包含 3 个部分:RS-499、RS-422-A 和 RS-423-A。RS-499 规定了接口的机械特性、功能特性以及规程特性。而接口的电气特性由 EIA RS-422-A 和 EIA RS-423-A 标准予以规定。

RS-423-A 是为了解决 RS-232-C 的信号地电位差问题而对 RS-232-C 的电气特性做了一些改进而提出的标准。RS-423-A 是一种不平衡接口电路，它采用差分接收器，接收器的一个输入端接发送方的信号地，如图 3-8 所示。RS-423-A 的输入电平与 TTL 兼容，输出电平与 CMOS 兼容。

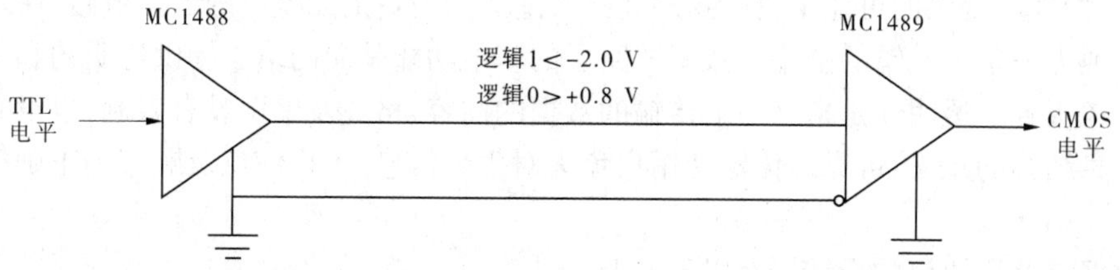

图 3-8　RS-423-A 接口电路

RS-423-A 接口标准中，传输电缆的最大长度与数据传输率有关。当数据传输速率为 3 kb/s 时，电缆长度可达 1 km；当数据传输速率超过 3 kb/s 时，电缆长度相应缩短；当电缆长度为 10 m 时，数据传输率可达 300 kb/s。

RS-422-A 则更进一步采用平衡驱动和差分接收的方法，从根本上消除了信号地电位差的影响。平衡驱动器相当于两个单端驱动器，它们输入的是同一个信号，而一个驱动器的输出正好与另一个反相，如图 3-9 所示。当干扰信号作为共模信号出现时，接收器则接收差分输入电压。

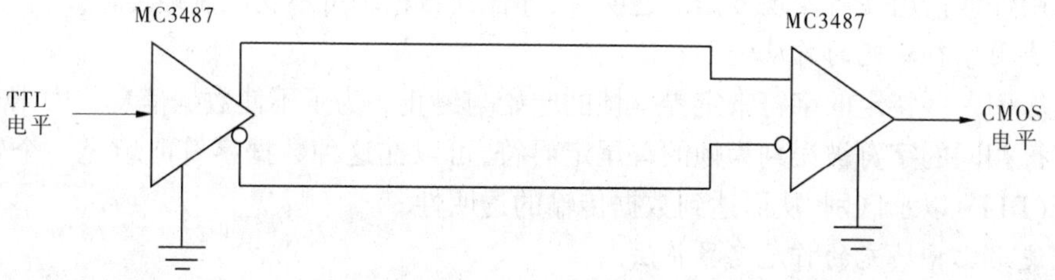

图 3-9　RS-422-A 接口电路

只要接收器具有足够的抗共模电压的范围，它就能识别这两种信号并正确接收所传送的数据，因此 RS-422-A 接口具有非常好的抗干扰性。

在机械特性上，为了适应信号线数目的增加，RS-449 标准采用了端子 37 和端子 9 连接器。正常情况下只需要端子 37 连接器，当要使用备用信道时，必须加上端子 9 连接器。在功能特性上，RS-449 采用与 RS-232-C 不同的信号线命名符。

任务三　数据链路层协议

一、数据链路层协议机制

数据链路层是 OSI 参考模型中的第二层，介于物理层和网络层之间，在物理层提供的服务基础上向网络层提供服务。数据链路层的作用是对物理层传输原始比特流的功能的加强，将物理层提供的可能出错的物理连接改造成为逻辑上无差错的数据链路，使之对网络层表现为一条无差错的链路。数据链路层的基本功能是向网络层提供透明的和可靠的数据传送服务。透明性是指该层上传输的数据的内容、格式及编码没有限制，也没有必要解释信息结构的意义；可靠地传输使用户免去对丢失信息、干扰信息及顺序不正确等的担心。

数据链路层协议的设计涉及以下问题。

（一）帧同步功能

为了使传输中发生差错后只将出错的有限数据进行重发，数据链路层将比特流组织成帧传送。帧的组织结构必须设计成能使接收方能从比特流中区分出帧的起始与终止，这就是帧同步要解决的问题。由于网络传输中很难保证计时的正确和一致，因此不能采用依靠时间间隔关系来确定一帧的起始与终止的方法。下面是几种常用的帧同步方法。

1. 字节计数法

这种帧同步方法以一个特殊字符表征一帧的起始，并以一个专门字段（count）来标明帧内的字节数。接收方可以通过对该特殊字符的识别从比特流中区分出帧的起始，并从专门字段中获知该帧中随后跟随的数据字节数，从而可确定出帧的终止位置。

由于采用字节计数方法来确定帧的终止边界不会引起数据及其他信息的混淆，因而不必采用任何措施便可实现数据的透明性，即任何数据均可不受限制地传输。

2. 使用字符填充的首尾定界符法

该法用一些特定的字符来定界一帧的起始与终止。为了不使数据信息位中出现的与特定字符相同的字符被误判为帧的首尾定界符，可以在这种数据字符前填充一个转义控制字符（DLE）以示区别，从而达到数据传输的透明性。

3. 使用比特填充的首尾定界符法

该法以一组特定的比特模式（如 01111110）来标志一帧的起始与终止。为了不使信息位中出现的与该特定模式相似的比特串被误判为帧的首尾标志，可以采用比特填充的方法。例如，采用特定模式 01111110，则对信息位中的任何连续出现的 5 个"1"，发送方自动在其后插入一个"0"，而接收方则做该过程的逆操作，即每收到连续 5 个"1"，则自动删去其后所跟的"0"，以此恢复原始信息，实现数据传输的透明性。比特填充很容易由硬件来实现，性能优于字符填充方法。

4. 违法编码法

该法在物理层采用特定的比特编码方法时采用。例如，曼彻斯特编码方法，是将数据比特"1"编码成"高—低"电平对，将数据比特"0"编码成"低—高"电平对。而"高—高"

电平对和“低—低”电平对在数据比特中是违法的。可以借用这些违法编码序列来定界帧的起始与终止。局域网 IEEE802 标准中就采用了这种方法。违法编码法不需要任何填充技术,便能实现数据传输的透明性,但它只适用于采用冗余编码的特殊编码环境。

由于字节计数法中 count 字段的脆弱性(其值若有差错将导致灾难性后果)及字符填充实现上的复杂性和不兼容性,目前较普遍使用的帧同步法是比特填充法和违法编码法。

(二)差错控制功能

通信系统必须具备发现(检测)差错的能力,并采取措施纠正它,使差错控制在所能允许的尽可能小的范围内,这就是差错控制过程,也是数据链路层的主要功能之一。

接收方通过对差错编码(奇偶校验码或 CRC 码)的检查,可以判定一帧在传输过程中是否发生了差错。一旦发现差错,一般可以采用反馈重发的方法来纠正。这就要求接收方收完一帧后,向发送方反馈一个接收是否正确的信息,使发送方据此做出是否需要重新发送的决定。发送方仅当收到接收方已正确接收的反馈信号后才能认为该帧已经正确发送完毕,否则需要重发直至正确。

物理信道的突发噪声可能完全“淹没”一帧,使得整个数据帧或反馈信息帧丢失,这将导致发送方永远收不到接收方发来的信息,从而使传输过程停滞。为了避免出现这种情况,通常引入计时器(timer)来限定接收方发回反馈消息的时间间隔,当发送方发送一帧的同时也启动计时器,若在限定时间间隔内未能收到接收方的反馈信息,即计时器超时(time-out),则可认为传出的帧已出错或丢失,就要重新发送。

由于同一帧数据可能被重复发送多次,就可能引起接收方多次收到同一帧并将其递交给网络层的危险。为了防止发生这种危险,可以采用对发送的帧编号的方法,即赋予每帧一个序号,从而使接收方能从该序号来区分是新发送来的帧还是已经接收但又重发来的帧,以此来确定要不要将接收到的帧递交给网络层。数据链路层通过使用计数器和序号来保证每帧最终都能被正确地递交给目标网络层一次。

(三)流量控制功能

流量控制并不是数据链路层特有的功能,许多高层协议中也提供流量控制功能,只不过流量控制的对象不同而已。比如,对于数据链路层来说,控制的是相邻两节点之间数据链路上的流量,而对于传输层来说,控制的则是从源目的到最终目的之间端对端的流量。

由于收发双方各自使用的设备工作速率和缓冲存储空间的差异,可能出现发送方发送能力大于接收方接收能力的现象,若此时不对发送方的发送速率(链路上的信息流量)做适当的限制,前面来不及接收的帧将被后面不断发送来的帧“淹没”,从而造成帧的丢失而出错。由此可见,流量控制实际上是对发送方数据流量的控制,使其发送速率不致超过接收方的速率。也即需要有一些规则使得发送方知道在什么情况下可以接着发送下一帧,而在什么情况下必须暂停发送,以等待收到某种反馈信息后再继续发送。

(四)链路管理功能

链路管理功能主要用于面向连接的服务。在链路两端的节点要进行通信前,必须首先确认对方已处于就绪状态,并交换一些必要的信息以对帧序号初始化,然后才能建立连接。在传输过程中则要维持该连接。如果出现差错,需要重新初始化,重新自动建立连接。传输完毕后则要释放连接。数据链路层连接的建立,维持和释放就称作链路管理。

多个站点共享同一物理信道的情况下(例如在局域网中),如何在要求通信的站点间分配和管理信道也属于数据层链路管理的范畴。

二、流量控制

流量控制涉及链路上字符或帧的发送速率的控制,以使接收方在接收前的足够的缓冲存储空间来接收每一个字符或帧。例如,在面向字符的终端—计算机链路中,若远程计算机为许多台终端服务,它就有可能因不能在高峰时按预定速率传输全部字符而暂时过载。同样,在面向帧的自动重发请求系统中,当待确认帧数量增加时,有可能超出缓冲器存储空间,也会造成过载。下面介绍两种常用的流量控制方案:XON/XOFF 方案和滑动窗口技术。

(一)XON/XOFF 方案

增加缓冲存储空间在某种程度上可以缓解收、发双方在传输速率上的差异,但这是一种被动、消极的方法。因为,一方面系统不允许开设过大的缓冲空间;另一方面对于速率显著失配并且又传送大量数据的场合,仍会出现缓冲空间不够的现象。XON/XOFF 方案则是一种相比之下更主动、更积极的流量控制方法。

XON/XOFF 方案中使用一对控制字符来实现流量控制,其中 XON 采用 ASCII 字符集中的控制字符 DC1,XOFF 采用 ASCII 字符集中的控制字符 DC3。当通信线路上的接收方发生过载时,便向发送方发送一个 XOFF 字符,发送方接收 XOFF 字符后便暂停发送数据;等接收方处理完缓冲器中的数据,过载恢复后,再向发送方发送一个 XON 字符,以通知发送方恢复数据发送。在一次数据传输过程中,XOFF、XON 的周期可重复多次,但这些操作对用户来说是透明的。

许多异步数据通信软件包均支持 XON/XOFF 协议。这种方案也可用于计算机向打印机或其他终端设备发送字符,在这种情况下,打印机或终端设备中的控制部件用以控制字符流量。

(二)滑动窗口技术

停止等待协议是一个时刻只能有一个帧正在传输的协议。在链路的比特长度比数据帧长度大得多的场合下,就会出现利用率严重低下的情况。因此,通过允许多个帧同时传输就可以大大提高传输速率。

假设两个站点 A 和 B 由一条全双工链路连接起来,其中 B 分配了可容纳 N 个帧的缓存空间。因此,B 可以接收 N 个帧,A 则被允许连续发送 N 个帧而不需要等待任何确认。为了记录下来到底哪些帧已经被确认过了,每个帧都用一个序号做标记。B 确认一个帧的方式是发送一个包含它期望收到的下一帧的序号的确认帧。这种方案也可以用来确认多个帧。例如,B 可能收到了帧 2、3 和 4,但是直到收到帧 4 时才发出确认。这时它发出编号为 5 的确认帧。

A 维持一张允许发送的序号表,称为发送窗口。发送窗口用来对发送端进行流量控制,而发送窗口的大小代表在还没有收到确认信息的情况下,发送端最多可以发送多少个数据帧。发送端可以不等待应答而连续发送的最大帧称为发送窗口的尺寸。

B 维持一张它准备接收的帧的序号表,称为接收窗口。凡是落在接收窗口中的帧,接收方必须处理,而落在接收窗口之外的帧则被丢弃。这种运行过程被称为滑动窗口流量控制。值得注意的是序号范围与窗口大小之间的关系:因为用到的序号要占帧中的一个字段,所以很明显窗口大小是有限的。

滑动窗口协议是计算机网络中最著名的算法之一,它有以下 3 个不同的功能:

(1)在不可靠链路上可靠地传输帧。是该算法的核心功能。

(2)用于保持帧的传输顺序。这在接收方比较容易实现,因为每个帧有一个序号,接收方要保证已经向上层协议传递了所有序号比当前帧小的帧,才向上传送该当前帧。即接收方缓存了(即没有传送)错序的帧。

(3)支持流量控制。是一种接收方能够控制发送方使其降低速度的反馈机制。这种机制用于抑制发送方发送速度过快,即抑制传输比接收方所能处理的更多的数据。这通常通过扩展滑动窗口协议完成,使接收方不仅确认收到的帧,而且通知发送方它还可接收多少帧。可接收的帧数对应着接收方空闲的缓存区数。

三、差错控制

(一)停止等待协议

1. 完全理想化的数据传输

假设条件 1:链路是理想的传输信道,数据链路之间的交互信道从不损坏,数据既不会出错也不会丢失。

假设条件 2:传送和接收的双方一直处于就绪状态,缓冲空间为无限大,处理时间忽略不计,不管发送方的速率多快,接收方总能接收到并能及时上交主机。

显然,对于这种数据传输是无须数据链路层协议的。

若第 2 个假设条件得不到满足,那么在接收方,主机 B 的数据链路层将收到的数据一帧一帧地交给主机 B。理想情况下,接收方数据链路层的缓存每存满一帧就向主机 B 交付一帧。如果没有专门的流量控制协议,则接收方并没有办法控制发送方的发送速率,而接收方也很难做到和发送方绝对精确同步。当接收方数据链路层向主机交付数据的速率略低于发送方发送数据的速率,缓存暂时存放的数据帧就会逐渐堆积起来,最后造成缓存溢出和数据帧丢失。

但在满足前面两个假设的情况下,数据链路层当然不需要任何协议就可以保证数据传输的正确性。不需要任何数据链路层协议的数据传输的理想信道,如图 3-10 所示。

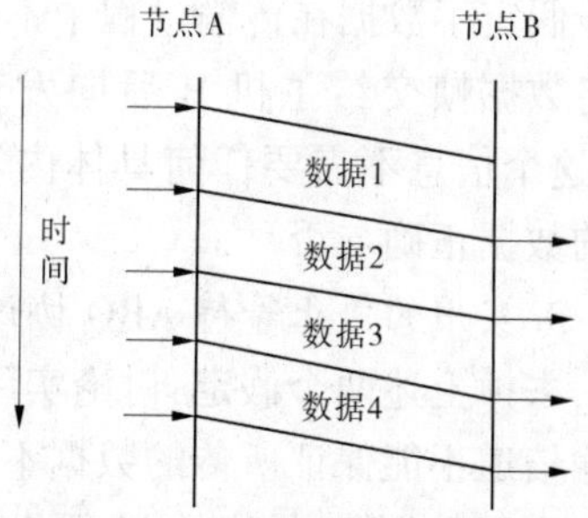

图 3-10　理想链路的数据传输

图 3-10 中所示的是不需要任何协议的理想情况,主机 A 将数据帧连续发出,而不管发送速率有多快,接收方总能跟上,收到一帧即交付给主机 B。显然,这种理想化的情况的传输速率是很高的。

2. 具有简单流量控制的停止等待协议

去掉第 2 个假设,保留第 1 个假设,即链路是理想的传输信道,数据链路之间的交互信道从不损坏,为无差错的理想信道,数据既不会出错也不会丢失。

这里,需要处理的主要问题是:如何防止发送过程发送数据过快,使接收过程来不及处理。为了使接收方的接收在任何情况下都不会溢出,通常的解决方法是:要求接收方向发送方提供一个反馈,当把分组传送到本地的网络层以后,接收方向发送方发送一个确认帧,允许发送方发送下一个帧。在发送完一帧之后,协议要求发送方等待一段时间直到该确认帧到达。

最简单的情况就是发送方每发送一帧就暂时停下来。接收方收到数据帧后就交付给主机,然后发一信息给发送方,表示接收的任务已经完成。这时,发送方再发送下一个数据帧。这种情况下,接收方的接收缓存大小只要能够装得下一个数据帧即可。显然,用这样的方法使收发双方能够同步得很好,发送方发送数据的流量受接收方的控制。

现将以上具有简单流量控制的数据链路层协议写成算法如下:

假定:链路层是理想的传输通道,即所传送的任何数据既不会出错也不会丢失。

在发送节点:

(1)从主机取一个数据帧。

(2)将数据帧送到数据链路层的发送缓存。

(3)将发送缓存中的数据帧发送出去。

(4)等待。

(5)若接收到由接收节点发送过来的确认帧,则转到(1)。

在接收节点:

(1)等待。

(2)若收到由发送节点发送过来的数据帧,则将其放入数据链路层的接收缓存。

(3)将接收缓存的数据帧上交给主机。

(4)向发送节点发一信息,说明数据帧已经上交给主机。

(5)转到(1)。

具有最简单的流量控制的数据链路层协议如图 3-11 所示,它是由接收方控制发送方速率的。发送方每发完一帧就必须停下来,等待接收方的消息。由于假定了数据在传输过程中不会出差错,因此接收方将数据帧交给主机 B 后向发送方主机 A 发送信息,这个信息不需要任何具体内容,不需要说明所收到的数据正确与否。

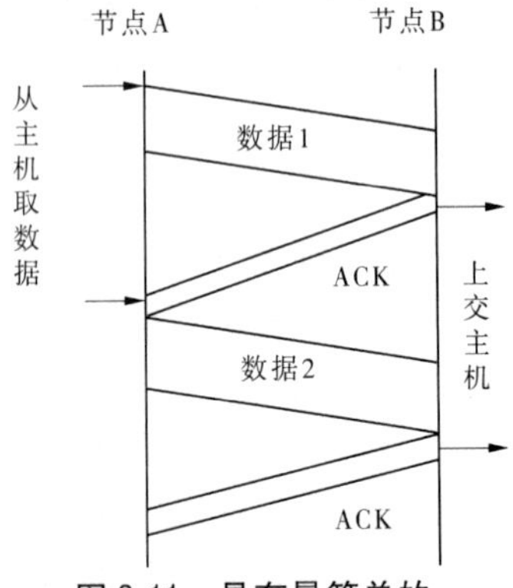

图 3-11　具有最简单的流量控制的数据链路层协议

3. 实用的停止等待 ARQ 协议

去掉上述两个假定,讨论实用的停止等待协议,它又被称为有噪声信道的单工协议。传输信道不能保证所传的数据不产生差错,而且还需对数据的发送端进行流量控制。

由于数据帧在传输过程中出现差错,所以通常在数据帧上加上循环冗余检验(CRC)。

图 3-12(a)表示数据传输过程中不出差错的情况。当接收方在收到一个正确的数据帧后,即交付给主机 B,同时向主机 A 发送一个确认帧(ACK),当主机 A 收到确认帧

(ACK)后才能发送一个新的数据帧。这样就实现了接收方对发送方的流量控制。

如果传输过程中出现了差错,那么停止等待协议就要考虑到以下两类差错。

首先,到达目的端的帧可能有损坏,即一个或多个比特被改变了或数据帧丢失。因为在数据链路层加上了循环冗余检验(CRC),所以主机 B 很容易检验出收到的数据帧是否有差错。如果检测到了差错则接收端主机 B 就向发送端主机 A 发送一个否认帧(NAK),以表示主机 A 应当重传出现差错的那个数据帧。图 3-12(b)表示主机 A 重传数据帧。如果多次出现差错就要多次重传数据帧,直到收到接收端主机 B 发来的确认帧(ACK)。所以,在发送端必须保存已发送的数据帧的副本。当通信线路质量太差时,主机 A 在重传一定的次数后(这都是已经设定好的),即不再重传,而是将此情况向上一层报告。

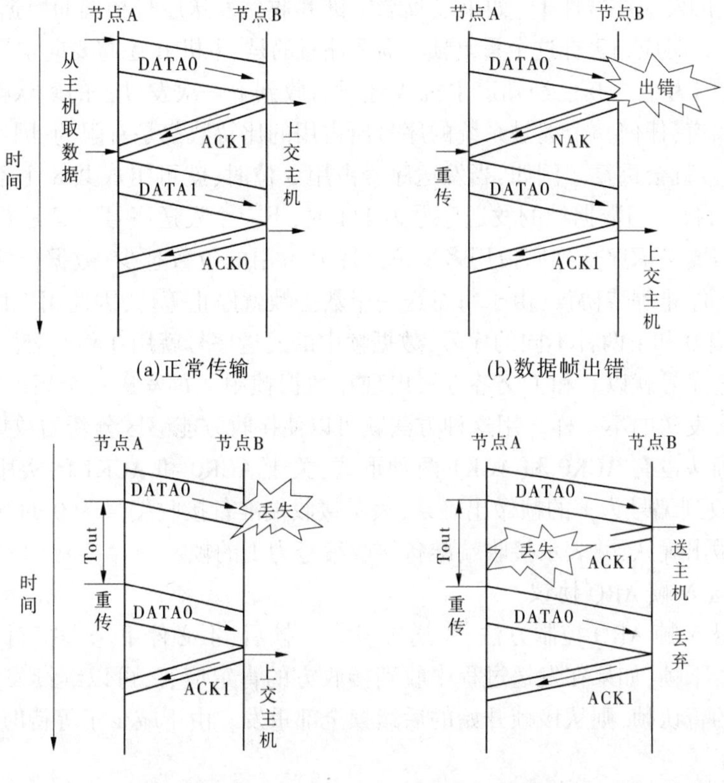

(a)正常传输　(b)数据帧出错　(c)数据帧丢失　(d)确认帧丢失

图 3-12　数据帧的传输过程

有时链路上的干扰很严重,或由于其他一些原因,接收端主机 B 会收不到发送端主机 A 发送来的数据帧。这种情况叫作帧丢失。发生帧丢失时接收端主机 B 就不会向发送端主机 A 发送任何的确认帧。如果发送端主机 A 要等收到接收端主机 B 的确认信息后再发送下一个数据帧,那么就将永远等待下去,于是就会出现死锁现象。

可以在发送端主机 A 设置 N 个定时器用来解决死锁问题。发完一个数据帧后,就启动一个超时定时器,发送端主机 A 就等待接收端主机 B 确认。如果定时器到了重发时间还没有收到确认,那么发送端节点就将同一帧再发一次,如图 3-12(c)所示。超时定时器设置的重传时间应仔细地选择确定。如果重传时间选择得太长,则会白白浪费掉很多时间；如果重传时间选择得太短，则在正常情况下也有可能在对方的确认帧回到发送方之前就过早地重传了数据。一般将重传时间选择为略大于从发送数据帧到收到确认帧所需的平均时间。

第二类差错是确认 ACK 损坏或丢失。若接收端主机 B 发送过来的确认帧丢失，也会出现死锁现象。发送端 A 发送一帧，该帧被接收端主机 B 正确接收，因此它就向发送主机 A 发送一个确认帧 ACK。这个 ACK 在传输过程中损坏了而使主机 A 无法辨认出来，如图 3-12(d)所示。主机 A 因此超时并重发同一帧。这个重复的帧到达主机 B 并被接收下来。主机 B 因此就接收到了同一帧的相同的两个副本，即接收到两个单独的一样帧。

为了解决重复帧的问题，必须给每一个数据帧带上不同的发送序号。每发送一个新的数据帧就把它的发送序号加 1。如果接收端主机 B 收到发送序号相同的数据帧，就表明出现了重复帧。这时应当丢弃这个重复帧。需要注意的是，主机 B 还需要向主机 A 发送一个确认帧 ACK，因为主机 B 已经知道主机 A 还没有收到上一次发过去的确认帧 ACK。

读者都知道，任何一个编号系统的序号所占用的比特数都是有限的，因此经过一段时间后，发送序号就会重复。例如，当发送序号占用 3 位时，就可组成共 8 个不同的发送序号，从 000 到 111。当数据帧的发送序号为 111 时，下一个发送序号就又是 000。因此，要进行编号就需要考虑序号到底占用多少位。序号占用的位数越少，数据传输的额外开销就越小。对于停止等待协议，由于每发送一个数据帧就停止等待，因此用 1 位来编号就够了，1 位可以有 0 和 1 两种不同的序号，数据帧中的发送序号就用 0 和 1 交替标记，这样数据帧中的发送序号就以 0 和 1 交替方式出现在数据帧中。每发送一个新的数据帧，发送序号就和上次发送的不一样。用这种方法就可以使接收方能够区分新的数据帧和重传数据帧了。而确认也有 ACK0 和 ACK1 两种形式，关于 ACK0 和 ACK1 的实用有如下的约定：ACK0 对收到编号为 1 的帧做出确认，表示接收端准备接收编号为 0 的帧；ACK1 对编号为 0 的帧做出确认，并表示接收端准备接收编号为 1 的帧。

(二)回退 *N* 帧 ARQ 协议

对于回退 *N* 帧 ARQ 控制方法，发送方发完一帧后，不必停下来等待对方的应答，可以连续发送若干帧；如果在发送过程中收到接收方的肯定应答，可以继续发送；若收到对其中某一帧的否认帧，则从该帧开始的后续帧全部重发。由于减少了等待时间，整个通信效率就提高了。

在回退 *N* 帧 ARQ 中，接收方应以正确的顺序把收到的报文递交给本地主机。发送方在不等确认就连续发送许多个 PDU(协议数据单元)的情况下，有可能发送了 *N* 个 PDU 后，才发现尚未收到对前面的 PDU 的确认信息，也许某个 PDU 在传输的过程中出错了。接收方因这一 PDU 有错，查出后不会交给本地主机，对后面再发送来的 *N* 个 PDU 也可能均不接收而丢弃。换句话说，接收方只允许按顺序接收。当发送方发现前面的 PDU 未收到确认信息而计时器已经超时后，不得不又重发该 PDU 及随后的 *N* 个 PDU。正因为如此，这种 ARQ 称作回退 *N* 帧 ARQ。

为了提高信道的有效利用率，就要允许发送方不等确认 PDU 返回就再连续发送若干个 PDU。由于允许连续发出多个未被确认的 PDU，其编号就不能仅采用 1 位(只有 0 和 1 两个号码)，而要采用多位 PDU 编号才能区分。凡是被发送出去尚未被确认的 PDU 都可能出错或丢失而要求重发,因而都要保留副本。这就要求发送方有较大的发送缓冲区保留准备重发的帧。

显然,允许发送未被确认的 PDU 越多,可能要退回来重发的 PDU 也越多。另外,为了控制发送方的发送速率,以及受发送缓存区大小的制约等,都要求对发送方已发出但未得到确认的 PDU 的数目加以限制。用设定发送窗口大小来限制,落在这个窗口内的 PDU 的号码就是等待接收方返回的确认 PDU 的号码。

综上所述,在回退 *N* 帧 ARQ 中,一个站可以顺序地发送一系列 PDU,其编号以某个最大值为模来计算。未处理完、未被确认的 PDU 的数目取决于窗口大小,接收方有对每个外来的 PDU 都进行确认或对若干个 PDU 进行累积确认的选择权。

(三)选择重传 ARQ 协议

为了进一步提高信道的利用率,可设法只重传出现差错的数据帧或者是计时器超时的数据帧。但这时必须加大接收窗口,以便先收下发送序号不连续但仍处在接收窗口中的那些数据帧。等到所缺序号的数据帧收到后再一并送交主机。这就是选择重传 ARQ 协议。

在选择性重传 ARQ 中,,若某一个 PDU 出错后,后面送来的正确 PDU 虽然不能立即递交给本地主机,但接收方仍可收下来,放在一个缓存区中,同时要求发送方重新传送出错的那一帧,一旦收到重传的 PDU 后,就可与原先已收到但暂存在缓存区中的其余的 PDU 一起按正确的顺序送本地主机。

显然选择重传 ARQ 在某个 PDU 出错时减少了后面所有的 PDU 都要重传的浪费,但对接收方提出了更高的要求,要有一个足够大的缓存区来暂存未按顺序正确收到的 PDU。凡是在一定范围内到达的 PDU,哪怕未按顺序,也要接收下来。若把这个范围看成是接收窗口的话,接收窗口的大小是大于 1 的;而回退 *N* 帧 ARQ 正是接收窗口等于 1(只接收顺序中的下一个 PDU)的一个特例。所以说,选择性重传 ARQ 也可以看成是一种滑动窗口协议,只不过其发送窗口和接收窗口都大于 1。

这样看来选择性重传 ARQ 比回退 *N* 帧 ARQ 效率更高,因为它尽量减少了重传的数据帧数量,但是由于选择性重传 ARQ 需要接收端必须维持一个足够大的缓存区以便存放 SREJ(选择性拒绝)发送过后收到的各帧,直到出错的帧被重传,这在许多情况下是不够经济的;另外,它必须将收到的重传帧插入到正确的位置。这就要求这种发送端具有更复杂的逻辑功能,以便能够不按顺序发送一个帧。由于有这样的复杂性,选择性重传 ARQ 远不如回退 *N* 帧 ARQ 用得广泛。今后存储芯片的价格会更加便宜,处理技术也会不断提高,选择重传 ARQ 协议还是有可能得到更多的重视。

四、数据链路层控制协议实例——HDLC

数据链路控制协议也称链路通信规程,也就是 OSI 参考模型中的数据链路层协议。链路控制协议可分为异步协议和同步协议两大类。

异步协议以字符为独立的信息传输单位,在每个字符的起始处开始对字符内的比特实现同步,但字符与字符之间的间隔时间是不固定的(字符之间是异步的)。由于发送器和接收器中近似于同一频率的两个约定时钟,能够在一段较短的时间内保持同步,所以可以用字符起始处同步的时钟来采样该字符中的各比特,而不需要每个比特再用其他方法同步。前面介绍过的“起—止”式通信规程便是异步协议的典型,它是靠起始位(逻辑0)和停止位(逻辑1)来实现字符的定界及字符内比特的同步的。异步协议中由于每个传输字符都要添加诸如起始位、校验位、停止位等冗余位,故信道利用率很低,一般用于数据速率较低的场合。

同步协议是以许多字符或许多比特组织成的数据帧为传输单位,在帧的起始处同步,使帧内维持固定的时钟。由于采用帧为传输单位,因此同步协议能更有效地利用信道,也便于实现差错控制、流量控制等功能。

同步协议又可分为面向字符的同步协议、面向比特的同步协议及面向字节计数的同步协议3种类型。

面向字符的协议就是说在链路上所传送的数据必须是由规定字符集中的字符组成的,不仅如此,在链路上传送的控制信息也必须由同一字符集中的若干指定字符组成。与面向字符的协议不同,面向比特的协议不关心字节的边界,它只是把帧看成比特集。这些比特可能来自某个字符集,如ASCII码,或者可能是一幅图像中的像素值或一个可执行文件的指令和操作数。由IBM开发的同步数据链路控制(SDLC)协议就是一个面向比特的协议,后来,OSI将SDLC标准化为高级数据链路控制协议(HDLC)。在HDLC中,两个站之间交换的控制信息都被放在传送帧的特别段中,这些段相对帧的边界有固定的位置。HDLC的主要功能目标有以下3个方面:

(1)保证发送的数据流具有透明性。

(2)确定发送帧的格式及帧内段的含义。

(3)实现链路上站之间的协调,保证有序交换。

为了满足对具有广泛的、适应性的通用数据链路控制规程的要求,HDLC定义了3种不同的站类型,2种链路结构和3种数据传输方式。

3种站类型是主站、次站和复合站。主站控制着数据链路(通道),它向信道上的次站发送命令帧,依次接收来自次站的响应帧。如果这条链路是多点共享的,那么主站负责跟连在该链路上的每一个站维持一个单独的会话。次站辅助主站工作是一个被动的角色,接收来自主站的命令并做出响应。次站只维持一个会话,那就是它和主站之间的会话。复合站既发送命令和响应,也接收来自另一个复合站的命令和响应。它维持着跟另一个复合站之间的会话。

2种链路结构是非平衡型结构和平衡型结构。在非平衡型结构中,有一个主站和一个或多个次站,以点对点或多点共享、半双工或全双工、交换型或非交换型等方式工作。这种结构之所以称为非平衡的,是因为主站负责控制每个次站,并负责设置方式命令。在平衡型结构中,两个复合站点点对点地互联。信道可以是半双工或全双工传输方式,也可以是交换型或非交换型。两个复合站在信道上处于同等的地位,可以互相发送未经邀请的数据帧。每个站都有同等的链路控制责任。

3种数据传输方式是正常响应方式(NRM)、异步响应方式(ARM)和异步平衡方式(ABM)。在正常响应方式(用于非平衡型结构)中,次站必须在得到主站明确的许可之后才可以发送。在接到许可后,次站启动一次可以包含数据的响应传输。在次站的响应传输期间,通道就被次站占用,次站可以在此期间发送一个或多个帧。在发送完最后一个帧之后,次站必须再等待得到明确的许可才可以再次发送。

在异步响应方式(也用于非平衡型结构)中,每当发现链路空闲时,不论是主站还是次站,都可以发送,也就是说,允许次站未得到主站许可就启动发送。传送可以包含一个或多个数据帧,也可以包含反映次站状态变化的控制信息。这种工作方式可以降低开销,因为次站不需要轮询序列就可以发送数据。多点配置以一种竞争的方式进行操作,连接在一起的工作站都可以自由地发送。两个站同时传输将会引起数据破坏。显然,有一小部分应用可能需要在多点配置的异步响应方式中操作。

异步平衡方式提供了在两个逻辑上地位平等的站(两个复合站)之间的平衡型数据传输方式。一个复合站没有得到另一个复合站的许可就能启动发送。对于点对点结构,异步平衡方式通常比正常响应方式效率更高,因为异步平衡方式不需要轮询。

(一)HDLC 的帧结构

1. 各字段的意义

数据链路层的数据传送是以帧为单位的,一个帧的结构具有固定的结构,图 3-13 给出了 HDLC 的帧结构,它是由标志、地址、控制、信息和帧校验序列(FCS)等字段构成的。HDLC 允许有 3 种类型的帧:信息帧、监控帧和无编号帧。每类帧又包含若干命令和响应,称为响应帧或命令帧。

8 b	8 b	8 b	任意	16 b	8 b
开始标志(F) 01111110	地址(A)	控制(C)	信息(I)	帧校验序列(FCS)	结束标志(F) 01111110

图 3-13 HDLC 的帧结构

1)开始标志(F)

由于物理层要解决比特同步的问题,而数据链路层要解决帧同步的问题。所谓帧同步就是从收到的比特流中正确无误地判断出一个帧从哪个比特开始及到哪个比特结束。为此,HDLC 规定了在一个帧的开头(首部的第一个字节)和结尾(尾部的最后一个字节)各放入一个特殊的标记,作为帧的边界。这个标志位就叫作标志字段。标志序列由 01111110 构成。在接收段,只要找到了标志字段,就可以很容易地确定一个帧的位置。

在两个标志字段之间的比特串中,如果碰巧出现了和标志字段 F 一样的比特组合,那么会在处理 HDLC 帧首部时误认为是找到了一个帧的边界。为了避免出现这种错误,HDLC 采用了零比特填充法使一帧中两个 F 字段之间不会出现 6 个连续 1。

零比特填充的具体做法是:发送站将不断监视正在被发送的比特流,每当有 5 个连续的 1 被发送时,就插入一个附加的 0(位填充)。因此,经过这种零比特填充后的数据,就可以保证在数据中不会出现 6 个连续 1。在接收一个帧时,先找到 F 字段以确定一个 HDLC 帧边界。接着再用硬件对其中的比特流进行扫描。每当发现 5 个连续 1 时,就将这 5 个连续 1 后的一个 0 删除,以还原成原来的比特流,这样就保证了在所传送的数据比特流中,不管出现什么样的比特组合,也不至于引起对帧边界的判断错误。

2）地址(A)

HDLC 帧中的第一个字段是地址字段。地址字段用来表示命令帧或响应帧的地址，命令帧中的地址字段携带的是对方的地址，而响应帧中地址字段为本地地址。地址字段的长度可以是 1 字节或多字节。在使用多字节地址（扩展寻址）的情况下每个字节中最低位是 1 时，表示这是地址的最后一个字节；最低位是 0 时，说明后随的字节还表示地址。

3）控制(C)

控制字段表示帧的功能和用途。如图 3-13 所示，控制字段的第一位置为 0 时表示是信息帧(I)，第一位和第二位置为 10 时表示为监控帧(S)，置为 11 时表示是无编号帧(U)。只有在信息帧中才有信息字段，在监控帧和无编号帧中没有信息字段。

4）信息(I)

信息字段用于传输用户数据，只有信息帧和某些无编号帧具有信息字段。数据链路对 HDLC 提供完全透明的信息传输。信息字段可由任意位组成，其长度在理论上没有限制。但实际上常受诸多因素的制约，例如帧校验字段的检错能力、数据传输速率、通信站缓冲器大小等。

5）帧校验序列段(FCS)

帧校验序列段(FCS)用来检查在数据链路上两个站之间的传输错误。由发送站对每一个帧的内容进行一次运算。并把运算结果装入 FCS 字段一起发送。然后由接收站进行同样的运算，并且把结果和 FCS 字段的内容相比较。如果两者相等，那么基本上可以认为在传输过程中没有发生差错。如果比较结果不符，就表示可能传输有差错。

2. HDLC 的帧类型

HDLC 有信息帧（I 帧）、监控帧（S 帧）和无编号帧（U 帧）三种不同类型的帧，各类帧中控制字段的格式及比特定义如图 3-14 所示。

控制字段格式	控制字段的位							
	1	2	3	4	5	6	7	8
I 帧	0	N(S)			P/F	N(R)		
S 帧	1	0	S		P/F	N(R)		
U 帧	1	1	M		P/F	M		

图 3-14　HDLC 的帧类型

控制字段中的第 1 位或第 1、2 位表示传送帧的类型。第 5 位是 P/F 位，即轮询/终止(P/F)位。当 P/F 位用于命令帧（由主站发出）时，起轮询的作用，即当该位为“1”时，要求被轮询的从站给出响应，所以此时 P/F 位可称为轮询位（或 P 位）；当 P/F 位用于响应帧（由从站发出）时，称为终止位（或 F 位），当其为“1”时，表示接收方确认的结束。为了进行连续传输，需要对帧进行编号，所以控制字段中还包括了帧的编号。

1）信息帧（I 帧）

信息帧用于传送有效信息或数据，通常简称 I 帧。I 帧以控制字段第 1 位为“0”来标志。信息帧控制字段中的 N(S) 用于存放发送帧序号，以使发送方不必等待确认而连续发送多帧。N(R)用于存放接收方下一个预期要接收的帧的序号,如 N(R)= 5,即表示接收方下一帧要接收 5 号帧,换言之,5 号帧前的各帧接收方都已正确接收到。N(S)和 N(R)均为 3 位二进制编码,可取值 0~7。

2)监控帧(S 帧)

监控帧用于差错控制和流量控制,通常简称为 S 帧。S 帧以控制字段第 1、2 位为"10"来标志。S 帧不带信息字段,帧长只有 6 个字节即 48 个比特。S 帧的控制字段的第 3、4 位为 S 帧类型编码,共有四种不同组合,分别表示如下:

(1)"00"接收就绪(RR),由主站可以使用 RR 型 S 帧来轮询从站,即希望从站传输编号为 N(R)的 I 帧,若存在这样的帧,便进行传输;从站也可用 RR 型 S 帧来做响应表示从站期望接收的下一帧的编号是 N(S)。

(2)"01"拒绝(REJ),由主站或从站发送,用以要求发送方对从编号为 N(R)开始的帧及其以后所有的帧进行重发,这也暗示 N(R)以前的 I 帧已被正确接收。

(3)"10"接收未就绪(RNR),表示编号小于 N(R)的 I 帧已被收到,但目前正处于忙状态,尚未准备好接收编号为 N(R)的 I 帧,这可用来对链路流量进行控制。

(4)"11"选择拒绝(SREJ),它要求发送方发送编号为 N(R)的单个 I 帧,并暗示其他编号的 I 帧已全部确认。

可以看出,接收就绪 RR 型 S 帧和接收未就绪 RNR 型 S 帧有两个主要功能:首先,这两种类型的 S 帧用来表示从站已准备好或未准备好接收信息;其次,确认编号小于 N(R)的所有接收到的 I 帧。拒绝 REJ 和选择拒绝 SREJ 型 S 帧,用于向对方站指出发生了差错。REJ 帧对应 Go-back-N 策略,用以请求重发 N(R)起始的所有帧,而 N(R)以前的帧已被确认,当收到一个 N(S)等于 REJ 型 S 帧的 N(R)的 I 帧后,REJ 状态即可清除。SREJ 帧对应选择重发策略,当收到一个 N(S)等于 SREJ 帧的 N(R)的 I 帧时,SREJ 状态即应消除。

3)无编号帧(U 帧)

无编号帧因其控制字段中不包含编号 N(S)和 N(R)而得名,简称 U 帧。U 帧用于提供对链路的建立、拆除以及多种控制功能,这些控制功能用于各 M 位(M1~M5,也称修正位)来定义,可以定义 32 种附加的命令或应答功能。

(二)HDLC 协议的交互过程

数据链路层为实现数据交换,需经过链路建立、数据传输和链路拆除三个阶段,若在数据传输过程中出现无法由重发恢复的差错,还需要进行链路复位,这时可能导致信息丢失,所以应当通知网络节点的高一层次。

1. 链路建立

链路两端设有发送状态变量 V(S)和接收状态变量 V(R),分别表示待发送的下一帧的序号和期望收到的下一帧的序号。对于平衡性链路,DTE 可通过发送 SABM 帧启动工作链路,DCE 则发出 UA 帧响应 SABM,并置 V(S)、V(R)为 0,至此 DTE 与 DCE 之间链路建立完毕。

2. 数据传输

当主站有信息要发送时,取发送帧编号 N(S)、V(S),同时启动定时装置。若此站在时限内发回确认应答，则主站清除已发送的信息帧，准备发送下一帧，若次站发来否定应答，则主站重发该信息帧。若定时器超时，则主站将重发所有未得到确认的信息帧，同时将重发第一帧的 P 位置 1，请求次站尽快发回 F 位为 1 的应答帧。

次站在收到信息帧时，首先取帧校验字段作循环码检验，若不正确就丢弃此帧，若正确则检查帧序号是否正确。只有当帧校验字段与帧序号都正确时，次站才发出确认应答，否则发出否定应答帧并请求重发。确认信息可通过发送 RR 帧传递，也可在信息帧 N(R) 字段中捎带。

3. 链路拆除

在完成信息传输或信息传输阶段出现差错或一方希望停止对话时，均可拆除数据链路。一方发出 DISC 命令帧，另一方以 UA 命令帧响应，则链路拆除。

链路建立和拆除的过程可用图 3-15 说明，图中的一段传输序列说明了链路建立过程和序号的使用规则。首先，主站 A 发送带有次站地址并且将 P 位置 1 的 SNRM 命令帧，B 站和 C 站将 F 位置 1 的 UA 帧响应，从而建立了 A 和 B、C 间的链路。接着，主站 A 与次站 B、C 进行数据传输。值得注意的是，每个数据帧都带有一个发送序号和接收序号，接收序号总是表示期望从主站 A 收到的下一帧的编号。主站在发送帧时总是插入目的次站的地址。

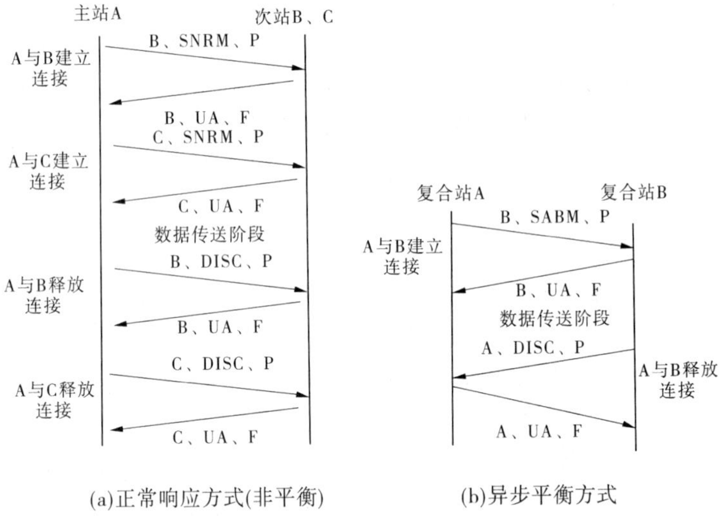

图 3-15 链路建立和拆除过程

所有的次站都监视线路上传输的帧，并且只接收带有自己站的地址的帧。另一方面，次站总是在发送给 A 的帧中插入自己的地址，使得 A 能够知道该帧是由哪个次站发来的。通信完毕，主站 A 分别与次站 B、C 进行链路拆除(P、F 位为 1)。

图 3-15 显示了具有两个信道可以同时在两个方向上进行传输的复合站互联的链路结构，并给出了在这种配置条件下复合站 A 和复合站 B 以 HDLC 的异步平衡方式进行数据通信的过程。

从上述协议交互过程可以看出,面向比特的协议不依赖于具体的字符编码方案,比特填充的方法易于硬件实现,它可以用于双向同时的通信,不必停、等确认而可进行一定程度上的连续发送,因而具有较高的传输效率及数据传输速率,还能实现各种较完善的控制功能,其可靠性和数据透明性也较高。所以,面向比特的规程得到了广泛应用。

任务四　网络层协议

一、网络层概述

网络层是 OSI 参考模型中的第三层,介于传输层和数据链路层之间。它在数据链路层提供的两个相邻端点之间的数据帧的传送功能上,进一步管理网络中的数据通信,将数据设法从源端经过若干个中间节点传送到目的端,从而向传输层提供最基本的端到端的数据传送服务。网络层关系到通信子网的运行控制,体现了网络应用环境中资源子网访问通信子网的方式,是 OSI 模型中面向数据通信的低三层(也即通信子网)中最为复杂、关键的一层。

网络层的目的是实现两个端系统之间的数据透明传送,具体功能包括路由选择、拥塞控制和网际互联等。

二、通信子网的操作方式和网络层提供的服务

端点之间的通信是依靠通信子网中的节点间的通信来实现的,在 OSI 模型中,网络层是网络节点中的最高层,所以网络层将体现通信子网向端系统所提供的网络服务。在分组交换方式中,通信子网向端系统提供虚电路和数据报两种网络服务,而通信子网内部的操作也有虚电路和数据报两种方式。关于虚电路和数据报的工作原理请参见项目二任务三。

(一)虚电路服务

虚电路服务是网络层向传输层提供的一种使所有分组按顺序到达目的端系统的可靠的数据传送方式。进行数据交换的两个端系统之间存在着一条为它们服务的虚电路。

为了建立端系统之间的虚电路,源端系统的传输层首先向网络层发出连接请求,网络层则通过虚电路网络访问协议向网络节点发出呼叫分组;在目的端,网络节点向端系统的网络层传送呼叫分组,网络层再向传输层发出连接请求;最后,接收方传输层向发起方发回连接响应,从而使虚电路建立起来。此后,两个端系统之间就可以传送数据。数据由网络层拆成若干个分组送给通信子网,由通信子网将分组传送到数据接收方。

上述虚电路的服务是网络层向传输层提供的服务,也是通信子网向系统提供的网络服务。但是,提供这种虚电路服务的通信子网内部的实际操作既可是虚电路方式的,也可以是数据报方式的。以虚电路为操作方式的网络,一般总是提供虚电路服务。OSI 中面向连接的网络服务就是虚电路服务。在虚电路操作方式下,端系统的网络层同通信子网节点的操作是一致的。SNA 就是采用这种虚电路操作支持虚电路服务方式的实例。

以数据报方式操作的网络,也可以提供虚电路服务,即通信子网内部节点按数据报方

式交换数据,而与端系统相连的网络节点则向端系统提供虚电路服务,对于端系统来说,它的网络层与节点间通信仍像虚电路操作方式的网络节点间一样,先建立虚电路,再交换数据分组,最后拆除电路。但实际上,每个分组被网络节点分成若干个数据报,附加上地址、序号、逻辑信道等信息分送到目的节点。目的节点再将数据报进行排序,拼成原来的分组,送给目的端系统。因此,源端系统和源网络节点之间、目的节点和目的端系统之间的网络层按虚电路操作方式交换分组,而目的节点和源节点之间则按数据报交换方式完成分组的交换。尽管通信子网的数据报交换是不可靠的,但是两端网络节点做了许多诸如排序、重发等额外工作,从而满足了虚电路服务的要求。例如,在 ARPANET 中,其内部使用数据报操作方式,但可以向端系统提供数据报和虚电路两种服务。

(二)数据报服务

数据报服务一般仅由数据报交换网来提供。端系统的网络层同网络节点中的网络层之间,一致地按照数据报操作方式交换数据。当端系统要发送数据时,网络层给该数据附加上地址、序号等信息,然后作为数据报发送给网络节点;目的端系统收到的数据报可能是不按序到达的,也可能有数据报的丢失。例如,在 ARPANET、DNA 等网络中,就提供了数据报服务。数据报服务与 OSI 的无连接网络服务类似。

由虚电路交换网提供数据报服务的组合方式并不常见。可以想象有这么一种特殊情况:一个端系统的网络层已经构造好了用于处理数据报的服务,而当它要接入以虚电路方式操作的网络时,网络节点就需要做一些转换工作。当端系统向网络节点发送一个携带有完整地址信息的数据报时,若发向同一地址的数据报数量足够大,则网络节点可以为这些数据报同目的节点间建立一条虚电路,所有目的地址相同的数据报均在这条虚电路上传送,当传送完成时,这条虚电路便可以拆除。所以,这种数据报服务具有了虚电路服务的通信质量,但这样做既不经济,效率也低。

三、路由算法

通信子网为网络源节点和目的节点提供了多条传输路径的可能性。网络节点在收到一个分组后,要确定向下一节点传送的路径,这就是路由选择。在数据报方式中,网络节点要为每个分组路由做出选择;而在虚电路方式中,只需在连接建立时确定路由。确定路由选择的策略称路由算法。路由算法是网络层软件的一部分,负责确定一个进来的分组应该被送到哪一条输出路径上。

设计路由算法时要考虑诸多技术要素。其一,考虑是选择最短路由还是选择最佳路由;其二,要考虑通信子网是采用虚电路的还是采用数据报的操作方式;其三,是采用分布式路由算法(每节点均为到达的分组选择下一步的路由),还是采用集中式路由算法(由中央节点或始发节点来决定整个路由);其四,要考虑关于网络拓扑、流量和延迟等网络信息的来源;其五,确定是采用静态路由选择策略,还是动态路由选择策略。

路由算法可以分为两大类,非自适应的和自适应的。非自适应算法不会根据当前测量或者估计的流量和拓扑结构,来调整它们的路由策略。任意两节点间所使用的路由选择是预先在离线情况下计算好的,在网络启动的时候被下载到路由器中。这个过程也称为静态路由。

与之相反，自适应算法则会改变它们的路由策略，以反映出拓扑结构的变化，通常也会反映出流量的变化情况。不同的自适应算法在多方面有所不同：获取信息的来源不同、改变路径的时间策略不同、用于优化的度量不同。

（一）静态路由选择策略

静态路由选择策略不用测量也不需利用网络信息，这种策略按某种固定规则进行路由选择，可分为泛射路由选择、固定路由选择和随机路由选择三种算法。

1. 泛射路由选择

这是一种最简单的路由算法。一个网络节点从某条线路收到一个分组后，再向除该线路外的所有线路重复发送收到分组。结果，最先到达目的节点的一个或若干个分组肯定经过了最短的路径，而且所有可能的路径都被尝试过。这种方法用于诸如军事网络等强壮性要求很高的场合。即使有的网络节点遭到破坏，只要源、目间有一条信道存在，则泛射路由选择仍能保证数据的可靠传送。另外，这种方法也可用于将一个分组数据源传送到所有其他节点的广播式数据交换中。它还可被用来进行网络的最短路径及最短传输延迟的测试。

2. 固定路由选择

这是一种使用较多的简单算法。每个网络节点存储一张表格，表格中每一项记录着对应某个目的节点的下一节点或链路。当一个分组到达某节点时，该节点只要根据分组上的地址信息，便可从固定的路由表中查出对应的目的节点及所应选择的下一节点。一般网络中都有一个网络控制中心，由它按照最佳路由算法求出每对源、目节点的最佳路由，然后为每一节点构造一个固定路由表并分发给各个节点。固定路曲选择法的优点是简便易行，在负载稳定、拓扑结构变化不大的网络中运行效果很好。它的缺点是灵活性差，无法应付网络中发生的拥塞和故障。

3. 随机路由选择

在这种方法中，收到分组的节点，在所有与之相邻的节点中为分组随机选择出一个节点。方法虽然简单，但实际路由不是最佳路由，这会增加不必要的负担，而且分组传输延迟也不可预测，故此法应用不广。

（二）动态路由选择策略

节点的路由选择要依靠网络当前的状态信息来决定的策略，称动态路由选择策略。这种策略能较好地适应网络流量、拓扑结构的变化，有利于改善网络的性能。但由于算法复杂，会增加网络的负担。独立路由选择、集中路由选择和分布路由选择是三种动态路由选择策略的具体算法。

1. 独立路由选择

在这类路由算法中，节点是根据自己收集到的有关信息做出路由选择的决定，与其他节点不交换路由选择信息。这种算法虽然不能正确确定距离本节点较远的路由选择，但还是能较好地适应网络流量和拓扑结构的变化。一种简单的独立路由选择算法是 Baran 在 1964 年提出的热土豆(hot potato)算法：当一个分组到来时，节点必须尽快脱手，将其放入输出队列最短的方向上排队，而不管该方向通向何方。

2. 集中路由选择

集中路由选择也像固定路由选择一样，在每个节点上存储一张路由表。不同的是，固定路由选择算法中的节点路由表由人工制作，而在集中路由选择算法中的节点路由表由路由控制中心 RCC(routing control center)定时根据网络状态计算、生成并分送到各相应节点。由于 RCC 利用了整个网络的信息，所以得到的路由选择是完美的，同时也减轻了各节点计算路由选择的负担。

3. 分布路由选择

在采用分布路由选择算法的网络中，所有节点定期地与其每个相邻节点交换路由选择信息。每个节点均存储一张以网络中其他节点为索引的路由选择表，网络中每个节点占用表中一项。每一项又分为两个部分，一部分是希望使用的到目的节点的输出线；另一部分是估计到目的节点所需要的延迟或距离。度量标准可以是毫秒或链路段数、等待的分组数、剩余的线路和容量等。

四、拥塞控制

拥塞现象是指到达通信子网中某一部分的分组数量过多，使得该部分网络来不及处理，以致引起这部分乃至整个网络性能下降的现象，严重时甚至会导致网络通信业务陷入停顿，即出现死锁现象。这种现象跟公路网中经常所见的交通拥挤一样，当节假日公路网中车辆大量增加时，各种走向的车流相互干扰，使每辆车到达目的地的时间都相对增加(延迟增加)，甚至有时在某段公路上车辆因堵塞而无法开动(发生局部死锁)。

网络的吞吐量与通信子网负荷(通信子网中正在传输的分组数)有着密切的关系。当通信子网负荷比较小时，网络的吞吐量(分组数/秒)随网络负荷(每个节点中分组的平均数)的增加而线性增加。当网络负荷增加到某一值后，若网络吞吐量反而下降，则表征网络中出现了拥塞现象。在一个出现拥塞现象的网络中，到达某个节点的分组将会遇到无缓冲区可用的情况，从而使这些分组不得不由前一节点重传，或者需要由源节点或源端系统重传，从而使通信子网的有效吞吐量下降，由此引起恶性循环，使通信子网的局部甚至全部处于死锁状态，最终导致网络有效吞吐量接近为零。

(一)拥塞控制算法

1. 缓冲区预分配方法

该法用于虚电路分组交换网中。在建立虚电路时，让呼叫请求分组途经的节点为虚电路预先分配一个或多个数据缓冲区。若某个节点缓冲器已被占满，则呼叫请求分组另择路由，或者返回一个“忙”信号给呼叫者。这样，通过途经的各个节点为每条虚电路开设的永久性缓冲区(直到虚电路拆除)，就总能有空间来接纳并转送经过的分组。此时的分组交换跟电路交换很相似。当节点收到一个分组并将它转发出去之后，该节点向发送节点返回一个确认信息。该确认信息一方面表示接收节点已正确收到分组，另一方面告诉发送节点，该节点已空出缓冲区以备接收下一个分组。上面是“停—等”协议下的情况，若节点之间的协议允许多个未处理的分组存在，则为了完全消除拥塞的可能性，每个节点要为每条虚电路保留等价于窗口大小数量的缓冲区。这种方法不管有没存通信量，都有可观的资源(线路容量或存储空间)被某个连接占有，因此网络资源的有效利用率不高。这种控制方法主要用于要求高带宽和低延迟的场合,例如传送数字化语音信息的虚电路。

2. 分组丢弃法

该法不必预先保留缓冲区,当缓冲区占满时,将到来的分组丢弃。若通信子网提供的是数据报服务,则用分组丢弃法来防止拥塞发生,不会引起大的影响。但若通信子网提供的是虚电路服务,则必须在某处保存被丢弃分组的备份,以便拥塞解决后能重新传送。有两种解决被丢弃分组重发的方法,一种是让发送被丢弃分组的节点超时,并重新发送分组直至分组被收到;另一种是让发送被丢弃分组的节点在一定次数后放弃发送,并迫使数据源节点超时而重新开始发送。但是不加分辨地随意丢弃分组也不妥,因为一个包含确认信息的分组可以释放节点的缓冲区,若因节点无空余缓冲区来接收含确认信息的分组,这便使节点缓冲区失去了一次释放的机会。解决这个问题的方法是可以为每条输入链路永久地保留一块缓冲区,以用于接纳并检测所有进入的分组,对于捎带确认信息的分组,在利用了所捎带的确认释放缓冲区后,再将该分组丢弃或将该捎带好消息的分组保存在刚空出的缓冲区中。

3. 定额控制法

这种方法在通信子网中设置适当数量的称作“许可证”的特殊信息:一部分许可证在通信子网开始工作前预先以某种策略分配给各个源节点;另一部分则在子网开始工作后在网中四处环游。当源节点要发送来自源端系统的分组时,它必须首先拥有许可证,并且每发送一个分组注销一张许可证。目的节点方则每收到一个分组并将其递交给目的端系统后,便生成一张许可证。这样便可确保子网中分组数不会超过许可证的数量,从而防止了拥塞的发生。

(二)死锁及其防止

拥塞的极端是死锁。死锁是网络中最容易发生的故障之一,即使在网络负荷不很重时也会发生,死锁发生时,一组节点由于没有空闲缓冲区而无法接收和转发分组,节点之间相互等待,既不能接收分组也不能转发分组,并一直保持这一僵局,严重时导致整个网络的瘫痪,此时,只能靠人工干预来重新启动网络,解除死锁。但重新启动后并未消除引起死锁的隐患,所以可能再次发生死锁,死锁是由于控制技术方面的某些缺陷所引起的,起因通常是难以捉摸、难以发现,即使发现,也常常不能立即修复。因此,在各层协议中都必须考虑如何避免死锁问题。

1. 存储转发死锁及其防止

最常见的死锁是发生在两个节点之间的直接存储转发死锁。例如,A 节点的所有缓冲区装满了等待输出到 B 节点的分组,而 B 节点的所有缓冲区也全部装满了等待输出到 A 节点的分组;此时,A 节点不能从 B 节点接收分组,B 节点也不能从 A 节点接收分组,从而造成两节点间的死锁。这种情况也可能发生在一组节点之间,例如 A 节点企图向 B 节点发送分组、B 节点企图向 C 节点发送分组,这种情形称作间接存储转发死锁。当一个节点处于死锁状态时,所有与之相连的链路将完全被拥塞。

一种防止存储处于死锁的方法是,每个节点设置 $M+1$ 个缓冲区,并以 0 到 M 编号。M 为通信子网的直径,即从任一源节点到任一目的节点间的最大链路段数。每个源节点仅当其为 0 号缓冲区时才能接收源端系统来的分组,而此分组仅能转发给 1 号缓冲区空闲的相邻节点,再由该节点将分组转发给它的 2 号缓冲区空闲的相邻节点……最后,该分组或者顺利到达目的节点并被递交给目的端系统,或者到了某个节点编号为 M 的缓冲区中再也转发不下去,此时一定发生了循环,应该将该分组丢弃。由于每个分组都是按照编号递增规则分配缓冲区,所以节点之间不会相互等待空闲缓冲区而发生死锁现象。这种方法的不足之处在于,当某节点虽然有空闲缓冲区,但正巧没有所需要的特定编号的缓冲区时,分组仍要等待,从而造成了缓冲区和链路的浪费。

另一种防止存储转发死锁的方法是,使每个分组上都携带一个全局性的唯一的"时间戳",每个节点要为每条链路保留一个特殊的接收缓冲区,而其他缓冲区均可用于存放中转分组。在每条输出链路的队列上按分组时间戳顺序排队。例如,A 节点要将分组送到 B 节点,若 B 节点没有空闲缓冲区,但正巧有要送到 A 节点的分组,此时 A、B 节点可通过特殊的接收缓冲区交换分组;若 B 节点既没有空闲缓冲区,也没有要送到 A 节点的分组,B 节点只好强行将一个出路方向大致与 A 节点方向相同的分组与 A 节点互相交换分组,但此时 A 节点中的分组必须比 B 节点中的分组具有更早的时间戳,这样才能保证子网中某个最早的分组不受阻挡地转发到目的地。由此可见,每个分组最终总会成为最早的分组,并总能一步一步地发送到目的节点,从而避免了死锁现象的发生。

2. 重装死锁及其防止

死锁中比较严重的情况是重装死锁。假设发给一个端系统的报文很长,被源节点拆成若干个分组发送,目的节点要将所有具有相同编号的分组重新装配成报文递交给目的端系统,若目的节点用于重装报文的缓冲区空间有限,而且它无法知道正在接收的报文究竟被拆成多少个分组,此时,就可能发生严重的问题:为了接收更多的分组,该目的节点用完了它的缓冲空间,但它又不能将尚未拼装完整的报文传送给目的端系统,而邻节点仍在不断地向它传送分组,但它却无法接收。这样,经过多次尝试后,邻节点就会绕道从其他途径再向该目的节点传送分组,但该目的节点已被死锁,其周边区域也由此发生了拥塞。下面几种方法可用来避免重装死锁的发生:

(1)允许目的节点将不完整的报文递交给目的端系统。

(2)一个不能完整重装的报文能被检测出来,并要求发送该报文的源端系统重新传送。

(3)每个节点配备一个缓冲空间,用以暂存不完整的报文。

(1)、(2)两种方法不能很好地解决重装死锁,因为它们使端系统中的协议复杂化了。一般的设计中,网络层应该对端系统透明,也即端系统不该考虑诸如报文拆、装之类的事。(3)方法虽然不涉及端系统,但使每个节点增加了开销。

任务五 传输层协议

一、传输层概述

OSI 七层模型中的物理层、数据链路层和网络层是面向网络通信的低三层协议。传输层负责端到端的通信,既是七层模型中负责数据通信的最高层,又是面向网络通信的低三层和面向信息处理的高三层之间的中间层。传输层位于网络层之上、会话层之下,它利用网络层子系统提供给它的服务开发本层的功能,并实现本层对会话层的服务。

传输层是 OSI 七层模型中最重要、最关键的一层,是唯一负责总体数据传输和控制的一层。传输层的两个主要目的是:第一,提供可靠的端到端的通信;第二,向会话层提供独立于网络的传输服务。

传输层所处的地位:首先,传输层之上的会话层、表示层及应用层不包含任何数据传输的功能,而网络层又不一定需要保证发送站的数据可靠地送至目的站,会话层不必考虑实际网络的结构属性、连接方式等实现的细节。

根据传输层在七层模型中的目的和地位,它的主要功能是:对一个进行的对话或连接提供可靠的传输服务,在通向网络的单一物理连接上实现该连接的复用,在单一连接上提供端到端的序号与流量控制、端到端的差错控制及恢复等服务。

传输层反映并扩展了网络层子系统的服务功能,并通过传输层地址提供给高层用户传输数据的通信端口,使系统间高层资源的共享不必考虑数据通信方面的问题。

二、传输服务

(一)向上层提供的服务

传输层的最终目标是向它的用户(通常是应用层中的进程)提供高效的、可靠的和性价比合理的服务。为了实现这个目标,传输层需要充分利用网络层提供给它的服务。在传输层内部,完成这项工作的硬件和(或)软件称为传输实体。传输实体位于操作系统的内核,或者在一个独立的用户进程中,或者以一个链接库的形式被绑定到网络应用中,或者位于网络接口卡上。

如同网络层有两种不同类型的服务(面向连接的和无连接的)一样,传输服务的类型也有两种。面向连接的传输服务在许多方面与面向连接的网络服务类似。在这两者之中,连接有三个阶段:建立连接、数据传输和释放连接。在这两层上,编址和寻址及流控制也是类似的。另外,无连接的传输服务与无连接的网络服务也非常相似。

于是,一个很显然的问题是:既然传输层服务与网络层服务如此相似,那为什么还要两个独立的层呢?为什么用一层还不够呢?问题的答案有点微妙,但非常关键,为了看清楚要点所在,下面分析一下原因,传输层的代码完全运行在用户的机器上,但是网络层主要运行在由承运商控制的路由器上(至少对于广域网是如此)。如果网络层提供的服务不够用,那会怎么样呢?如果它频繁地丢失分组该怎么办?如果路由器时常崩溃又该怎么办呢?

由此可见,用户在网络层上并没有真正的控制权,所以它们不可能用最好的路由器或者在数据链路层上用更好的错误处理机制来解决服务太差的问题,唯一的可能是在网络层之上的另一层中提高服务质量。如果在一个面向连接的子网中,一个传输实体在执行一个长时间的传输过程时,突然接到通知说它的网络层连接已经被意外终止了,而且也不知道当前正在传输的那些数据到底怎么样,那么,该传输实体可以与远程的传输实体建立起新的网络层连接。利用新建立的连接,它可以向对方发送一个查询请求,询问哪些数据已经到达，哪些数据还没有到达，然后从中断的地方开始继续向对方发送数据。

从本质来讲，传输层的存在，使得传输服务有可能比网络服务更加可靠。丢失的分组和损坏的数据可以在传输层上检测出来，并且由传输层来补偿。而且，传输服务原语可以通过调用库过程(函数)来实现，从而使得这些原语独立于网络服务原语。在不同的网络之间，网络服务原语可能有很大的差别(比如，无连接的 LAN 服务可能完全不同于面向连接的 WAN 服务)。将网络服务隐藏在一组传输服务原语的背后，其好处是，一旦改变了网络服务，只要求替换一组库过程即可，新的库过程使用了不同的底层网络服务，但是实现了同样的传输服务原语。

由于有了传输层，应用开发人员可以根据一组标准的原语来编写代码，而且他们的程序有可能运行在各种各样的网络上，不用处理不同的子网接口，也不用担心不可靠的传输过程。如果所有实际的网络都是完美无缺的，并且具有相同的服务原语，也保证不会发生变化，那么传输层可能就不再需要了。然而，在现实世界中，传输层承担了将子网的技术、设计和各种缺陷与上层隔离的关键作用。

(二)传输服务原语

为了让用户访问传输服务，传输层必须为应用程序提供一些操作，也就是说，提供一个传输服务接口。每个传输服务都有它自己的接口。传输服务类似于网络服务，但是两者之间也有一些重要的区别。最主要的区别是，网络服务企图如实地按照实际网络所提供的服务来建立模型。由于实际网络可能会丢失分组，因此网络服务一般来说是不可靠的。与此相反(面向连接的)传输服务是可靠的。当然，实际的网络并非没有错误，但是，这正好是传输层的目标：在不可靠的网络上提供可靠的服务。

例如，在 UNIX 中通过管道连接起来的两个进程，假设它们两者之间的连接是完美的。它们并不想知道有关确认、分组丢失、拥塞及诸如此类的事情。它们想要的是一个百分之百可靠的连接。进程 A 把数据放进管道的一端，进程 B 可以从另一端将数据取出来。这就是面向连接的传输服务的真正含义所在——将网络服务的各种缺陷隐藏起来，因而用户进程只要假设存在一个无错误的位流就可以了。

另外，传输层也可以提供不可靠(数据报)服务。有一些应用，比如客户机/服务器模型的计算和流式多媒体应用，很大程度上得益于无连接的传输服务。

网络服务和传输服务之间的第二个区别是它们针对的目标(用户)不同。网络服务仅仅被传输实体使用。通常用户不会编写自己的传输实体，因此很少有用户或者程序会看到完全裸露的网络服务。相反，许多程序(或程序员)可以看到传输原语。因此，传输服务必须用起来非常方便、容易。

三、服务质量

服务质量(quallity of service，QoS)是指在传输取节点之间看到的某些传输连接的特征，是传输层性能的度量，反映了传输质量及服务的可用性。

服务质量可用一些参数来描述，如连接建立延迟、连接建立失败、吞吐量、输送延迟、残留差错率、连接拆除延迟、连接拆除失败概率、传输失败率等。用户可以在连接建立时指明所期望的、可以接受的或不可接受的 QoS 参数值。通常，用户使用连接建立是指源于在用户与传输服务提供者之间协商 QoS,协商过的 QoS 适用于整个传输连接的生存期。但主呼用户请求的 QoS 可能被传输服务提供者降低,也可能被呼用户降低。

根据用户要求和差错性质,网络服务按质量可分为以下三种类型:

(1)A 型网络服务。具有可接受的残留差错率和故障通知率。

(2)B 型网络服务。具有可接受的残留差错率和不可接受的故障通知率。

(3)C 型网络服务。具有不可接受的残留差错率。

可见,网络服务质量的划分是以用户要求为依据的。若用户要求比较高,则一个网络可能归于 C 型;反之,则一个网络可能归于 B 型甚至 A 型。例如,对于某个电子邮件系统来说,每周丢失一个分组的网络也许可算作 A 型;而同一个网络对银行系统来说则只能算作 C 型了。三种类型的网络服务中,A 型服务质量最高,B 型网络服务质量次之,C 型网络服务质量最差。

四、传输层协议等级

传输层的功能是要弥补从网络层获得的服务和拟向传输服务用户提供的服务之间的差距,它所担心的是提高服务质量,包括优化成本。

传输层的功能按级别划分,OSI 定义了五种协议级别,即级别 0(简单级)、级别 1(基本差错恢复级)、级别 2(多路复用级)、级别 3(差错恢复和多路复用级)和级别 4(差错检测和恢复级)。服务质量划分的较高的网络,仅需要较简单的协议级别;服务质量划分的较低的网络,就需要较复杂的协议级别。

各类协议的特征简要说明如下。

(一)0 类协议特征

0 类协议具有最小的功能集,由带有协商功能的连接建立、分段数据传送和出错等功能构成。这类协议没有多路复用、切断和网络连接的故障恢复及加急数据等功能,流量控制也是直接使用网络服务中的流量控制功能。连接建立时,不允许用户数据的传送,只传送地址和 T-PDU 的长度参数。由于不具有对传输连接切断用的协议成分,因此网络连接的切断就意味着传输连接的切断。0 类协议被假定匹配于 A 型网络服务,与 CCITT 的 T. 70 有互换性。

(二)1 类协议特征

1 类协议被假定匹配于 B 型网络服务,具有在网络连接切断和重置时的恢复功能。这类协议除有网络连接的故障恢复功能外,还有加急数据传送、显式切断功能和对网络的再利用能力,并服从网络服务的流量控制。另外,在传送连接建立时,也可以进户数据传送,但没有让多个传送连接共用一条网络连接的多路复用功能。1 类协议连接是针对 X. 25 分组交换网这类面向连接型网络服务 CONS 而设置的。

(三)2 类协议特征

2 类协议具有让多个传送连接共用一条网络连接的多路复用功能,也可以用可选项来选择流量控制功能以便消除通信子网中的拥塞现象。这类协议没有对网络连接的故障检测和故障恢复能力,因此当发生网络连接的切断或重置时,传送连接也会被切断,并报告给传送服务用户。通常执行传送连接切断时采用显式切断。

2 类协议与 0 类协议相比，增加了多路复用、通过计账机构的流量控制、传送连接建立时的用户数据传送、加急数据传送以及显式的传送连接切断功能等。当没有采用流量控制可选项时，不允许加急数据传送。2 类协议被假定匹配于 A 型网络服务。

(四) 3 类协议特征

3 类协议是在采用流量控制可选项的 2 类协议的功能中，增加了发生网络连接切断及重置时的故障恢复功能。3 类协议被假定匹配于 B 型网络服务。

(五) 4 类协议特征

4 类协议是在 3 类协议的基础上，增加了对 T-PDU 的丢失、重叠和乱序的检测及恢复功能。为此还预备了各种定时附加规程。4 类协议是"装备非常精良"的传送协议，即使下层的质量很差，也可以保证端—端之间的可靠数据传送。4 类协议被假定匹配于 C 型网络服务，且通常是无连接型网络服务 CLNS。

任务六 高层协议

在 OSI 体系结构中，会话层、表示层和应用层统称为高层，下面分别介绍它们的功能。

一、会话层

会话层在传输层提供的服务上，加强了会话管理、同步和活动管理等功能。

(一) 实现会话连接到传输连接的映射

会话层的主要功能是提供建立连接并有序传输数据的一种方法，这种连接就叫作会话(session)。会话可以使一个远程终端登录到远地的计算机，进行文件传输或进行其他的应用。

会话连接建立的基础是建立传输连接，只有当传输连接建立好之后，会话连接才能依赖于它而建立。会话层与传输层的连接有三种对应关系。第一种是一对一的关系，即在会话层建立会话时，必须建立一个传输连接，当会话结束时，这个传输连接也被释放。第二种是多对一的关系，例如在多顾客系统中，一个客户所建立的一次会话结束后，又有另一顾客要求建立另一个会话，此时运载这些会话的传输连接没有必要不停地建立和释放，但在同一时刻，一个传输连接只能对应一个会话连接。第三种是一对多的关系，若传输连接建立后中途失效，此时会话层可以重新建立一个传输连接而不用废弃原有的会话，当新的传输连接建立后，原来的会话可以继续下去。

(二) 会话连接的释放

会话连接的释放不同于传输连接的释放，它采用有序释放方式，即使用完全的握手，包括请求、指示、响应和确认原语，只有双方同意，会话才终止。这种释放方式不会丢失数据。对于异常原因，会话层也可以不经协商立即释放，但这样可能会丢失数据。

(三) 会话层管理

与其他各层一样，两个会话实体之间的交互活动都需要协调、管理和控制。会话服务的获得是执行会话层协议的结果，会话层协议支持并管理同等对接会话实体之间的数据交换。由于会话层往往是由一系列交互对话组成的，所以对话的次序、对话的进展情况必须加以控制和管理。在会话层管理中考虑了令牌与对话管理、活动与对话单元及同步与重新同步等措施。

1. 令牌与对话管理

从原理上说,所有 OSI 的连接都是全双工的。但在许多情况下高层软件为方便起见往往设计成半双工交互式通信。例如,远程终端访问一个数据库管理系统,往往是发出一个查询,然后等待回答,要么轮到用户发送,要么轮到数据库发送,保持这种轮换并强制实行的过程就叫作对话管理。实现对话管理的方法是使用数据令牌(data token),令牌是会话连接的一个属性,它表示了会话服务用户对某种服务的独占使用权,只有持有令牌的用户可以发送数据,另一方必须保持沉默。令牌是一种非共享的 OSI 资源。

2. 活动与对话单元

会话服务用户之间的合作可以划分为不同的逻辑单位,每一个逻辑单位称为一个活动(activity),每个活动的内容具有相对的完整性和独立性。在任一时刻,一个会话连接只能为一个活动所使用,但允许某个活动跨越多个会话连接。另外,可以允许有多个活动顺序地使用一个会话连接,但在时间上不允许重叠。活动与会话连接的关系可以用电话用户线路的连接关系说明,一对拨通的电话相当于一个会话连接,使用者对电话线通话的用户进行的对话相当于活动,显然一个电话任一时刻只能供一个人使用,即支持一个活动。然而,当一对用户通完话后可不挂断电话,让后续需要同一电话线路连接的人接着使用,这就相当于一个会话连接顺序地供多个活动使用。若在通话过程中线路出现故障引起中断,则需要重新再接电话继续对话,这就相当于一个活动跨越了多个连接。

对话单元是一个活动中数据的基本交换单元,通常代表逻辑上重要的工作部分。在活动中,存在一系列的交互通话;每个单项的连接通信动作所传输的数据就构成一个对话单元。

3. 同步与重新同步

会话层的另一个服务是同步。所谓同步就是使会话服务用户对会话的进展情况有一致的了解,在会话被中断后可以从中断处继续下去,而不必从头恢复会话,这种会话进程的了解是通过设置同步点来获得的,会话层允许会话用户在传输的数据中自由设置同步点,并对每个同步点设置同步序号,用以识别和管理同步点,这些同步点是插在用户数据流中一起传送给对方的。当接收方通知发送方它收到一个同步点时,发送方就可确定接收方已将此同步点之前发送的数据流全部收妥。

会话层定义了两类同步点。主同步点用于在同步的数据流中划分出对话单元,一个主同步点是一个对话单元的结束和下一个对话单元的开始;次同步点用于在一个对话单元内部实现数据结构化。主同步点与次同步点有一些不同,在重新同步时只可能回到最近的主同步点;每一个插入数据流中的主同步点都被明确地确认,而次同步点不被确认。

(四)OSI 会话服务

会话层可以向用户提供许多服务,为使两个会话服务用户在会话建立阶段能协商所需要的服务,将服务分成若干个单元。通用的功能单元包括以下几个方面:

(1)核心功能单元,提供连接管理和全双工数据传输的基本功能。

(2)协商释放功能单元,提供有次序的释放服务。

(3)同步功能单元,在会话连接期间提供同步或重新同步。

(4)活动管理功能单元,提供对话活动的识别、开始、结束、暂停和新开始等。

(5)异常报告功能单元,在会话连接期间提供异常情况报告。

上述所有功能的执行均有相应的用户服务原语,每一种原语类型都可能具有请求、指示、响应和确认四种形式。

(五)OSI 会话协议

OSI 的会话层协议填补了传输层所提供的服务与会话用户所要求的服务之间的缝隙。会话服务提供了各种与数据交换的管理和构造有关的服务。

会话协议含有 34 种会话协议数据单元的类型,会话协议数据单元与会话服务原语之间具有相对应的映象关系,大多数服务原语导致会话协议实体产生并发送一个相应的会话协议数据单元。

二、表示层

(一)表示层的特点及功能

OSI 环境的低五层提供透明的数据传输,应用层负责处理语义,而表示层则负责处理语法,由于各种计算机都可能有各自的数据描述方法,所以不同类型计算机之间交换的数据,一般需经过格式转换才能保证其意义不变。表示层要解决的问题是如何描述数据结构并使之与具体的机器无关,其作用是对原站内部的数据结构进行编码,使之形成适合于传输的比特流,到了目的站再进行解码,转换成用户所要求的格式。

为使各个系统间交换的信息具有相同的语义,应用层采用了相互承认的抽象语法。抽象是对数据一般结构的描述。表示实体实现抽象语法与传输语法间的转换,传输语法是同等表示实体之间通信时对用户信息的描述;是对抽象语法比特流进行编码得到的。抽象语法与传输语法之间的对应关系称为上下关系。

表示层的主要功能如下:

(1)语法转换。将抽象语法转换成传输语法,并在对方实现相反的转换。涉及的内容有代码转换、字符转换、数据格式的修改以及对数据结构操作的适应、数据压缩、加密等。

(2)语法协商。根据应用层的要求协商选用合适的上下文,即确定传输语法并传送。

(3)连接管理。包括利用会话层服务建立表示连接,管理在这个连接之上的数据传输和同步控制,以及正常或异常地终止这个连接。

(二)语法转换

(1)数据表示。不同厂家生产的计算机具有不同的内部数据表示。如 IBM 公司的主机广泛使用 EBCDIC 码,而大多数其他厂商的计算机则使用 ASCII 码;Intel 公司的 80X86 芯片从右到左计数,而 Motorola 公司的 68020 和 68030 芯片则从左到右计数;大多数微型机用 16 位或 32 位整数的补码运算,而 CDC 的 Cyber 机用 60 位的反码。由于表示方法的不同即使所有的位模式都正确接收,也不能保证数据含义的不变。人们要的是保留含义,而不是位模式。为了解决此类问题,必须进行数据表示方式的转换。可以在发送方转换,也可以在接收方转换,或者双方都向一种标准格式转换。

(2)数据压缩。强调数据压缩的必要性是基于以下几个原因：首先，随着多媒体技术的发展，数字化/音频数据的吞吐、传输和存储问题日益凸现。具有中等分辨率(640×480)的彩色(24 bit/像素)数字视频图像的数据量约7.37 Mbit/帧，若按25帧/s的动画要求，则视频数据的传输速率大约为184 Mb/s。由此可见，高效实时的数据压缩对于缓解网络带宽和取得适宜的传输速率是非常必要的。其次，网络的费用依赖于传输的数据量，在传输之前对数据进行压缩可减少传输费用。

实现数据压缩的可能性是基于以下原因：首先，是原始信源数据(视/音频)存在着很大的冗余度，比如电视图像帧内邻近像素之间空域相关性及前后之间的时域相关性都很大，信息有冗余。其次，是有可能利用人的视觉对于边缘急剧变化不敏感(视觉掩盖效应)，根据眼睛对图像的亮度信息敏感、对颜色分辨力弱的特点以及听觉的生理特性实现高压缩比，而使由压缩数据恢复的图像及声音数据仍有满意的主观质量。最后，利用数据本身的特征也可实现压缩。

(3)网络安全和保密。随着计算机网络应用的普及，计算机网络的安全和保密问题就变得越来越重要了。为保护网络的安全，最常见的方法是采用加密措施。从理论上讲，加密可以在任何一层上实现，但实际应用中常常在物理层、传输层和表示层三层实现加密。在物理层加密的方案叫作链路加密，它的特点是可以对整个报文进行加密；在传输层实现加密可以提高有效性，因为表示层可以对数据事先进行压缩处理；而在表示层可以有选择地对数据实现加密。

(三)OSI表示服务原语

表示层大部分服务原语与会话层的相类似。在实施中，几乎所有的表示服务原语只是穿过表示层到会话层，有些表示服务原语可不加改变直接映射成相应的会话服务原语，即无须产生一个表示协议数据单元。通常与这些原语有关的参数在会话服务原语的用户数据字段中传输。

(四)抽象语法标记

表示编码、传输和解码数据结构的关键是要有一种足够灵活的、适应各种类型应用的标准数据描写方法。为此，OSI中提出了一种标记法，叫作抽象语法标记，简称为ASN.1。

在ASN.1中为每个应用所需的所有数据结构类型下了定义，并将它们组成库。当一个应用想发送一个数据结构时，可以将数据结构与其对应的ASN.1标识一起传给表示层。以ASN.1定义作为索引，表示层便知道数据结构的域的类型及大小，从而对它们编码传输；在另一端，接收表示层查看此数据结构的ASN.1标识从而了解数据结构的域的类型及大小。这样，表示层就可以实现从通信线路上所用的外部数据格式到接收计算机所用的内部数据格式的转换。

数据类型ASN.1描述称为抽象语法，同等表示实体之间通信时对用户信息的描述称为传输语法。为抽象语法指定一种编码规则，便构成一种传输语法。在表示层中，可用这种方法定义多种传输语法。传输语法与抽象语法之间是多对多的对应关系。即一种传输语法可用于多种抽象语法的数据传输，而一种抽象语法的数据值可用多种传输语法来传输。

每个应用层协议中的抽象语法与一个能对其进行编码的传输语法的组合，就构成一个表示上下文(presentation context),表示上下文在表示连接建立时协商确定,也可以在通信过程中重新定义。

三、应用层

应用层也称为应用实体(AE),它由若干个特定应用服务元素(SASE)和一个或多个公用服务元素(CASE)组成。每个 SASE 提供特定的应用服务,例如文件传输访问和管理(FTAM)、电子文电处理系统(MHS)、虚拟终端协议(VIP)等。CASE 提供一组公用的应用服务,例如联系控制服务元素(ACSE)、可靠传输服务元素(RTSE)和远程操作服务元素(ROSE)等。

(一)文件传输访问和管理(FTAM)功能

FTAM 是一个用于传输、访问和管理开放系统工程中文件的一个信息标准化。FTAM 服务使用户即使不了解所使用的实际文件系统的实现细节,也能对该文件系统进行操作或对数据的描述进行维护。

一个具有通用目的的文件传输协议必须考虑异种机的环境,因为不同的系统可能有不同的文件夹格式和结构。对于 M 种本地文件结构和 N 种输入文件夹结构,为了避免 $M \times N$ 种可能的不同文件夹结构之间的映射、转换问题,可以采用一种虚拟文件夹的方案。该方案制订了一个通用的虚拟文件结构,使文件传输系统中交换的只是虚拟文件,而在端系统则对虚拟文件格式和本地文件格式实施一种局部的转换。

虚拟文件可以组成一个虚拟文件库,虚拟文件库模型是 FTAM 的基础。FTAM 定义了一系列用户服务原语,用以实现文件的有关操作。

(二)电子邮件功能

电子邮件是允许终端用户编辑文电的一种设施,是一种新的分布式综合文电处理系统,它可分为单系统电子邮件和网络电子邮件两类。

在单系统电子邮件中,允许一个共享计算机系统上的所有用户交换文电。每个用户在系统上登记,并有唯一的标识符,与每个用户相联系的是一个邮箱,用户可以调用电子邮箱设施,准备文电,并把它发给此系统上的任何其他用户。邮箱实际上只是由文件管理系统维护的一个文件目录,每个邮箱有一个用户与之相连。任何输入信件只是简单地作为文件存放于用户邮箱目录之下,用户可以取出并阅读这个文电。

在单系统电子邮件设施中,文电只能在特定系统的用户之间交换。若希望通过网络系统在更广泛的范畴内交换文电,就需要包括 OSI 模型的 1~6 层的服务,并在应用层制定一个标准化的文电传输协议,这就是网络电子邮件。

CCITT 发表了一个关于文电处理系统 MHS(message handling system)的 X.400 建议。MHS 包含了网络电子邮件的需要,规定了通过网络发送文电所用的服务,为构筑用户接口提供了基础。1988 年 CCITT 又发表了经过修订的 MHS 建议,该版本对早期版本进行了功能扩充,并使用新的抽象模型来描述服务和协议,从而使 MHS 与 OSI 参考模型统一在一起。MHS(88)是 CCITT 与 ISO 的联合版本,ISO 称其为面向文电的正文交换系统 MOTIS(message oriented text interchange systems)。

文电处理系统具有以下几个特点:

(1)文电以存储—转发的方式进行传输。

(2)文电的递交和交付可以不同时进行,即发送者可以在适当的时候将文电递交给系统,而接收者也可以在以后的某个时间里接收交付的文电,在此期间文电保存在邮箱中。

(3)同一份文电可以交付给多个接收者(多地址交付)。

(4)文电的内容形式、编码类型可以由系统自动进行转换,以适应接收终端的要求。

(5)交付时间的控制可由发送方规定,经过若干时间后系统才可将文电交付给接收方。

(6)系统可以将文电交付与否的结果通知给发送方。

(三)虚拟终端协议 VTP

鉴于终端标准化工作进展迟缓,ISO 提出了虚拟终端的概念。虚拟终端方法就是对终端访问中的公共功能引进一个抽象模型,然后用该模型来定义一组通信服务以支持分布式的终端服务。这就需要在虚拟终端服务与本地终端访问方式之间建立映射,使实终端可在 OSI 环境中以虚拟终端方式进行通信。ISO 将虚拟终端标准列入应用层,归属于特定应用服务元素。虚拟终端是对各种实终端具有的功能进行一般化、标准化之后得到的通用模型。但由于目前现有的实终端种类太多,具有的功能也不利于终端功能的扩充。VTP 的根本目的是将实终端的特性变换成标准化的形式,即虚拟终端。VTP 有两种模型:非对称模型和对称模型。在非对称模型中,虚拟终端可以看成是实际终端和本地映象功能的结合;在对称模型中,两边都使用了一种代表虚拟终端状态的共享表示单元,这个表示单元可以看作是一种数据结构,两边都可对称地进行读、写。对称模型即允许终端—主机间对话,也允许终端—终端及主机—主机间的对话。

(四)其他应用功能

其他许多应用已经或正在标准化,如:

(1)目录服务。类似于电子电话本,它提供了在网络上找人或查询的可用服务地址的方法。

(2)远程作业录入。允许用户将作业提交到另一台计算机去执行。

(3)图形。具有发送工程图至远地显示、标绘的功能。

(4)信息通信。用于办公室和家庭的公用信息服务。

小　结

本项目主要介绍了 OSI 参考模型和 TCP/IP 参考模型以及 OSI 参考模型各层的主要功能和部分协议。

OSI 参考模型对于讨论计算机网络体系非常有用,TCP/IP 协议被广泛使用。本项目为讨论方便和实用,采用修改的 OSI 参考模型,从基本上讨论 OSI 参考模型的各层功能和相关的主要协议。

物理层是所有网络的基础。直接与传输介质相连,向上相邻且服务于数据链路层。物理层主要解决的是主机、工作站等数据终端设备与通信线路上通信设备之间的接口问题。

数据链路层的任务就是把从物理层得到的原始比特流转换成网络层利用的帧流;能提供差错控制,以重传受损或丢失的帧,还采取了流量控制机制,防止拥塞的发生;滑动窗口机制以便携的方式将流量控制和差错控制结合起来。

传输层对于理解分层的概念很关键。它提供各种服务,最重要的是提供从发送方到接收方端到端、可靠的、面向连接的字节流控制。

通过本项目的学习,读者可对 OSI 参考模型层次的划分和各层的功能的特点有一个明确的认识,并了解各层的部分协议标准。

习　题

1. OSI 开放互联模型和 TCP/IP 参考模型各分为多少层?各层的主要功能是什么?比较 OSI 开放互联模型和 TCP/IP 参考模型的优缺点。

2. 计算机采用分层结构有何好处?

3. 物理层有什么特点?主要解决什么问题?

4. 物理层的接口有哪些方面的特性?各包含哪些内容?

5. 讨论滑动窗口协议的优缺点。

6. 试述网络层的功能。

7. 试述传输层提供的服务。

项目四 计算机局域网技术

局域网LAN(local area network)是一种在有限的地理范围内将大量计算机及各种设备互联在一起实现数据传输和资源共享的计算机网络。社会对信息资源的广泛需求及计算机技术的广泛普及,促进了局域网技术的迅猛发展。在当前的计算机网络技术中,局域网技术已经占据了十分重要的地位。本项目从介绍局域网的体系结构、协议标准及拓扑结构入手,讨论CSMA/CD访问控制方法、高速局域网、虚拟局域网以及无线局域网,通过本项目的学习,可以对局城网的整体构成、工作原理有一个比较清晰的了解。

任务一 局域网概述

一、局域网的技术特点

从功能上看,局域网是只包含低层功能的通信子网,它的特征主要由三个因素确定,即拓扑结构、传输介质和介质访问控制技术。这三个因素的特定集合,就决定了一种特定局域网的技术特点(性能与应用)。

区别于一般的广域网(WAN),局域网(LAN)具有以下一些特点:

(1)地理分布范围较小,一般为数百米至数千米。可以覆盖一幢大楼、一所校园或者一个企业。

(2)数据传输速率高,一般为100~1 000 Mb/s,目前已出现速率高达10 000 Mb/s的局域网。可交换各类数字和非数字(如语音、图像、视频等)数据。

(3)误码率低,一般在10^{-12}~10^{-9}以下。这是因为局域网通常采用短距离基带传输,可以使用高质量的传输介质,从而提高了数据传输质量。

(4)以PC机为主体,包括终端及各种外设。

(5)一般仅包含OSI参考模型中的低三层功能,即仅涉及通信子网的内容。

(6)协议简单、结构灵活、建网成本低、周期短、便于管理和扩充。

(一)局域网的拓扑结构

拓扑结构是区分局域网类型和特性的一个很重要的因素。不同拓扑形式的局域网中所采用的信号技术、介质访问技术及所能达到的网络性能,会有很大的差别。因此,在不同应用领域中,熟悉局域网的拓扑特点是选型抉择的重要环节,也是设计与分析局域网的前提。局域网拓扑结构总的特点是:拓扑简单,形式多样。所以,用得最多的拓扑形式主要有三种:总线形、环形和星形。

(二)局域网的传输介质

适用于局域网的介质种类比较多,如双绞线、同轴电缆、光缆及地面无线电信道等,其中主要是有线类的信道。

表 4-1 列出了适用于局域网的几种有线介质的一些特性参考数值,可供选用时参考。

表 4-1 几种有限介质特征参考数值

介质类型	信噪比	最高数据速率(Mb/s)	最大传输距离	连接复杂度	成本
双绞线	低	1~100	100 m	低	低
基带同轴电缆	中	10~20	100~200 m	中	中
宽带同轴电缆	中	50~300	几百米	中	高
光缆	高	10 至几千	几百米至几千米	高	高

(三)局域网的介质访问控制

所谓介质访问控制(medium-access control,MAC,也称介质接入控制),包含了两个方面的技术:一是根据进网业务的不同特征,自动地确定网络中每个节点(工作站)能够将数据单元发送到信道上去的特定时刻;二是根据信道中的业务流量情况,自动和恰当地控制对信道资源的利用。设计者的任务是力求使这种控制效果达到或接近最佳,以便在数据传输时延、系统吞吐量和信道利用率等性能上达到适度的均衡。到目前为止,局域网中获得应用的介质访问控制方式可归纳为如下三大类:固定接入类、集中控制按需接入类、分布控制按需接入类。

1. 固定接入类

所谓固定接入,是指不加任何控制地对信道带宽进行固定分配。从资源共享的观点看,是指网络设计者预先已将公共的信道带宽资源对网络用户作了固定的或相对固定的分配。如利用各种多路复用技术,将信道划分成若干子信道,每一子信道可被提供给一对节点固定使用,实现一对通信实体之间的点—点式通信。在固定接入的情况下,一般通信实体与信道之间存在固定的或相对固定的物理或逻辑连接,任一对实体与一条数据链路有一一对应的关系。

固定的介质访问方式一般只在信道频带较充裕的条件下采用,如宽带局域网。这时,由于信道资源容量很大,提高信道利用率往往不是要追求的重要目标,而简化控制、降低接口部件乃至整个系统的成本则是设计者的重要考虑方面。

在宽带局域网中,往往用 FDM 技术将信道的总频带划分成应用于不同传输业务类型的频段,在各个频段内又利用 FDM 技术划分成若干子信道,每一子信道可固定地分配给某一主机与其一台外设之间传输数据。在一条子信道上,又可利用 TDMA、CDMA 或 WDMA 技术,进一步划分成若干较低速率的点—点式或多点式数据链路,固定地分配给各数据终端使用。

2. 集中控制按需接入类

集中控制介质访问方式要求网络中设置(或自然地形成)一个对介质访问进行管理的中心控制节点,信道的全部带宽资源被它集中控制、按需分配给要求接入网络的通信实体,例如轮询和预约接入技术等。

3. 分布控制按需接入类

分布控制介质访问方式比较多,是局域网中采用得最多的一类介质访问控制技术。

例如,竞争型的以太网技术、循环顺序型的令牌传递技术等接入控制,在局域网中广为采用,在无线网中则多采用竞争型接入控制技术(如 ALOHA、CSMA 等)。

分布控制的介质访问方式不要求网络中设置中心控制节点(站),这是它的一大优点,它是决定网络系统具有高度的可靠性和可扩充性的重要因素。这一类介质访问控制技术,往往是根据特定的网络拓扑形式发展起来的,因而也就往往只适用于特定拓扑的局域网,例如:竞争型的以太网技术只适用于广播式信道的总线形或星形局域网,令牌传递技术既可应用于环形也可用于总线形、树形网络。

二、局域网的 IEEE802 标准

1980 年以来,许多国家和国际标准化机构都在积极进行局域网的标准化工作。其中,影响较大的标准有美国电气与电子工程师协会(IEEE)的 802 标准、欧洲计算机制造协会(ECMA)的标准,以及国际电工委员会(IEC)的标准。IEEE802 及 ECMA 局域网标准,适合于数据处理和办公室自动化;IEC 的 PROWAY 工业过程数据标准,则适合于工业过程分散控制的局域控制网。其中,最有影响的是 IEEE802 标准,它被 ANSI 作为美国国家标准,被 ISO 作为国际标准(称为 ISODP8802/X 标准)。

(一)IEEE802 标准系列

IEEE802 的 LAN 标准遵循 OSI 参考模型的原则,描述最低两层——物理层和数据链路层的功能以及与网络层的接口服务。图 4-1 为 IEEE802 局域网参考模型与 OSI 参考模型的对应关系。

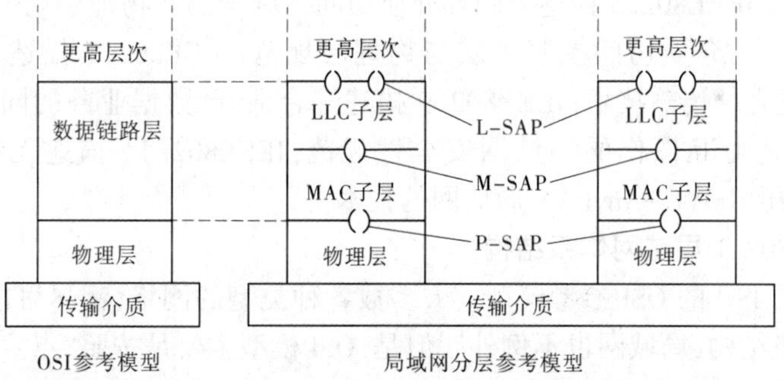

图 4-1　IEEE802 局域网参考模型与 OSI 参考模型的对应关系

从数据链路层服务的角度,IEEE802 标准希望达到如下具体目标:与 HDLC 规程相一致;与网络拓扑无关;与传输速率无关;与传输介质无关;与编码技术无关。从局域网的特性出发,网络中各用户站(工作站)之间的关系是平等的,共享传输介质、带宽资源,需要多点平衡链路,因此存在着各用户竞争传输介质和管理链路的问题。为了达到目标和适应具体情况,IEEE802 标准将数据链路层分解为逻辑链路控制(LLC)和介质访问控制(MAC)两个子层,由此来实现数据链路层向上一层提供的服务与介质、拓扑等因素无关。

由图 4-1 看出,LLC 层向上提供多个服务访问点(L-SAP),也即在网络层与 LLC 层的接口界面上提供多个逻辑接口;来自多个 L-SAP 的业务在 LLC 层中完成"复用",经统一的服务访问点 M-SAP 与 MAC 子层接口,所以 MAC 子层向上只需提供一个服务访问点

(M-SAP);MAC 子层与 PHY 层之间也只需提供单一的服务访问点(P-SAP)。

IEEE802 是一个标准系列,包括 802.1、802.2、802.3、802.4、802.5、802.6、802.7、802.8、802.9、802.10、802.11、802.12 等。图 4-2 为这些标准之间的关系。

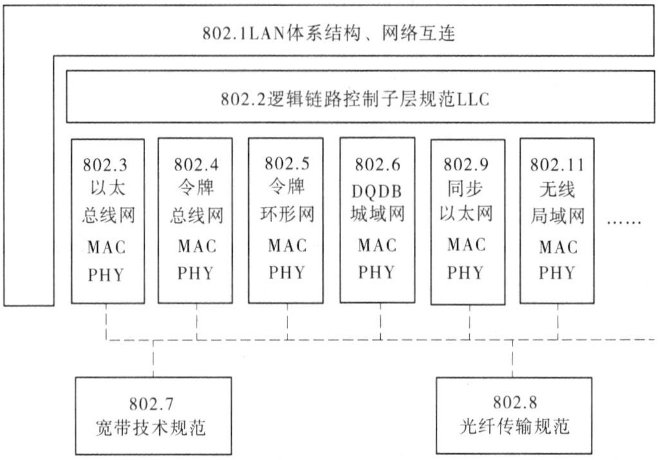

图 4-2 IEEE802 标准关系

IEEE802.1 标准描述局域网体系结构、网络互联,以及网络管理与性能测试等;IEEE802.2 标准描述逻辑链路控制 LLC 子层功能、服务和协议;IEEE802.3 描述 CSMA/CD 总线介质访问控制子层和物理层规范;IEEE802.4 描述逻辑令牌总线介质访问控制子层和物理层规范;IEEE802.5 描述令牌环介质访问控制子层和物理层规范;IEEE802.6 描述城域网(MAN)的介质访问控制子层与物理层规范;IEEE802.7 描述宽带网络技术;IEEE802.8 描述光纤传输技术;IEEE802.9 描述综合话音/数据业务的同步局域网技术;IEEE802.10 描述可互操作的局域网安全性规范;IEEE802.11 描述无线局域网技术;IEEE802.12 描述 100VG-AnyLAN 局域网的技术。

(二)IEEE802.1 局域网体系结构

前面介绍了 ISO 的 OSI 参考模型。大多数各种类型的网络,都尽可能靠近这个参考模型来设计网络结构,局域网也不例外。但是,OSI 模型主要是按照"点—点"连接和分组交换方式的计算机互联模式而制定的,如果把它应用于局域网,需进行某些修改。局域网和广域网之间的主要差别,在于局域网多采用共享的传输介质,构成公共信道系统。这种共享信道系统能在一个短暂时间间隔内从多个信源将数据快速地传递到多个信宿,出现"多对多"的链路连接情况,也即每个网络设备都在同时倾听其他设备的传输情况。因此,在考虑局域网协议时,只在 OSI 模型的最低的两个层次上进行修改,突出介质访问控制的关键作用。至于其他较高层次上的协议,则可套用或者合并简化。

IEEE802.1 标准根据局域网的技术特点,规定将最低两层的功能重新划分如下:

(1)物理层。它与 OSI 模型的第一层对应,但所采用的具体协议标准的内容直接与所采用的介质有关。

(2)介质访问控制(MAC)子层。具体管理通信实体接入信道并建立数据链路的控制过程。

(3)逻辑链路控制(LLC)子层。提供一个或多个服务访问点(SAP),以复用的形式建立"多点—多点"之间的逻辑数据链路连接。

三、局域网的 LLC 子层

IEEE802.2 标准描述局域网的 LLC 子层功能、特性和协议,以及该子层与它的上层(如网络层)、下层(MAC 子层)的接口服务规范,给出了对 LLC 子层对等实体间的数据传输控制协议(LLC 协议)的定义。这个标准所定义和描述的 LLC 子层,与它所在的局域网所采用的拓扑结构、传输介质以及介质访问协议等因素无关。所以,LLC 子层是局域网的最低公共层,这个层次在局域网的互联结构中起到非常重要的作用。

(一)LLC 子层向上提供的服务

LLC 子层向上一层(网络层)主要提供两种服务:不确认无连接服务和面向连接服务。不确认无连接服务是指:不要求建立数据链路连接,为网络层实体提供传输链路服务数据单元(L-SDU)且不要求对方确认的服务能力。它支持点—点式、多点式和广播式通信形式。这种服务方式,在网络层中称为数据报传输服务方式。数据报服务的每个数据单元中必须含有源/宿地址域,以便在无连接的情况下独立地、可靠地传输到目的实体。这种传输服务不要求建立数据链路连接,也不要求接收站对已接收数据的确认。

面向连接服务是指:要求在服务访问点(L-SAP)之间提供逻辑链路连接,并在数据传输过程中提供流量控制、顺序控制和差错恢复等服务能力。此外,LLC 子层还提供多路(多对 L-SAP 间的连接)的帧复用功能,以便在单条数据链路上实现多对实体间的数据传输。这种服务方式,在网络层中称为虚电路传输服务方式。

LLC 子层还提供以下两项功能:差错恢复和流量控制。这些功能的完成,基本上与 HDLC 的控制操作相同。

(二)LLC 帧格式

IEEE802.2 定义了 LLC 子层的协议数据单元(L-PDU,即 LLC 帧)的结构。LLC 帧格式如图 4-3 所示。LLC 帧的地址域分为两部分:目的站地址(DSAP)和源发站地址(SSAP),分别占一个字节宽。但是,DSAP 和 SSAP 都只用 7 位二进制数为有效地址码,留出一个最低位作为类型标志位。DSAP 的标志位用来区分单地址或组地址,而 SSAP 的标志位用来区分该帧是命令帧还是响应帧。其中,DSAP:目的站的 L-SAP 地址域;SSAP:源发站的 L-SAP 地址域;控制:控制域,2 字节长时包括帧顺序号;数据:数据域,长度 N 必须是 MAC 帧数据域长的整数倍。

	DSAP	SSAP	控制	数据
字节数:	1	1	1~2	N

图 4-3 LLC 帧格式

DSAP 全"1"为全局广播地址,DSAP 和 SSAP 全"0"为空地址。这种服务访问点的空地址不用来表示与上层有关的任何服务访问点,它只是暗示着上层与 MAC 子层已经联系着的某个 L-SAP。

控制域用来定义各种 LLC 帧的类型及其编码,与 HDLC 规程的控制域极为相似。N

个字节宽的数据域用于装载来自(或送往)较高层请求发送(接收)的服务数据(L-SDU),或者是由本地实体装入的 LLC 子层控制信息。

(三)LLC 协议操作与类型

IEEE802.2 标准为对等的 L-SAP 之间传输数据定义了如下两种操作:

(1) Ⅰ型操作。在对等 L-SAP 之间交换 L-PDU 不要求建立数据链路连接,而且对 PDU 传输的情况无须确认,也没有流量控制和差错恢复。

(2) Ⅱ型操作。在对等 L-SAP 之间交换带有数据域的 L-PDU 之前要求建立数据链路连接,而且允许由反方向传输的带有数据域的 L-PDU 来携带确认信息,有流量控制和差错恢复措施。

IEEE802.2 标准定义了如下两种 LLC 协议类型:

(1)第 1 类型 LLC 协议。该协议只支持Ⅰ型操作。

(2)第 2 类型 LLC 协议。该协议既支持Ⅰ型操作,也支持Ⅱ型操作。

LLC 协议的链路控制规程基本上属于 HDLC 规程的“异步平衡方式操作类子集”,具有相同的控制域结构,使用完全相同的帧类型和控制编码,但多定义了一个非编号帧,即 TEST 命令/响应帧。TEST 帧用来对 LLC 至 LLC 之间传输通路做闭环(loop-back)测试,通常是将同一工作站的发送器与接收器相连接形成回路,TEST 命令帧中携带的信息必须由 TEST 响应帧发回以完成测试。

任务二　以太网技术

在局域网络通信中,普遍采用多个通信实体共享一条公共信道的方法来实现同时多对实体间的通信,即所谓共享信道多址通信。这种由多个网络节点共用一条公共信道组成的通信系统,也称为公共信道系统,它是一种资源共享系统,系统资源就是信道的带宽。

无论共享信道与网络节点采用何种构型连接,都存在一个共同的特殊问题,就是如何把信道资源合理地、尽可能无冲突地分配给网络节点使用的问题。解决这个问题的技术,即是所谓的信道多址接入技术或称介质访问控制(MAC)技术。接入信道的目的,是建立任一对通信实体之间的数据链路连接。由于信道是共享的,因此可同时建立多条逻辑链路以实现多对实体间的同时通信,所以介质访问控制实际上是链路连接管理过程。链路连接建立之后,数据链路层和更高层的通信过程,则与其他类型网络完全一样。采用不同的 MAC 技术就构建出不同的局域网类型并制定出相应的技术标准。

一、传统以太网技术

以太网(ethernet)技术是目前应用最广泛的 MAC 技术,这种网络的数据速率从开始的 10 Mb/s,已经演进到当前流行的百兆、千兆、乃至万兆比特/秒的高速以太网。这样,就把原来 10 Mb/s 速率的以太网称为传统以太网。

(一)从 ALOHA 到 CSMA

追根溯源,以太网技术最早起源于 ALOHA 技术。假定由总线形广播式信道所连接的各个网络节点,其数据业务特征具有很明显的突发性和间歇性,即在业务量和发送速率上都具有很高的峰值/平均比率(典型地 100 : 1 或更高)。换句话说,每个网络节点绝大部分时间不产生帧,一旦出现帧要求传送,立即以信道的总带宽所允许的最高速率突发送出去。在这种情况下,广播信道可由所有网络节点完全随机地使用,即哪一个节点想发送帧就发送,而不管其他节点和信道的状况。这是一种完全随机式分布控制的介质访问方法,它于 20 世纪 70 年代在美国夏威夷大学计算中心的无线网络 ALOHA 系统中最早采用,通常就将这种最初的完全随机式多址接入方法称为"ALOHA"法。

在这种控制方法下,各节点完全独立而随机地使用信道是会出现使用冲突的。只要不同节点发送的帧在时间上即便是 1 bit 的重叠,都会使遭重叠的每个帧都出错。这种出错不但接收节点能通过帧校验而发现,而且发送节点本身也能通过自发自收校验而发现。这样,发送节点很容易决定是否需要重新发送某一帧,这比在点—点式信道上控制重传的过程要简单得多。但是也一定要注意到,这种完全随机发送的 ALOHA 控制策略存在严重的盲目性。因此,即使是稍有改进的时隙 ALOHA,其最大吞吐率(所谓"吞吐率"是指单位时间内,被成功传输的业务量与送入信道的总业务量之比率)也只能达到约 0. 368。若要进一步提高系统吞吐率,还应进一步设法减少节点间的发送冲突的概率,可以从减少发送策略的盲目性着手。即在发送之前进行"载波侦听"来确定信道的忙、闲状态,然后再决定帧发送与否。这就演变成为载波侦听多址接入方法(carrier sense multiple access, CSMA)。CSMA 的基本原理是:任一个网络节点在它有帧欲发送之前,先侦听一下广播信道中是否存在其他节点正在发送帧的载波信号。如果侦听到这种信号,说明信道正忙,否则信道是空闲的。若测信道是闲的,就立即将自己的帧发送出去,然后等待对已发送帧是否成功传输的判断或确认;若测得信道是忙的,就继续坚持侦听载波直到发现信道空闲而出现下一个发送的机会。这就是所谓的"1-坚持型 CSMA"控制策略。

既然每个节点都在发送之前确认了信道的忙/闲状态之后才决定是否发送帧,是否就可以完全消除发送冲突呢?要回答这个问题,得从信道传播迟延与控制策略的关系说起。常用的广播式信道按传播迟延的明显差别可分为两类:一类是传播迟延相当大的信道,例如通信卫星信道,两个地面站经卫星中继一上一下的传播迟延典型的为 270 ms,这样长的迟延时间一般都远远大于 1 个帧(或数据帧)的传输时间 t_f,这时有 $\alpha>1$($\alpha=t_p/t_f$)的关系;另一类广播信道的传播迟延则远远小于帧传输时间,例如电缆线和地面无线电信道的情况,这时有 $\alpha<1$ 的关系。这里仍有 $\alpha=t_p/t_f$,其中 t_p 是一对相距最远的节点间的信号传播迟延时间,t_f 是一个数据帧的发送时间。众所周知,由于电信号在介质中的传播迟延,在不同的观察点上监测到同一信号的出现或消失的时刻是不相同的。例如,在 A 点发送的载波信号,在距离很近的 B 点上可能立即就监测到该信号,确知信道是忙的。但在距离很远的 C 点上,信号尚未到达,却认为信道是闲的,这是影响控制决策的原因之一。设信道的最大传播迟延为某一个节点在某一时刻监测到的信道状态,实际上包括最近的和最远的节点的发送情况的综合。因此,要求任一节点对信道上载波的监测时间必须大于 αt_f,否则,监测结果是不可信的。当然,即使监测时间大于 αt_f,其结果也不一定完全可信。

由此看出,监测方式只适用于信道最大传播迟延很小(即 $\alpha<1$)的广播信道,因为每次发送的帧实际占用信道的时间是 $(1+\alpha)t_f$,当 α 较大时,信道利用率将明显下降。另一方面,如果有两个或两个以上节点离发送源节点距离相等或相近,它们将会同时监测到载

波信号的消失,确认信道已经空闲。若这时它们都有帧需要发送,就必然会造成发送冲突。这是影响控制决策的原因之二。从这一点上看,CSMA 方式仍然不能完全消除帧“碰撞”现象。

(二)实用的 CSMA/CD 技术

上述 CSMA 基本方式的载波监测只是在帧发送之前进行的,一旦帧已经发送,即使发生了碰撞,有关节点也得让该帧照样发送完毕。这样实质上白白浪费了$(1+\alpha)t_f$的信道工作时间。如果不仅在发送前进行载波侦听,而且在发送过程中也侦听(所谓的“边说边听”),并在侦听到冲突后及时中止发送,就可以减少信道时间的浪费,从而更进一步提高系统吞吐能力和减小帧传输时延。这就演变成了最广泛采用的实用方法——CSMA/CD 技术。

CSMA/CD 的全称是“带碰撞监测的载波侦听多址接入控制”,它是在 1-坚持型 CSMA 控制策略的基础上增加了如下三点改进措施:

(1)边说边听(LWT)。任一发送站在发送数据帧期间要保持侦听信道的碰撞情况,一旦监测到碰撞发生,应立即中止发送,不管现发的这一帧是否发完。

(2)强化干扰(jamming)。发送站在监测到碰撞并停止发送后,立即改为发送一小段“强化干扰”信号以加强碰撞监测效果。

(3)基本等待时间(*BWT*)。任一发送站若能完整地发完一个帧,则除目的站外的所有站都停顿一个 *BWT* 区间($BWT=2t_{pmax}$,其中t_{pmax}是最大的总线端到端传播时延),并倾听信道情况。若在此期间未发生碰撞,则可确认该帧已发送成功。此时间区间又称为碰撞监测窗口或叫“争用期”。

上述的第一点保证尽快确知碰撞发生和尽早关闭碰撞发生后的无用发送,这有利于提高信道利用率;第二点可以提高网上所有工作站对于碰撞监测的可信度,保证了分布控制的一致性;第三点能大大提高对一个成功发送帧的确认概率。如果接收站在此窗口内发送响应帧(ACK 或 NAK),则可保证确认绝对成功。

应用中的 CSMA/CD 协议在数据传输时,采用了附加监测窗口的确认式控制操作。在这种确认式传输协议中,对确认帧给予优先发送权利。当某个站有数据帧等待发送时,该站不仅需要等待传输介质空闲(没有监测出载波),而且继续等待一个“基本等待时间”(*BWT*)。在经历 *BWT* 后,如果传输介质仍然空闲,此时才能发送数据帧。某站遇到发送冲突时,遵从退避延时后再监测载波。当没有载波时,再等待 *BWT*,如果传输介质仍是空闲,方可重发数据帧。接收站收到发送站送来的帧后,由于 *BWT* 所约定的传输介质空闲,立即在 *BWT* 内返送确认(ACK)帧。因为 *BWT* 在数值上等于传输介质两端之间的信号往返传播时间(考虑数据帧和 ACK 帧的传播延迟)$2t_{pmax}$,从而保证确认帧不会与数据帧相碰撞。

图 4-4 为以太网确认式数据传输过程,假设网内 A 站发送数据帧P_{AC}到 C 站,B 站也试图发送数据帧P_{BC}到 C 站。当 A 站请求发送时传输介质处于空闲状态,故在t_1时刻开始发送数据帧到 C 站。A 站正在发送期间,B 站在t_2时刻请求发送,但它必须等待传输介质空闲;至t_3时刻,尽管传输介质已处于空闲,还需继续等待 *BWT*,保证 C 站发送确认帧给 A 站(t_4)。在t_5时刻,虽然 *BWT* 已结束,但因介质传送确认帧,B 站只能再等待。在t_6时刻,传输介质已空闲,B 站再继续等待 *BWT*,直至t_7时刻,若传输介质仍空闲,B 站立即发送数据帧P_{BC}。

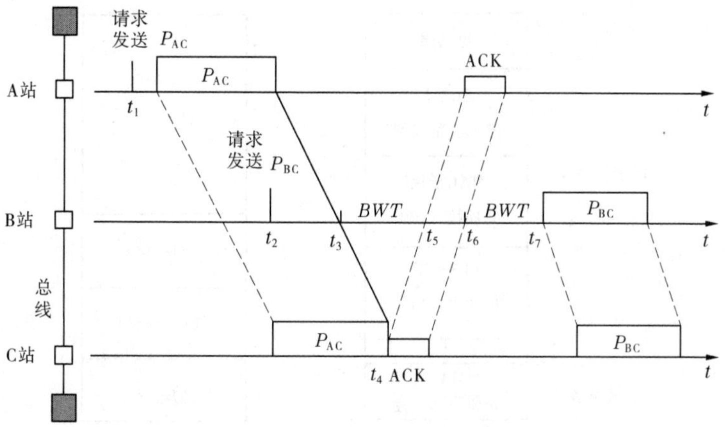

图 4-4　以太网确认式数据传输过程

发送站如果监测到自己正在发送的帧已遭碰撞,立即停止发送并改为发送一段强干扰信号,然后进入退避重发过程。在退避重发策略方面,CSMA/CD 协议采用一种截断二进制指数退避(truncated binary exponential back-off)算法。假设这是某一个帧第 k 次($k \leqslant 10$)发生碰撞退避,先从离散的整数集合$\{0,1,\cdots,(2^k-1)\}$中随机地选取 1 个数 ξ,显然它是这个整数集合中的某一个二进制指数值。那么,实际的退避时间,$t_\xi=\xi 2\tau$ 其中 $2\tau=2t_{pmax}$,称为基本退避时间。每一次退避都引起一次重发过程。当重发次数达到一个规定值时如果仍不能成功,则丢弃该帧,并向上一层实体报告重发失败。

二、以太网的 IEEE802 标准

传统的 10 Mb/s 以太网最早标准是 1980 年由 DEC、Intel 和 Xerox 三家公司联合制定的第一个版本 DIX V1,1982 年修改为第二个版本 DIX Ethernet V2。1983 年,IEEE802 委员会的 802 工作组在 DIX Ethernet V2 版本的基础上制定出 IEEE 的第一个以太网标准,编号为 IEEE802. 3,数据速率为 10 Mb/s。IEEE802. 3 标准描述了采用 CSMA/CD 接入协议的基带同轴电缆总线形 LAN 的 MAC 子层和物理层技术规范。虽然后来由于集线器的应用而出现了基带双绞线星形 LAN,但它的 MAC 子层技术仍然符合 IEEE802. 3 标准,所以这两种构型的以太网是互相兼容并可以共存的。

(一)IEEE802. 3LAN 的体系结构模型

图 4-5 为 IEEE802. 3LAN 的系统结构,这是按具体功能分得更细的层次,层是由 IEEE802. 2 定义的通用逻辑链路控制子层;MAC 子层是针对基带同轴电缆总线介质实现 CSMA/CD 协议的介质访问控制子层:PLS(物理收发信号)和 MAU(介质附属单元)共同构成物理层。

在结构模型中,各层通过精确定义的接口相互作用并提供各种服务。通常接口要求如下:

(1)MAC 子层与 LLC 子层间的接口,包括发送和接收 LLC 帧的机构,并提供各种操作的状态信息,以供更高层的差错恢复之用。

(2)MAC 子层与 PLS 子层间的接口,包括成帧(载波监测,启动帧发送)和冲突解决

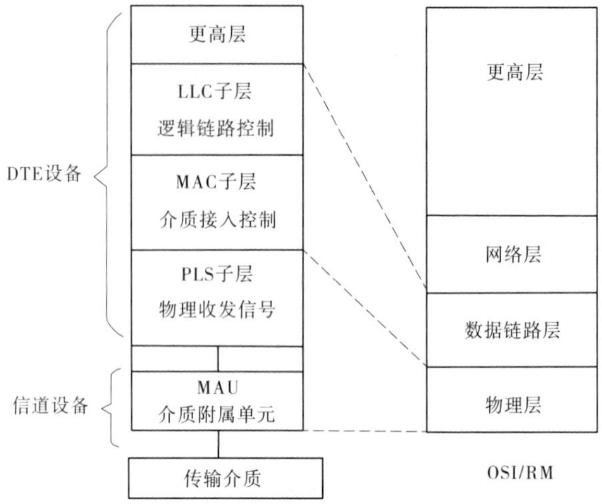

图 4-5　IEEE802. 3LAN 的系统结构

(碰撞监测)的信号,并提供在两子层之间传送一对比特流(发送、接收)的机构和用于定时的等待功能。

此外,各层间提供一些附加接口功能,以便使更高层的网络管理设施得以与这些层次交互作用,来完成操作、维护和分配功能。

(二)MAC 子层规范要点

IEEE802. 3 标准指定的 MAC 帧格式如图 4-6 所示。

	PA	SD	DA	SA	L	LLC PDU	FCS
字节数	7	1	2/6	2/6	2	*N*	4

图 4-6　IEEE802. 3MAC 帧格式

其中:

PA=101010…,是用于位同步的前导序列,7 字节长。

SD=10101011,是帧的起始定界符。

DA 为 2 或 6 字节长,是目的站 MAC 地址。

SA 为 2 或 6 字节长,是源发站 MAC 地址。

L 为数据域长度的值 N,$46\leqslant N\leqslant 1\,500$(字节数)。

LLC PDU 为 LLC 子层数据单元(即 LLC 帧),它作为 MAC 帧的数据域。

FCS 为帧校验,采用 CRC-32 校验码,其生成多项式为

$$G(X)=X^{32}+X^{26}+X^{23}+X^{22}+X^{16}+X^{12}+X^{10}+X^{8}+X^{7}+X^{5}+X^{4}+X^{2}+X+1$$

值得指出:L 所表示的数据域最小长度是 46 字节,并不表明 LLC 帧的最小长度。若 MAC 子层提供的服务无 LLC PDU 装入,MAC 帧数据域中应装入填充比特 46 字节,这是为了保证从目的地址域至帧校验域长度为 64 字节的最短帧长,以便区分信道中的有效帧和无用数据。因此,MAC 子层对接收到的小于 64 字节的信息段均认为是"碎片",予以删除。要求满足最短帧长的第二个原因是为了防止一个站发送短帧时在第一个比特尚未传到总线的最远端就完成帧发送,因而在可能发生碰撞时监测不到冲突信号。

MAC 子层将成功接收到的 MAC 帧卸下数据域,此即 LLC PDU。然后,利用原语通过层间唯一的逻辑信口 M-SAP 向 LLC 子层发出指示,即可将数据单元传送给 LLC 子层处理。

(三)MAC 子层功能

IEEE802.3 定义的 MAC 子层具有两类主要功能:

(1)MAC 帧的封装(发送与接收)功能。成帧(帧定界,帧同步)与卸帧,编址与寻址(源和宿地址的处理),差错检测(由更高层负责校正差错)。

(2)介质访问管理功能。信道分配(避免碰撞,介质访问控制),竞争解决(处理碰撞,退避延时重发等)。

MAC 子层各功能模块及接口关系如图 4-7 所示。

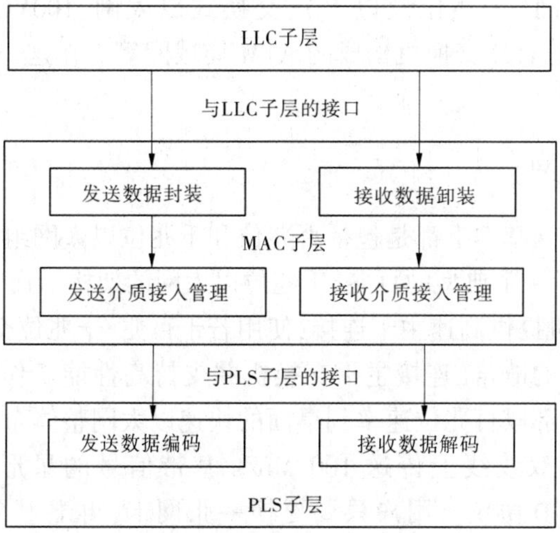

图 4-7 MAC 子层功能模块及接口关系

(四)5-4-3 规则

IEEE802.3 委员会对基于 10 Mb/s 速率的以太网又陆续定义和颁布了不同传输介质实现的规范标准,并且采用规范的以太网络类型表示法:

<数据速率 Mb/s><信号技术类><最大段长度(数字)或介质类型(字母)>

已经定义的类型有如下 5 种:10BASE5、10BASE2、10BASE-T、10BROAD36、10BASE-F。下面用表 4-2 归纳出这 5 类以太网的技术特性,并理解其表示法含义。另外,人们还根据有关标准总结出一个"5-4-3 规则":

表 4-2 IEEE802.3 以太网主要技术特征

类型 特性	10BASE5	10BASE2	10BASE-T	10BROAD36	10BASE-F
传输介质	50 Ω 粗缆	50 Ω 细缆	UTP	75 Ω CATV 电缆	85 nm 光纤
信号技术	基带 (曼彻斯特编码)	基带 (曼彻斯特编码)	基带 (曼彻斯特编码)	宽带 (DPSK)	曼彻斯特编码 (on/off)
拓扑形式最大段长度(m)	总线形 500	总线形 185	星形 100	总线形/树形 1 800	星形 500

(1)最多只允许含5个网段。

(2)最多只允许使用4个中继器。

(3)其中3个网段上可以增加节点,另2个网段用于线路的延长。

任务三　高速局域网

随着网络技术的快速发展的到来,大量的多媒体可视化计算业务急剧加入计算机网络系统中,迫切要求提高网络的数据传输速度。为了适应这种新的应用要求,20世纪90年代以来陆续出现一个个百兆位速率或更高速率的高速局域网及其标准。如快速以太网(百兆位)、高速以太网(千兆位及以上)、交换式以太网、100VG-AnyLAN、光纤环网FDDI,以及使用部门级ATM交换机构成的ATM局域网等。在这一任务里主要对前两种局域网做简要介绍。

一、百兆位以太网

目前,流行的局域网基本上都是包括百兆位和千兆位以太网组合构架的快/高速以太网结构。图4-8描述了一个典型的百兆/千兆位以太网的架构。通常,使用千兆位以太网交换机作为核心交换机提供高速主干连接,使用若干百兆/千兆位交换机作为工作组交换机,它们既支持千兆位的链路(连接主干交换机并支持高性能工作组服务器),也支持百兆位的链路,并实现全部以百兆位速率到桌面的快速以太网整体布局。

100BASE-T是在双绞线上传送100 Mb/s基带信号的星形拓扑以太网,仍使用IEEE802.3的CSMA/CD协议。用户只要更换一张网卡,再配上个100 Mb/s的集线器(交换机),就可很方便地由10BASE-T以太网直接升级到100 Mb/s,而不必改变网络的拓扑结构。所有在10BASE-T上的应用软件和网络软件都可保持不变。100BASE-T自适应网卡有很强的自适应性,能够自动识别10 Mb/s和100 Mb/s的速率。

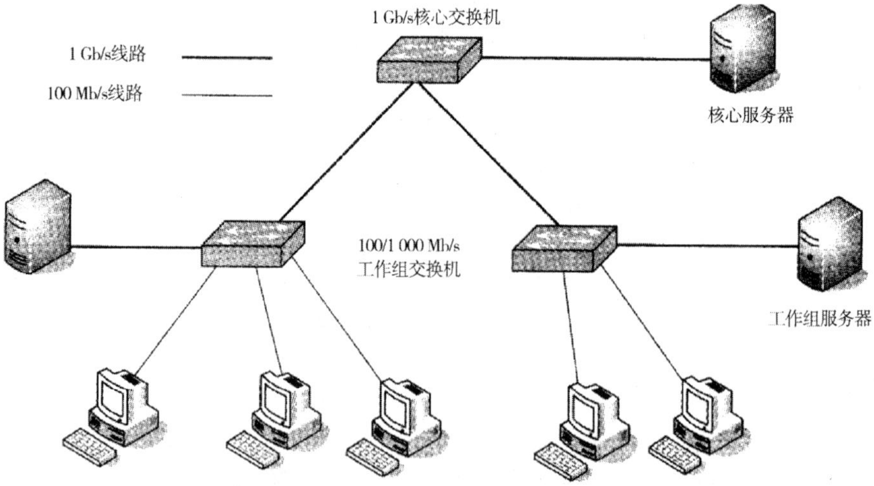

图4-8　百兆/千兆位以太网的构架

1995 年,IEEE 已将 100BASE-T 的快速以太网定为正式的国际标准,其代号为 802.3u,是对现行的 802.3 标准的补充。快速以太网的标准得到了所有的主流网络厂商的支持。

100BASE-T 可以使用交换机来实现在全双工方式工作而无冲突发生。因此,CSMA/CD 协议对全双工方式工作的快速以太网是不起作用的(但在半双工方式工作时则一定要使用 CSMA/CD 协议)。那么,不使用 CSMA/CD 协议为什么还能够叫作以太网呢?这是因为快速以太网使用的 MAC 帧格式仍然是 802.3 标准,然而 802.3u 的标准未包括对同轴电缆的支持。这表示若从细缆以太网升级到快速以太网则必须重新布线。

100 Mb/s 以太网的新标准改动了原 10 Mb/s 以太网的某些规定。这里最主要的原因是要在数据发送速率提高时使参数 α 仍保持不变(或保持为较小的数值)。当数据率提高到 10 倍时,为了保持参数 α 不变,可以将帧长度也增大到 10 倍,在 100 Mb/s 的以太网中采用的方法是保持最短帧长不变,但将一个网段的最大电缆长度减小到 100 m。比特宽度由 100 ns 减少到 10 ns。

新标准还规定了以下三种不同的物理层标准:

(1)100BASE-TX 使用 2 对 UTP-5 类线或屏蔽双绞线(STP),其中一对用于发送,另一对用于接收。信号的编码采用“多电平传输 3(MLT-3)”的编码方法,使信号的主要能量集中在 30 MHz 以下,以便减少辐射的影响。

(2)100BASE-FX 使用 2 根光纤,其中一根用于发送,另一根用于接收。信号的编码采用 4B/5B-NRZI 编码。NRZI 即不归零“1”制(当“1”出现时信号电平在正值与负值之间变化一次),4B/5B 编码就是将数据流中的每 4 bit 作为一组(block),然后按编码规则将每一个组转换成为 5 b,其中至少有 2 个“1”,保证信号码元至少发生两次跳变。

在标准中将上述的 100BASE-TX 和 100BASE-FX 合在一起都称为 100BASE-X。

(3)100BASE-T4 使用 4 对 UTP-3 类线或 5 类线,这是为已使用 UTP-3 类线的大量用户而设计的。信号的编码采用 8B/6T-NRZ(不归零)的编码方法。8B/6T 编码是将数据流中的每 8 bit 作为一组,然后按编码规则转换为每组 6 bit 的三元制(ternary)码元。它同时使用 3 对线同时传送数据(每一对线以 33.3 Mb/s 的速率传送数据),用 1 对线作为碰撞检测的接收信道。表 4-3 列出了不同类型百兆位以太网的技术指标。

表 4-3 不同类型百兆位以太网技术指标

指标	100BASE-TX		100BASE-T4	100BASE-FX
传输介质	2 对 STP-1	2 对 UTP-5	4 对 UTP-3,4,5	2 蕊光纤
信号技术	4B/5B,MLT-3	4B/5B,MLT-3	8B/6T,NRZ	4B/5B,NRZI
数据速率(Mb/s)	100	100	100	100
最大段长度(m)	100	100	100	200

二、千兆位以太网

1995 年下半年,IEEE802.3 委员会成立了一个高速研究组(high-speed study group),

对在每秒千兆位的速率下以以太网的格式传送分组的技术进行研究。1997 年 2 月，IEEE802. 3 委员会确定了千兆位以太网的核心技术。1998 年 6 月正式通过了千兆位以太网标准 IEEE802. 3z 标准，之后又通过了 IEEE802. 3ab 标准。千兆位以太网的分层结构模型如图 4-9 所示。其中，新增的 GMII(gigabit medium independent interface)层是千兆位介质无关接口，它具有 8 bit 宽的通道，运行频率在 125 MHz，提供了对不同物理介质的连接。

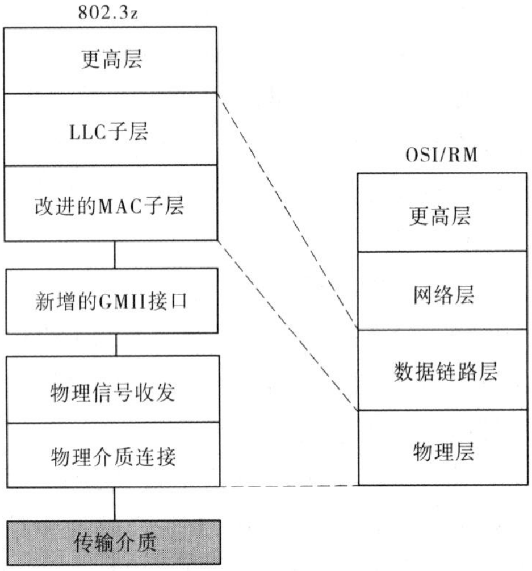

图 4-9　千兆位以太网分层结构模型

IEEE802. 3z 标准的主要内容如下：

(1)使用 IEEE802. 3 以太网帧格式。

(2)允许以 1 Gb/s 的速率进行全双工、半双工操作。

(3)在半双工方式下使用 CSMA/CD 介质访问协议。

(4)与 10BASE-T、100BASE-T 技术向后兼容。

与传统以太网和快速以太网一样，千兆位以太网只定义了物理层和介质接入控制 MAC 子层，这两层的功能结构如图 4-10 所示。由图可以看出，IEEE802. 3z 标准规定了两类编码解码器，即主要用于光纤的 8B/10B 编解码和用于 5 类 UTP 的编解码方案，以对应不同类型的收发器模块。而收发器模块又包括长波光纤激光传输器、短波光纤激光传输器、短屏蔽铜缆以及非屏蔽铜缆收发器等类型。不同类型的收发器又分别对应所驱动的传输介质。IEEE802. 3z 标准定义了 3 种传输介质：多模光纤、单模光纤和同轴电缆；IEEE802. 3ab 则定义了非屏蔽双绞线也可作为千兆位以太网的传输介质。

千兆位以太网主要有两种实现标准，即 1000BASE-X(IEEE 802. 3z)和 1000BASE-T(IEEE 802. 3ab)。

1000BASE-X 是千兆位以太网技术中容易实现的方案，采用 8B/10B 编码解码方案，主要包括：

(1)1000BASE-CX。传输介质为短距离屏蔽铜缆，最长传输距离达 25 m。采用的线缆不是 STP，而是一种特殊的平衡双绞线对的屏蔽型铜缆。1000BASE-CX 适用于交换节

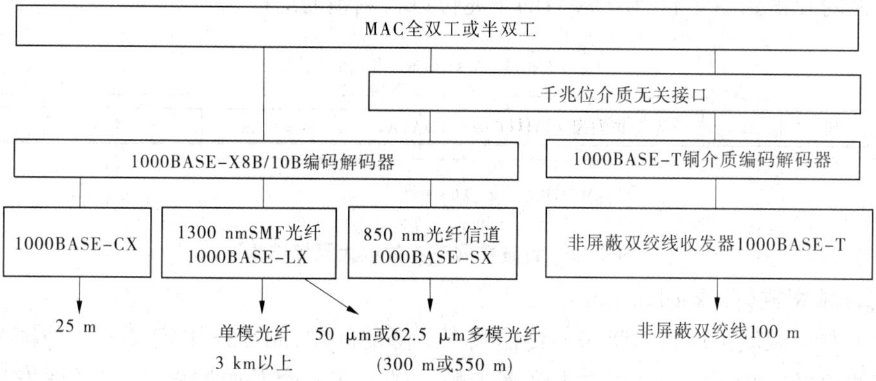

图 4-10　千兆以太网协议体系

点间的短距离连接,特别适用于千兆位主干交换节点与主服务器的短距离连接。

(2)1000BASE-LX。支持传输介质为 62.5 μm 或 50 μm 的多模光纤,在全双工模式下,最长传输距离为 550 m。或支持最长传输距离为 5 km 的 9 μm 的单模光纤的全双工链路。激光波长为 1 270~1 355 nm(一般为 1 300 nm)。

(3)1000BASE-SX。支持传输介质为 62.5 μm 的多模光纤,在全双工模式下,最长传输距离为 275 m。或支持最长传输距离为 550 m 的 50 μm 的多模光纤的全双工链路。激光波长为 770~860 nm(一般为 850 nm)。

1000BASE-T 采用 5 类 UTP 的编码解码方案,使用 4 对 5 类非屏蔽双绞线,支持的最大传输距离为 100 m。多用于水平方向布线,当一座建筑物内的同一层需要支持千兆位局域网时,可以充分利用现有的 UTP 线缆。

千兆位以太网支持两种工作方式:全双工和半双工。全双工模式对于主干网和高速服务器间的连接是非常理想的,同时也适用于单个工作站和交换机、交换机和交换机之间,以及两个工作站之间的连接,但是全双工模式不能用于共享式网段。在某些应用场合,半双工模式千兆位以太网更经济有效,特别是当数据不总是持续高流量时。半双工模式主要适用于共享式的以太网网段,但是要对 CSMA/CD 进行修改和扩充。

CSMA/CD 检测数据碰撞的距离主要取决于最小以太网的帧(64 字节)的传输时间和检测碰撞的能力。10 Mb/s 以太网检测数据碰撞的距离为 2 km;100BASE-T 保持帧格式不变,速度提高了 10 倍,距离下降为 200 m;千兆位以太网如果沿袭现有标准,传输距离只能达到 20 m,这显然是不能满足实际需要的。为了解决这一问题,半双工模式主要从两方面对 CS-MA/CD 进行了修改和扩充,即载波扩展和帧突发。

(一)载波扩展

载波扩展(carrier extension)技术是在不改变 802.3 标准规定的最小帧长度(64 字节)情况下,把帧扩展到 512 字节即 4 096 位,这样就可以使介质争用期增大。若形成的帧小于 512 字节,就在发送时在帧的后面添上扩展位,使之达到 512 字节并发送到传输介质上。这对有效载荷并不影响,接收端在收到以太网的 MAC 帧后,要将所填充的特殊字符删除后才向高层交付。当原来的 64 字节短帧填充到 512 字节时,所填充的 448 字节造成了很大的开销。图 4-11 为扩展后的千兆位以太网帧的结构。

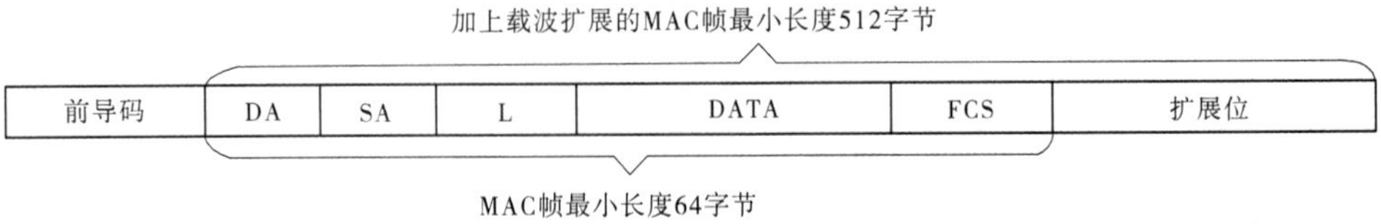

图 4-11　载波扩展千兆位以太网帧结构

(二)帧突发(packet bursting)

为了避免载波扩展技术带来的传输效率下降的问题,802.3z 中定义了一种帧突发技术。它使得发送端可以一次连续发送多个帧。DTE 在一个发送过程中,先试图发送第一个帧,该帧可能是附加了扩展位的帧。一旦第 1 个帧发送成功,则 DTE 继续占有该信道继续发送其他帧,直到帧突发的总长度达到 1 500 字节。突发中后继的帧都不带扩充,每个帧之间加入一个长度为 96 位的帧间隙(IFG)序列,此间隙用非“0”“1”的数值符号填充。

在整个帧突发过程中,只有第一帧在试图突发时可能会遇到传输介质忙或者产生碰撞,,第一帧以后的帧发送过程中不会产生碰撞,因为如果某个 DTE 开始帧突发,其他 DTE 可以通过载波侦听检测到其信号并抑制自身的数据发送。采用了帧突发的半双工千兆位以太网的传输效率得到了改善,当一个 DTE 连续突发 64 字节的帧并持续 65 536 位时,其效率约为 72%。

三、10 GB 以太网

随着全双工快速以太网和千兆位以太网的成熟,以太网的工作距离也随之增大,因此以太网不仅在局域网中占据了绝对优势,而且随着对城域网直至广域网数据传输速度要求不断提高,人们逐渐将目光投入到 10 GB 以太网上来。经过 3 年多的紧张工作,IEEE 标准协会终于在 2002 年 6 月批准了 10 GB 以太网的正式标准 IEEE802.3ae。

10 GB 以太网最主要的技术特点有:

(1)保留 802.3. 以太网的帧格式,符合 802.3 以太网的最大帧长(1 518 字节)和最小帧长(64 字节)。

(2)只使用全双工工作方式,完全改变了传统以太网的半双工的广播工作方式,传输距离也就不再受碰撞监测的限制,因而有可能构成广域网。

(3)只使用光纤作为传输介质而不使用铜线。

(4)使用点对点链路,支持星形结构的局域网。

(5)10 GB 以太网数据传输速率非常高,不直接与端用户相连。

(6)创造了新的光物理介质相关(PMD)子层。

同时,由于 10 GB 以太网既可以作 LAN 使用,也可以作 WAN 使用,而 LAN 和 WAN,由于工作环境不同,对于各项指标的要求也存在许多的差异,主要表现在时钟抖动、误码率、服务质量、速率等的要求不同。为此,IEEE802.3 小组制定了两种不同的介质标准——局域网物理层和广域网物理层(可选)。这两种物理层的共同点是:共用一个 MAC

子层,仅支持全双工操作方式;不采用CSMA/CD;采用光纤作为物理介质。不同点主要在于这两种物理层的数据传输速率并不一样。局域网物理层使用简单的编码机制在暗光纤(dark fiber)和暗波长(dark wave-length)上传送数据。而广域网物理层则需要增加一个SONET/SDH组帧子层,以便利用SONET/SDH作为第一层来传送数据。

10 GB以太网的应用前景非常广阔,主要是因为目前在城域网的应用中,它具有特殊的意义。由于广域网广泛地使用了DWDM技术,因此因特网主干网的带宽已成倍地增长。但作为企业网或校园网到主干网之间的衔接网络——城域网的发展却有些滞后,这就使得城域网在许多情况下成为用户接入到因特网的瓶颈。当10 GB以太网用于城域网时,无论是因特网服务提供者或是因特网用户,都能够在经济上得到明显的好处。同时,由于10 GB以太网可提供潜在的最低成本、直接演进而来的性能、已被证明的互操作性、熟悉的网络管理性能,预示着10 GB以太网的良好发展前景。

四、交换式以太网

传统以太网依靠共享广播式信道,只能工作于半双工通信方式。如果带宽为10 Mb/s的以太网网段上有100个站点上网,从理论上分析可得,每个站点分享的带宽仅为0.1 Mb/s。随着网段上连接的站点的增多,考虑到冲突和解决冲突的开销,实际上网络可用的带宽还会更低。为解决这个矛盾,提出了以交换方式取代共享介质方式,以太网交换技术应运而生。采用网络交换方式进行网段划分的以太网,称为交换式以太网(switched ethernet)。

(一)工作原理

以太网交换技术是在多端口网桥的基础上于1990年发展起来的,是一种改进了的局域网网桥技术(属于第二层交换技术),其设备在市场上俗称"以太网交换机"。与传统的网桥相比,它能提供更多的端口、更好的性能、更强的管理功能以及更低的价格,所以更确切地说它是"多端口网桥"。

这种网桥与工作在物理层的中继转发器和集线器不同,它的每个端口都可分配到独占的额定带宽并工作于全双工方式,所以整个网桥的总交换带宽应是所有端口所占带宽的总和,以此明显地区别于共享式集线器和普通网桥。

图4-12为以太网交换机的结构和工作原理。交换机内部设置有一个"端口号/MAC地址映射表",其中的各个地址就是该端口上所连接的节点设备(用户主机或下一级交换机或集线器)的MAC地址。每个端口都有各自的输入、输出缓冲器(帧队列),通过一个转发机构把这些缓冲器联系起来,并发地完成端口之间的转发操作。如图4-12所示,从端口2进入的MAC帧,其目的地址是节点5,从端口6进入的MAC帧的目的地址是节点3。交换机的控制机构通过查地址映射表即可获知这些帧的输出端口号,然后由转发机构并发地完成对这两个帧的转发过程。

(二)交换模式

目前,交换式以太网有3种交换模式:存储转发模式(store and forward)、直通模式(cut through)和自由分片模式(fragment-free)。

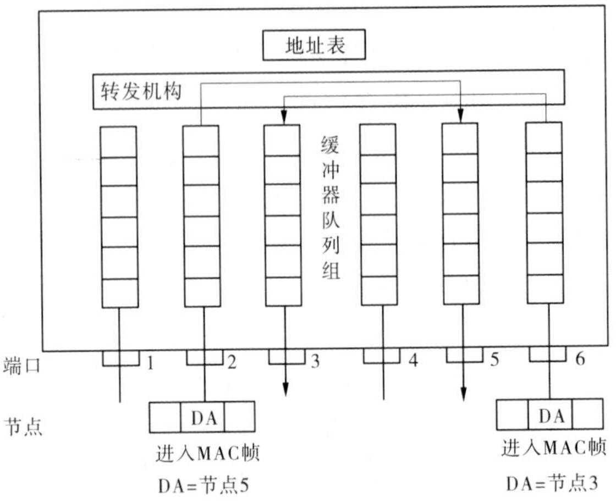

地址表	
端口号	MAC地址
1	节点1
2	节点2
3	节点3
4	节点4
5	节点5
6	节点6

图 4-12　以太网交换机的结构和工作原理

1. 存储转发模式

这种模式是目前应用最为广泛的一种交换方式。它把输入端口的数据帧暂时存储在缓冲器中,然后进行 CRC 检查,在对错误帧处理后才取出数据包的目的地址,通过动态查找表找到输出端口,再送出数据帧。这种模式有利于可靠传输,通过检查出冲突帧和出错帧,使转发的帧均为有效帧;同时它还支持不同速率的输入输出端口间的转换,保持高速端口和低速端口间的协同工作。但是,这种模式在数据处理时的延时大,交换速度较慢。存储转发模式适用于可靠性较差的链路环境,或需要进行不同速率转换的情况。

2. 直通模式

直通模式的以太网络交换技术可以理解为在各端口间是纵横交叉的线路矩阵电话交换机。它在输入端口接收到一个数据帧时,检查该帧的前 14 个字节,获取数据帧的目的地址,启动内部的动态查找表转换成相应的输出端口,在输入与输出交叉处接通,把数据帧直接导向相应的端口,实现交换功能,而不再对数据帧的其余内容进行检错和纠错。由于不需要存储,延迟小、交换快,这是直通模式的优点。直通模式的缺点是:由于数据帧在进行转发处理时并不是一个完整的帧,因此数据帧将不经过校验、纠错而直接转发,造成错误的数据帧仍然被转发到网络上,从而浪费了网络的带宽;由于没有缓存,不能将具有不同速率的输入输出端口直接接通;而且,当以太网络交换机的端口增加时,交换矩阵变得越来越复杂,实现起来相当困难。直通模式适用于可靠性较高的链路环境。

3. 自由分片模式

自由分片模式的交换机在接收数据帧时,一旦检测到该数据帧不是冲突碎片就进行转发操作。冲突碎片是因为网络冲突而受损的数据帧碎片,其特征是长度小于 64 字节。冲突碎片并不是有效的数据帧,应该被丢弃。因此,交换机的自由分片模式实际上就是一旦数据帧已接收的部分超过 64 字节,就开始进行转发处理。这种模式的性能介于存储转发模式和直通模式之间。

图 4-13 为以上三种交换模式的一个示意。从中可以看到:在进行转发操作之前,不同的交换模式所接收数据帧的长度不同,这也决定了相应的交换延迟大小。接收数据帧的长

度越短,交换机的交换延迟就越小,交换效率也就越高,但相应的错误检测能力却越差。

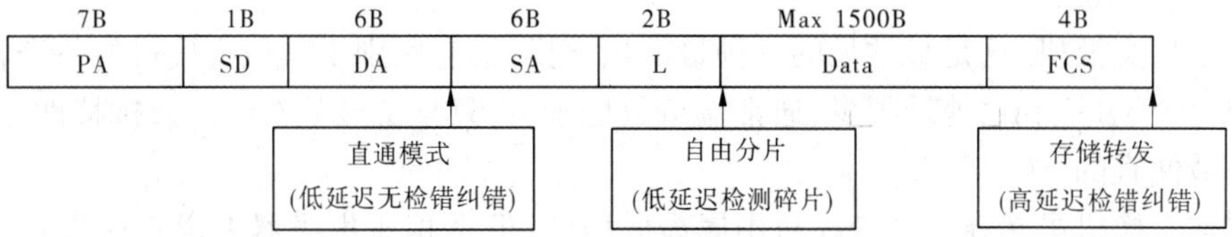

图 4-13　三种交换模式

以上所述的以太网交换技术的实现通常采用硬件方式。在以太网的数据帧格式中,目的 MAC 地址的位置是固定的,而且帧头信息的检查和校验非常简单,便于硬件交换的实现。因此,传统的局域网交换都是指第二层交换,即根据第二层的信息——目的 MAC 地址进行。根据交换的原理,如果将进行交换操作需要检测的数据长度适当增加,即可将二层交换技术扩展为三层交换技术。目前,交换技术已经延伸到 OSI 第三层的部分功能,即将检测数据扩展到 IP 分组头标部分,通过检测其中的 IP 地址进行交换,实际上是基于硬件的路由。第三层交换的顺利实现得益于专用集成电路(ASIC)的加入,把传统的由软件处理的指令改为 ASIC 芯片的嵌入式指令,从而加速了对包的转发和过滤,使得高速下的线性路由和服务质量都有了可靠的保证。目前,如果没有与广域网互联的需要,在建网方案中一般不再使用价格高、带宽有限的路由器。

(三)以太网交换机的分类

1. 根据交换机应用层次划分

1)企业级交换机

企业级交换机属于高端交换机,一般采用模块化的结构,可作为企业网络骨干,构建高速局域网,所以它通常用于企业网络的最顶层。

企业级交换机可以提供用户化定制、优先级队列服务和网络安全控制,并能很快适应数据增长和改变的需要,从而满足用户的需求。对于有更多需求的网络,企业级交换机不仅能传送海量数据和控制信息,更具有硬件冗余和软件可伸缩性特点,保证网络的可靠运行。这种交换机在带宽、传输速率以及背板容量上要比一般交换机高出许多,所以企业级交换机一般都是千兆位以上以太网交换机。企业级交换机所采用的端口一般都为光纤接口,这主要是为了保证交换机高的传输速率。

2)部门级交换机

部门级交换机是面向部门级网络使用的交换机。这类交换机可以是固定配置,也可以是模块配置,一般除常用的 RJ-45 双绞线接口外,还带有光纤接口。部门级交换机一般具有较为突出的智能型特点,支持基于端口的 VLAN(虚拟局域网),可实现端口管理,可任意采用全双工或半双工传输模式,可对流量进行控制,有网络管理的功能,可通过 PC 机的串口或经过网络对交换机进行配置、监控和测试。

3)工作组交换机

工作组交换机是传统集线器的理想替代产品,一般为固定配置,配有一定数目的 10/100BASE-TX 以太网口。交换机按每一个帧中的 MAC 地址相对简单地决策信息转发,这种转发决策一般不考虑包中隐藏的更深的其他信息。与集线器不同的是交换机转发延迟很小,操作接近单个局域网性能,远远超过了普通桥接互联网络之间的转发性能。

4)桌面型交换机

桌面型交换机,这是最常见的一种最低档交换机,它区别于其他交换机的一个特点是支持的每个端口 MAC 地址很少,通常端口数也较少,只具备最基本的交换机特性,当然价格也是最便宜的。

这类交换机虽然在整个交换机中属最低档的,但是相比集线器来说它还是具有交换机的通用优越性,况且有许多应用环境也只需这些基本的性能,所以它的应用还是相当广泛的。它主要应用于小型企业或中型以上企业办公桌面。在传输速度上,目前桌面型交换机大都提供多个具有 10/100 Mb/s 自适应能力的端口。

2. 根据交换机端口结构划分

1)固定端口交换机

固定端口顾名思义就是它所带有的端口是固定的,不能再扩展。目前这种固定端口的交换机比较常见,端口数量没有明确的规定,一般的端口标准是 8,16,24,48 端口等。

固定端口交换机虽然相对来说价格便宜一些,但由于它只能提供有限的端口和固定类型的接口,因此无论从可连接的用户数量上,还是从可使用的传输介质上来讲都具有一定的局限性,但这种交换机在工作组中应用较多,一般适用于小型网络、桌面交换环境。

2)模块化交换机

模块化交换机拥有更大的灵活性和可扩充性,用户可任意选择不同数量、不同速率和不同接口类型的模块,以适应千变万化的网络需求。而且,模块化交换机大都有很强的容错能力,支持交换模块的冗余备份,并且往往拥有可热插拔的双电源,以保证交换机的电力供应。

以太网交换机种类繁多,价格和功能各异,性能方面也有不小的差异,在选择交换机时,应按照应用需求选择相应的产品,避免不必要的浪费和失误。

任务四　虚拟局域网

虚拟局域网(virtual LAN,VLAN)不是物理结构上存在的一种网络类型,而是在某个实际的局域网中根据某种服务目的而划分出来的逻辑网络的组合。在 IEEE802. 1Q 标准中是这样定义 VLAN 的:虚拟局域网是局域网中由一些具有某些共同需求的网段所构成的、与物理位置无关的逻辑组;网络中的每一个帧都带有明确的标识符以指明其源发站是属于哪个 VLAN 的。

一、VLAN 概述

在传统的局域网中,各站点共享传输信道所造成的信道冲突和广播风暴是影响网络性能的重要因素。为了解决信道冲突和广播风暴问题,网桥和路由器被广泛应用于局域网中。由网桥连接的网络属于同一逻辑子网。逻辑子网是指该网络中的网络站点具有相同的网络层地址,例如具有相同的 IP 网络号或者 IPX 网络号。由路由器将不同逻辑子网连接在一起,逻辑子网间的通信必须经路由器进行。由集线器、网桥或交换机等网络设备连接各工作站点所构成的物理网络与逻辑子网相对应,通常一个 IP 子网或者 IPX 子网属于一个广播域,因此网络中的广播域是根据物理网络来划分的。

网络在应用中的发展给这种网络结构提出了两方面的问题。第一,随着网络用户的大量增加,必将造成路由器的增加和子网间的数据传递量的增大,意味着三层路由操作的大量增长,路由器成为网络"瓶颈",使得网络延迟逐渐增大、网络数据传输速度迅速下降;第二,信息社会的发展造成了许多地理分散的相关组织,越来越多的工作人员在流动的办公室中办公,这就产生了一个称为"虚拟工作组"的新实体,即在逻辑上相关而在物理上分散的人群。他们处于不同的物理网络中,既需要大量的网间带宽,也希望自己的信息只在自己的工作组中共享和广播。为解决这些问题,基于交换的 VLAN 技术应运而生。由传统局域网概念发展而来的 VLAN 技术与传统局域网络有着本质的区别,它使网络的结构与功能提高到了一个新的层次。

简单地说,VLAN 是指在物理网络上通过软件策略根据用途、工作组、应用等将网络用户从逻辑上划分为一个个相对独立的局域网络,在逻辑上等价于 OSI 第二层的广播域。同一个 VLAN 中的成员都共享广播,形成一个广播域,能收到同一个 VLAN 中的其他成员发来的广播包,而不同 VLAN 之间广播信息是相互隔离的,这样将整个网络分割成多个不同的广播域。如果要将广播发送到其他的 VLAN,就要用到提供路由支持的三层网络设备,如三层交换机或路由器。

VLAN 的工作原理相当于对网络进行了逻辑分段。一个网段相当于一个广播域,与传统局域网用网桥、交换机等物理设备从物理地点上形成广播域不同,如图 4-14 所示,属于同一个 VLAN 的一些节点设备,不必存在于同一个集线器或交换机的各个端口上,而是通过一台以上的交换机,分布在连接到不同交换机的多台集线器上(PC 机),如图 4-15 所示。网络管理员可以根据不同的服务目的,通过相应的网络软件灵活地建立和配置 VLAN,并为每个 VLAN 分配它所需要的带宽。VLAN 的出现打破了传统网络的许多固有观念,使网络结构变得灵活、方便、随心所欲。基于 VLAN 的局域网为网络的各种应用提供了更加灵活方便的网络平台。总的来说,其优点主要体现在以下几方面:

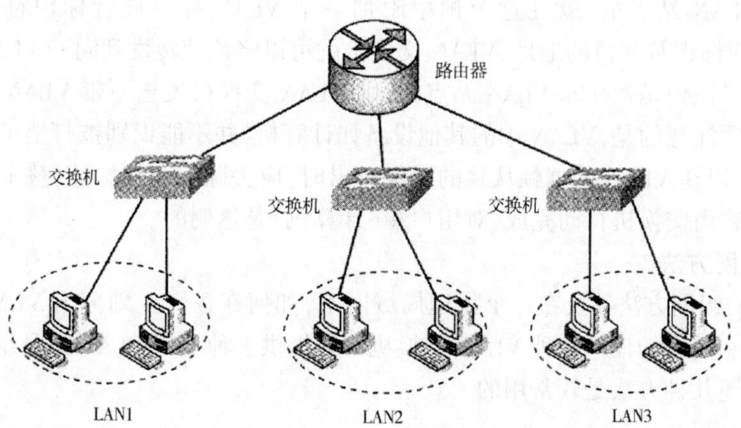

图 4-14 传统 LAN 的分段

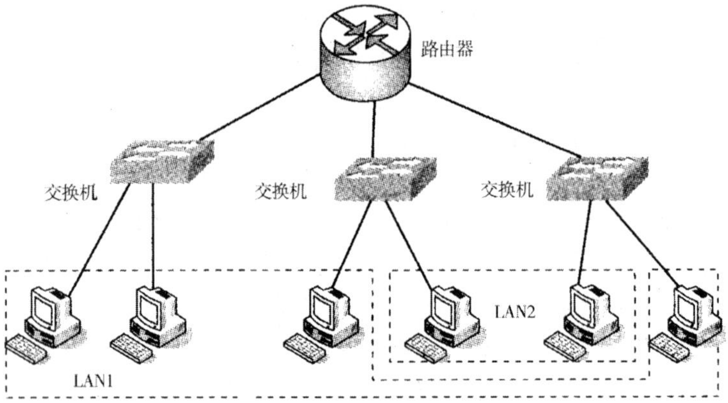

图 4-15　VLAN 的分段

(1)网络分段灵活。逻辑划分 VLAN 组,打破了地理位置的制约,在不改动网络物理连接的情况下可以任意将工作站在工作组或子网之间移动。

(2)管理简单。节点的增加、移动及其他变化都能通过管理控制台快速便捷地处理,无须到布线室进行调整,减小了组成员物理位置变迁时的复杂操作,降低网络维护费用。

(3)性能提高。每个小组的通信大都包含在虚拟子网中,从而减少子网间的过量通信并提高了网络的整体效率。由于缩小了广播域,有利于控制广播风暴,提高了网络带宽的利用率和网络性能。

二、VLAN 技术

(一)基本原理

当具有 VLAN 功能的交换机(简称"VLAN 交换机")从工作站接收到一个帧后,会对帧的部分内容进行检查,并与一个 VLAN 配置数据库(该数据库含有静态配置的或者动态学习而得到的 MAC 地址等信息)中的内容进行比较后,确定该帧去向。如果该帧是要发往一个 VLAN 站点的,就在这个帧中附加一个 VLAN 标签或者标识符。根据这种 VLAN 标签或标识符和目的地址,VLAN 交换机就可以将该帧转发到同一 VLAN 上相应的目的站。如果该帧是发往非 VLAN 站点的,则 VLAN 交换机发送不带 VLAN 标签或标识符的帧。需要注意的是,VLAN 中的其他设备如计算机,并不能识别被打上了 VLAN 标签的数据帧,所以在 VLAN 数据帧从目的端口送出时,应去除 VLAN 标签,整个打标签与去除标签的过程由交换机自动完成,对用户端(计算机)是透明的。

(二)组网方法

VLAN 的组网方法涉及在一个物理局域网上,如何在逻辑上划分出 VLAN 成员组的方法和技术。现今的任何一种 VLAN 交换机都能提供多种划分 VLAN 成员组的方法和技术。以下所述几种方法是较常用的。

1. 按端口划分

将 VLAN 交换设备端口进行分组来划分 VLAN,这是最常用的一种划分方法。例如,一个交换设备上的端口 1,3,5,7 所连接的客户工作站可以构成 VLAN A,而端口 2,4,6,8

则构成 VLAN B 等。这种按网络端口来划分 VLAN 成员组的配置过程简单、方便。其主要缺点在于不支持用户移动，一旦用户移动至一个新的位置，网络管理员必须配置新的 VLAN。该方法属于物理层组网。

2. 按 MAC 地址划分

这种方法由网管人员指定属于同一个 VLAN 中的各站点的 MAC 地址。从某种意义上说，这是一种基于用户的网络，因为 MAC 地址是在工作站的网卡上，所以即使站点移动到其他物理网段，也能自动保持 VLAN 成员资格。但这种方式要求网管员将每个站点都逐一划归到某个 VLAN 中，对于大型网络在初始配置时会比较麻烦。该方法属于 MAC 层组网。

3. 按网络协议划分

当支持多协议组网时，按网络层协议类型划分 VLAN。VLAN 按网络层协议来划分，可分为 IP，IPX，DECnet，AppleTalk 等 VLAN 网络。当采用 TCP/IP 协议组网时，按网络层地址即 IP 地址组成 VLAN。其每个 VLAN 都是和一段独立的 IP 网段相对应的，这样 IP 广播组就与 VLAN 域是一一对应的关系。

这种组网方法有利于构建基于业务或应用的 VLAN，用户可随意移动工作站而无须更改网络地址，并且可减少交换机之间交换 VLAN 成员信息的工作。但由于查看网络层地址要比查看 MAC 地址更消耗时间，所以该方式较 MAC 层 VLAN 效率要差。而且，由于广播域可能跨越了多个 VLAN 交换机，容易产生大量的广播包，使 VLAN 交换机的运行效率降低。

4. IP 组播组 VLAN

IP 组播代表着一种与众不同的 VLAN 组网方法，但 VLAN 作为广播域的基本概念仍然适用。各站点可以自由地动态决定参加到哪一个或哪一些 IP 组播组中。一个 IP 组播组实际上是用一个 D 类地址表示的成员组，当一个源发站向一个组播组发送一个 D 类数据报时，这些数据报将被传送到该组中的所有站点处。从这个意义上讲，可以将一个 IP 组播组看成是一个 VLAN。这种 VLAN 中的各个成员都只具有临时性的特点，它的动态特性具有很高的构建灵活性和服务适应性。并且，借助于路由器，此种 VLAN 可以很容易地扩展到整个 WAN 上。

三、VLAN 成员信息的传递

VLAN 交换机必须有一种方式来了解 VLAN 的成员关系，即要让交换机知道哪一个工作站属于哪一个 VLAN。一般地，基于 VLAN 交换机端口或者工作站的 MAC 地址来组建的 VLAN，其 VLAN 成员是以直接的形式与其他成员联系的；基于三层如按 IP 来组建的 VLAN，其 VLAN 成员是以间接的形式与其他成员联系的。目前，VLAN 之间的通信主要采取以下 4 种方式。

（一）MAC 地址静态登记方式

MAC 地址静态登记方式是预先在 VLAN 交换机中设置好一张地址列表，这张表含有工作站的 MAC 地址、VLAN 交换机的端口以及 VLANID 等信息，当工作站第一次在网络上发广播包时，交换机就将这张表的内容一一对应起来，并对其他交换机广播。这种方式的缺点在于,网络管理员要不断修改和维护 MAC 地址静态条目列表;且大量的这种列表广播信息容易导致主干网络拥塞。

(二)帧标签方式

帧标签方式采用的是标签(tag)技术,即在每个帧上都附加一个标签,用来标明该帧属于哪个 VLAN,这样 VLAN 交换机就能够将来自不同 VLAN 的数据流复用到相同的 VLAN 交换机。

(三)虚连接方式

网络用户 A 和 B 第一次通信时,要发送地址解析(ARP)广播包,VLAN 交换机将学习到的 MAC 和所连接的 VLAN 交换机的端口号,保存到动态条目 MAC 地址列表中。当 A 和 B 有数据要传时,VLAN 交换机从其端口收到的数据包中识别出目的 MAC 地址并查阅地址列表,得到目的站点所在的 VLAN 交换机端口,这样两个端口间就建立起一条虚连接,数据包就可从源端口转发到目的端口。数据包一旦转发完毕,虚连接即被撤销。这种方式使带宽资源得到了很好利用,提高了 VLAN 交换机效率。

(四)路由方式

在按 IP 划分的 VLAN 中,很容易实现路由,即将交换功能和路由功能融合在 VLAN 交换机中。这种方式既达到了作为 VLAN 控制广播风暴的最基本目的,又不需要外接路由器。但这种方式对 VLAN 成员之间的通信速度不是很理想。

任务五　无线局域网

无线局域网(wireless LAN,WLAN)属于一种短距离无线通信组网技术,它是以无线信道为传输介质构成的计算机局域网络,通过无线电传播技术来实现在空间传输数据、话音和视频信号。无线局域网作为传统局域网的重要补充手段,已成为局域网应用领域的重要组成部分。

一、概述

无线局域网摒弃了电缆或光缆等可见通信线路,代之以无线电波或红外线等不可见介质作为传输介质,无须布线即可灵活地组成移动的局域网,同时还具有移动性、灵活性、可扩展性,以及组建简单、实施速度快、组网费用降低等优点,特别适用于移动用户与临时性用户访问现有的网络资源,达到能够随时随地提供网络连接的效果,实现网络的延伸,充分满足信息时代人们强烈的信息需求,因此无线局域网的发展具有非常重要的应用前景。

无线局域网突破了传统有线局域网的局限,可以覆盖有线局域网难以涉及的范围,并且使计算机网络可通过无线或无线与有线相组合的方式实现,为网络用户提供了更多的选择方案,简化和方便了计算机联网。因此,无线局域网已经成为传统有线网的必要补充。无线局域网可应用于如下场合。

(一)难以布线的环境

如在油田矿山这种建筑物分散、地形复杂、布线困难的环境中;在珍贵历史建筑物这种缺少电缆而又不能打洞布线的环境中;在一些城市市区单位这种由于城市规划管理的限制,不易布线或不允许布线的环境中,局域网的实施只能通过无线技术。

(二)无固定工作场所或工作流动性大的环境

如医生和护士用掌上或笔记本电脑即时传送病人的信息;交警在交通车上互相交流交通流量信息;各处均可能发生的新闻现场报道等;还有办公自动化、金融交易和机场港口等交通运输部门,以及公安和军事领域等,都有流动工作的需要。

(三)需要快速组建临时局域网的频繁变化的环境

如在建筑工地、大型会议或展览会等环境中,人们需要建立临时局域网进行信息的交流,完了之后就撤销,这时他们需要一种配置和接收方便快捷的网络,而这正是无线局域网的长处。又比如频繁更换工作地点和改变位置的零售商、生产商,以及试验、军队、公安和银行等。

(四)应急的远距离信息的传输

例如在林区进行火灾、病虫害等信息的传输;野外勘测;远程指挥交通、公安、军事活动等。

目前,无线局域网还不能完全脱离有线网,只能说是传统有线型网络的补充手段,而不是替代。与目前有线局域网的传输速度达到的 10 Gb/s 的数量级相比,无线局域网的传输速度还只限于 100 Mb/s 以下,差距非常明显,加上无线局域网网络产品昂贵,所以要拓展应用的话,就必须降低成本,提高带宽。

二、无线局域网技术

(一)组成及其结构

无线局域网由无线网卡、无线接入点(access point,AP)、计算机和有关设备(构成"移动站")组成,采用单元结构,即将整个网络系统分成许多单元,每个单元称为一个基本服务组(basic service set,BSS)。BSS 通过 AP 与某骨干网相连。骨干网可以是有线网,也可以是无线网。若干个 BSS 组成一个基本服务区(basic service area,BSA,这是一个扩展的服务集 ESS),从而形成一个完整的无线局域网。其中,每个 BSS 的组成结构又分为分布对等式和集中控制式两种。

分布对等式:BSS 中任意两个移动站可直接通信,无须中心站转接。这种方式形成的 BSS 区域较小,但结构简单,使用方便。

集中控制式:BSS 中每个移动站都直接与中心站或无线接入点 AP 连接,在该中心站(或 AP 站,以下统称"中心站")的控制下与其他移动站通信,由中心站承担无线通信的管理及与有线网络连接过程。无线用户在中心站所覆盖的范围内工作时,无须为寻找其他站点而耗费大量的资源,是理想的低功耗工作方式。虽然这种方式形成的 BSS 区域较大但其所建中心站的费用较高,而且一旦中心站出错则影响到整个 BSS。

目前无线局域网采用的组织结构主要有对等式、接入式、中继式三种。

1. 对等式

对等式的无线局域网如图 4-16 所示,不需要单独的具有总控接转功能的接入设备,所有的移动站都能对等地相互通信。所构建的局域网中,某一个移动站会自动设置为初始站,对网络进行初始化,使所有同域(其域号相同)的移动站构成为一个局域网,并且设定站间协作功能,允许有多个站同时发送信息。这样,在MAC帧中就同时有源地址、目的地址和初始站地址。因此,较适合新建网的用户,组建临时性的小型局域网络,适合例如野外作业、临时流动会议等业务。

2. 接入式

这种形式的无线局域网以星形拓扑为基础,以接入点AP为中心,所有的移动站之间的通信都要通过AP转接,如图4-17所示。相应地,在MAC帧中,同时有源地址、目的地址和接入点地址。根据各移动站发送的响应信号,接入点AP能在内部建立一个像“路由表”那样的“桥连接表”,将各个移动站与AP各端口一一联系起来。当需要转接信号时,AP就通过查询“桥连接表”,获得输出端口号,从而实现数据链路转接。

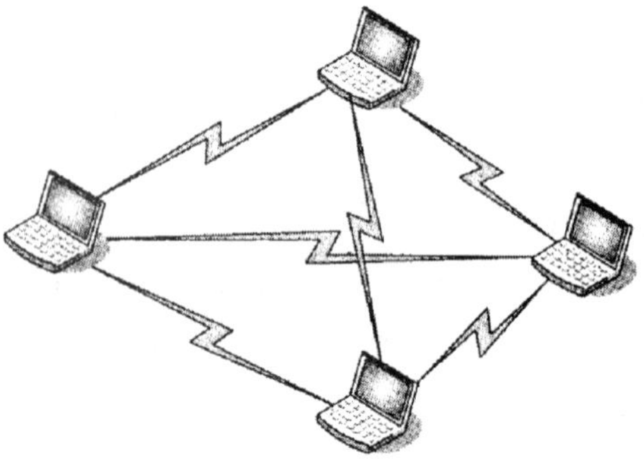

图4-16 对等式无线局域网

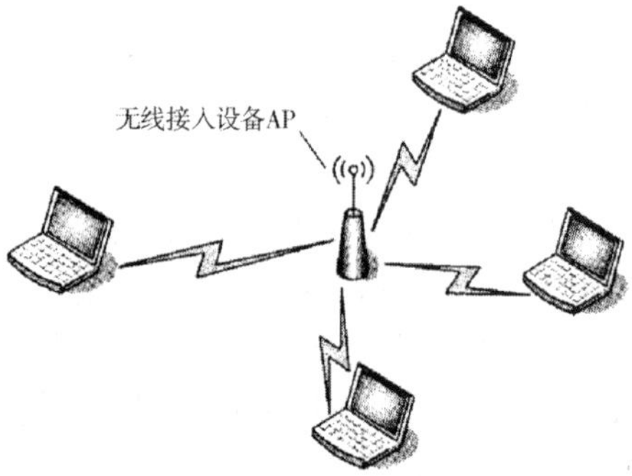

图4-17 接入式无线局域网

3. 中继式

中继式的无线局城网是建立在接入式的原理之上的,在两个AP间作点对点(point to point)连接,如图4-18所示。由于独享信道,这种形式较适合在两个局域网间实现远离互联(架设高增益定向天线后,传输距离可达到50 km),被互联的局域网既可以是有线型的,也可以是无线型的。因为无线网络采用中继方式的组网模式多种多样,所以统称为无线分布系统(wireless distribution system)。正是在这种模式下,MAC帧使用了4个地址,即源地址、目的地址、中转发送地址、中转接收地址。

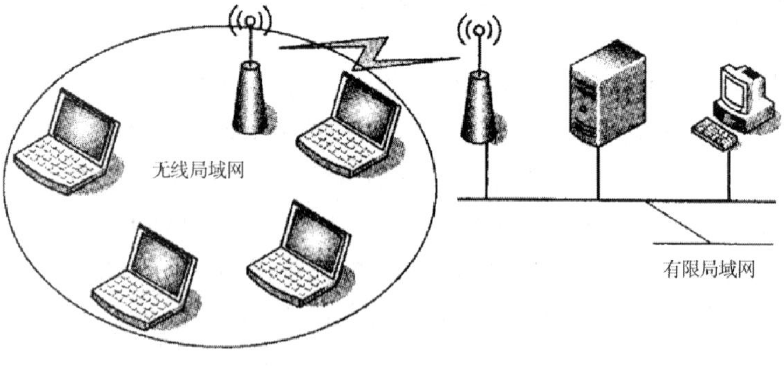

图4-18 中继式无线局域网

接入式和中继式都支持TCP/IP相IPX等多种网络协议,是IEEE802.11做重点描述并极力推荐的主要无线网络结构形式。

(二)关键技术

实现无线局域网的关键技术主要是集中在复杂的物理层,涉及传输介质的选择、接入和数据信号的传输技术方面。至于 MAC 子层,则是采用带有碰撞避免的 CSMA/CA 介质访问协议。

1. 传输介质与传输技术

目前,无线局域网采用的传输介质有两种:红外线和无线电波。红外线局域网使用波长小于 1 μm 的红外线,支持 1~2 Mb/s 数据速率,具有很强的方向性,受阳光干扰大,仅适用于很近距离的无线传输;而无线电波的覆盖范围较广,应用较广泛,是常用的无线传输介质。

采用无线电波作为介质时有两种调制方式:扩频方式和窄带调制方式。其中,使用扩频方式通信时其发射功率低于自然的背景噪声,它一方面使扩频通信非常安全,基本避免了通信信号的偷听和窃取;另一方面也不会对人体健康造成伤害。所以,在使用无线电波作为传输介质时,目前主要采用扩频通信技术。

所谓扩频(spread spectrum)通信,是指发送的信息被展宽到一个比信息带宽宽得多的频带上去,接收端通过相关接收将其恢复到原信息带宽的一种通信手段。扩频通信具有很强的抗干扰能力,可以进行多址通信,安全保密性好,抗多径干扰。扩频技术包括直接序列扩频(DSSS)、跳频扩频(FHSS)、跳时扩频(THSS)、线性调频和 DS/FH、DS/TH、FH/TH 混合系统等。其中,最常用的是直接序列扩频和跳频扩频方式。IEEE802.11 支持 DSSS、FHSS 两种扩频方式。规定其工作频段为 2.4 GHzI SM 频段(2.400 0~2.483 5 GHz,共有 79 个跳频信道,每信道带宽为 1 MHz,间隔为 1 MHz)。

被扩频技术所利用的这个开放的 2.4 GHz 频段,是对所有无线电系统都开放的公用频段,因此十分拥挤,微波噪声最大,采取何种发送和接收方法,会直接影响到微波传输的质量和速率。为此,无线通信技术中特别设计了直接序列扩频技术(DSSS)和跳频扩频技术(FHSS)以确保链路稳定。DSSS 技术同时使用整个频段,信号被扩展多次而无损耗;而 FHSS 技术是把频带分成若干个跳频信道,在一次连接中,无线电收发器按一定的码序列(一定的规律,技术上叫作"伪随机码")不断地从一个信道跳到另一个信道,只有收发双方是按同样规律进行跳频的,而其他的干扰不可能按同样的规律进行干扰。跳频的瞬时带宽很窄,但通过扩展频谱技术使这个窄带宽成百倍地扩展成宽频带,使干扰可能产生的影响变得很小,而且传输更加稳定,提高了数据的安全性。

DSSS 与 FHSS 各有利弊。在抗衰弱等方面,DSSS 优于 FHSS;而 FHSS 则在抗远近效应上优于 DSSS。为了弥补单一扩频方式的缺陷,可以将两者结合起来,采用 FH/DS 办式,从而达到提高性能,降低成本的目标。在实际应用中应根据需要,综合考虑,选择最优的扩频方式。

2. 无线网卡

无线局域网的基础还是传统的有线局域网,是有线局域网的扩展或变型,只是在有线局域网的基础上通过无线集线器、无线访问节点(AP)、无线网桥、无线网卡等设备使无线通信得以实现。下面以最广泛使用的无线网卡为例介绍无线局域网的工作原理。

如图 4-19 所示,一个无线网卡主要包括 NIC(网卡)单元、扩频通信机和天线 3 个组成功能块。无线网卡的 NIC 单元与 IEEE802.11 的 MAC 层相对应,是网络接口控制单元。它完成 SS 单元与计算机之间的接口控制,由它负责建立主机与物理层之间的连接,并管理外部存储器。扩频通信机与 IEEE802.11 中的物理层相对应,它具体实现无线电信号的接收与发射。其中,SS 是扩频/解扩频及解调单元,它完成对发送数据的频谱扩展和对接收信号的解扩解调,同时还完成对数据的加、解扰处理。SS 单元还要对发射功率和分集接收进行相应控制,并具有能量检测和载波强度检测功能。IF 是中频单元,它完成对已扩频信号的调制和对接收信号的向上和向下变频、功率放大及低噪声放大等功能。RF、IF 与 SS 单元构成了扩频通信机。

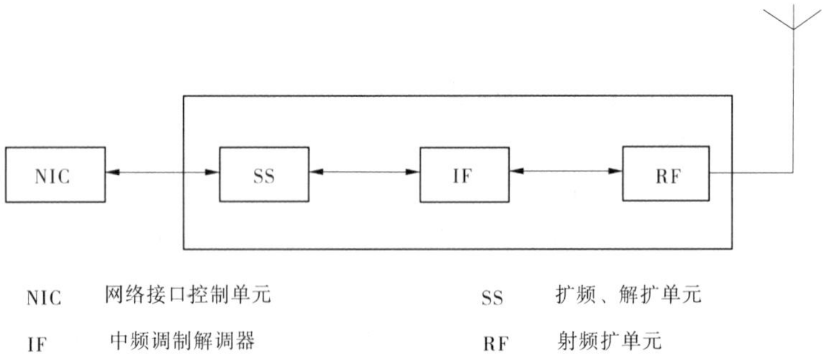

图 4-19 无线网卡组成单元

3. CSMA/CA 原理

原则上讲,无线局域网的 MAC 协议和有线局域网的 MAC 协议并无本质上的区别。然而,由于无线传输介质固有的特性以及移动性的影响,无线局域网的 MAC 协议不能沿用原有的局域网协议。例如,IEEE802.3 的 MAC 层采用 CSMA/CD 来使各个不同的站点共享同一物理信道。而实现 CSMA/CD 的一个重要前提是,各站点能够非常容易地实现冲突检测功能。在有线局域网(如以太网)的情况下,可根据检测电缆线上直流分量的变化容易地实现冲突检测。然而在使用无线传输介质时,由于以下的原因,很难实现冲突检测:

(1)冲突检测的能力要求各站能同时发送(发送自己的信号)和接收(决定其他站的传输是否干扰自己的传输),这将增加信道的花费。

(2)更重要的是,由于隐藏站点问题的存在,即使一个站有冲突检测的能力,并已经在发送时检测到冲突,在接收端仍然会有冲突发生。

因此,IEEE802.11 全新定义了一种新的协议,即载波侦听多点接入冲突避免 CSMA/CA(collision avoidance)协议。一方面载波侦听(查看介质是否空闲);另一方面避免冲突(通过随机的时间等待),使信号冲突发生的概率减到最小,并且当介质被侦听到空闲时,优先发送。具体来说,在数据包传输之前,无线设备将先进行监听,看是否有其他无线设备正在传输。若传输正在进行,该设备将等待一段随机决定的时间,然后再监听,若没有其他设备正在使用介质,该设备开始传输数据;因为很有可能在一个设备传输数据的同时,另一个设备也开始传输数据,为了避免此类冲突造成的数据丢失,接收设备检测所收到的分组的 CRC,如果正确,则向发送设备传输一个确认信息(acknowledgement)以指示没有冲突发生。否则,发送设备将重复上述 CSMA/CA 过程。

为了使两个无线设备同时进行传输(这将导致冲突)的可能性减到最小,802.11 设计者使用称为发送请求/清除发送(RTS/CTS)的机制。例如:若数据到达无线节点指定的无线访问点(AP),该 AP 将给那个无线节点发送一个 RTS 帧,请求一定量的时间向它传输数据,无线节点将用 CTS 帧进行回应,表示它将阻止任何其他的通信,直到 AP 发送完数据。其他无线节点也能听到正在发生的数据传输,并把它们的传输延迟到那段时间之后。在这种方式下,数据在节点之间进行传递时,由设备导致的在介质上产生冲突的可能性最小。这种传输机制同时解决了无线局域网中的隐藏站点问题。

当一个 802.11 客户端进入一个或多个无线访问接入点的覆盖范围时,它将根据信号强度和监测到的包错误率,选择其中性能最好的一个无线访问接入点并与之联系。一旦被该无线访问接入点接收,客户端会将无线信道调整到设置无线访问接入点的无线信道。它定期检测所有的 802.11 信道,以便确定是否有其他的无线访问接入点能够提供更好的性能。如果检测到存在这样一个无线访问接入点,它将与新的无线访问接入点重新建立联系,客户端将调整到设置该无线访问接入点的无线信道。出现这样的重新连接通常是由于无线端站在物理位置上离开了原始无线访问接入点,导致信号变弱。此外,当建筑物中的无线特性发生变化,或者原始无线访问接入点的网络通信量过高时,也会出现重新联系的情况。在后一种情况下,这个功能一般称为"负载平衡",因为它的主要作用是将总体的无线 LAN 负载最有效地分布到可用的无线基础设施中。

(三)无线局域网的安全技术

无线局域网因其具有可移动性、安装简单、高灵活性和扩展能力,作为对传统有线网络的延伸,在许多特殊环境中得到了广泛的应用。但由于无线局域网采用公共的无线电波作为载体,任何人都有条件窃听或干扰信息,因此对越权存取和窃听的行为也更不容易防备。因此,对无线网络的使用,必须充分考虑其安全性。常见的无线网络安全技术有以下几种。

1.服务集标识符(SSID)

通过对多个无线接入点 AP 设置不同的 SSID,并要求无线工作站出示正确的 SSID 才能访问 AP,这样就可以允许不同群组的用户接入,并对资源访问的权限进行区别限制。因此可以认为 SSID 是两个简单的口令,从而具有一定的安全性,但如果配置 AP 向外广播其 SSID,那么安全程度将下降。由于一般情况下,用户自己配置客户端系统,所以很多人都知道该 SSID,很容易共享给非法用户。目前有的厂家支持"任何(ANY)"SSID 方式,只要无线工作站在任何 AP 范围内,客户端都会自动连接到 AP,这将跳过 SSID 安全功能。

2.物理地址过滤(MAC)

由于每个无线工作站的网卡都有唯一的物理地址,因此可以在 AP 中手工维护一组允许访问的 MAC 地址列表,实现物理地址过滤。这个方案要求 AP 中的 MAC 地址列表必须随时更新,可扩展性差;而且 MAC 地址在理论上可以伪造,因此这也是较低级别的授权认证。物理地址过滤属于硬件认证,而不是用户认证。如果用户增加,则扩展能力很差,因此只适合于小型网络规模。

3. 连线对等加密(WEP,wired equivalent protection)

链路层采用对称加密技术,用户的加密密钥必须与 AP 的密钥相同时才能获准存取网络的资源,从而防止非授权用户的监听以及非法用户的访问。WEP 提供了 40 位和 128 位长度的密钥机制,但是它仍然存在许多缺陷,例如一个服务,区内的所有用户都共享同一个密钥,一个用户丢失钥匙将使整个网络不安全。而且 40 位的钥匙在今天很容易被破解;钥匙是静态的,要手工维护,扩展能力差。目前,为了提高安全性,建议采用 128 位加密钥匙。

4. Wi-Fi 保护接入(WPA)

WPA(Wi-Fi protected access)是继承了 WEP 基本原理而又解决了 WEP 缺点的一种新技术。由于加强了生成加密密钥的算法,因此即便收集到分组信息并对其进行解析,也几乎无法计算出通用密钥。其原理为根据通用密钥,配合表示电脑 MAC 地址和分组信息顺序号的编号,分别为每个分组信息生成不同的密钥。通过这种处理,所有客户端的所有分组信息所交换的数据将由各不相同的密钥加密而成。无论收集到多少这样的数据,要想破解出原始的通用密钥几乎是不可能的。WPA 还追加了防止数据中途被篡改的功能和认证功能。WPA 不仅是一种比 WEP 更为强大的加密方法,而且有更为丰富的内涵。

5. 国家标准(WAPI)

WAPI(WLAN authentication and privacy infrastructure),即无线局域网鉴别与保密基础结构,它是针对 IEEE802. 11 中 WEP 协议安全问题,在中国无线局域网国家标准 GB 15629. 11 中提出的 WLAN 安全解决方案。同时本方案已由 ISO/IEC 授权的机构 IEEE Registration Authority 审查并获得认可。它的主要特点是采用基于公钥密码体系的证书机制,真正实现了移动终端(MT)与无线接入点(AP)间双向鉴别。用户只要安装一张证书就可在覆盖 WLAN 的不同地区漫游,方便用户使用。与现有计费技术兼容的服务,可实现按时计费、按流量计费、包月等多种计费方式。AP 设置好证书后,无须再对后台的 AAA 服务器进行设置,安装、组网便捷,易于扩展,可满足家庭、企业、运营商等多种应用模式。

6. 端口访问控制技术(802. lx)

该技术也是用于无线局域网的一种增强性网络安全解决方案。当无线工作站 STA 与无线访问点 AP 关联后,是否可以使用 AP 的服务要取决于 802. lx 的认证结果。如果认证通过,则 AP 为 STA 打开这个逻辑端口,否则不允许用户上网。802. lx 要求无线工作站安装 802. lx 客户端软件,无线访问点要内嵌 802. lx 认证代理,同时它还作为 Radius 客户端,将用户的认证信息转发给 Radius 服务器。802. lx 除提供端口访问控制能力外,还提供基于用户的认证系统及计费,特别适合于公共无线接入解决方案。

(四)相关标准

在无线局域网标准出台以前,每个无线系统制造商的产品依赖于厂家自己特有的技术,不同厂家的产品又互不兼容,致使销量有限、产品价格昂贵的同时,其发展速度也十分缓慢,与飞速发展的有线计算机网络形成鲜明的对比。

目前,无线局域网有很多协议标准,如 IEEE802. 11、IEEE802. 11b、IEEE802. 11a、IEEE802. 11g、蓝牙、HomeRF、OpenAir 等。主要的无线局域网协议标准对比见表 4-4。

表 4-4　几种主要的无线局域网协议标准的比较

协议标准	最大传输率(Mb/s)	波段(GHz)	技术特点	覆盖范围
IEEE802.11	2	2.4~2.485	DESS FHSS	100 m
IEEE802.11a	54	5	DESS OFDM	5~10 km
IEEE802.11b	11	2.4~2.485	DESS	100~300 m
IEEE802.11g	11/54	2.4/5	DESS OFDM	100 m~10 km
蓝牙	1	2.4~2.485	FHDS	10 m
OpenAir	1.6	2.4~2.485	FHDS	100 m
HomeRF	1.6	2.4~2.485	FHDS	100 m

虽然标准众多,但大致可分为两大发展方向:以高速传输应用发展为主(如 IEEE802.11b 和 IEEE802.11a);以低速短距离的应用为主(蓝牙和 HomeRF)。其中,IEEE802.11 系列的速度较快,稳定性和互用性较高,适用于局域网;而蓝牙速度较慢,但移动性强、体积小,适合移动电话、个人数字助理(PDA)或个人电脑等设备的短距离连接。

任务六　其他类型的局域网

除前面介绍的常用的局域网外,还有一些不常用的局域网,如 100VG-AnyLAN、ARC-net、FDDI、AppleTalk、令牌环、令牌总线等,这一节将简单介绍这些网络。

一、100VG-AnyLAN

100VG(Voice Grade)-AnyLAN 是一种速率为 100 Mb/s 的网络结构,其协议标准在 IEEE802.12 中定义。100VG-AnyLAN 网对以太网作了某些重大的修改,如不使用 CSMA/CD 介质访问控制技术,而是使用称为优先请求法的新型访问技术和称为四重信号传输法的通信方法。

100VG-AnyLAN 使用星形拓扑,可以支持 3 类、4 类、5 类 UTP 及光纤电缆。所有计算机都连接到集线器上,通过给中央集线器增加子集线器来扩展网络,如图 4-20 所示。子集线器对父集线器来说,就好像是一台计算机,父集线器控制与其子集线器相连的计算机的通信。100VG-AnyLAN 比普通 10BASE-T 以太网更加依赖于集线器的功能。

传统的 10BASE-T 以太网使用两对线路,一对用于进行冲突检测,另一对用于传输数据。而 100VG-AnyLAN 则使用 4 对双绞线,4 对线同时传输数据,这适合于质量较低的电缆。为此使用带有新型编码方案 5B/6B 的 4 重信号传输法。每个周期在每对线路上传送的信息位数目是通常的 2.5 倍。在 IEEE802.12 标准中定义了优先级请求介质访问方法,这是一种新的介质访问方法,是为 100VG-AnyLAN 网络而设计的。这种访问方法基于这样一个事实:集线器和端节点是 100VG-AnyLAN 网络的两种组成部分。集线器通过循环检测网络上所有节点发来的请求而管理网络访问。集线器负责所有的地址、链路和端节点,负责检测它们是否正常工作。根据 100VG-AnyLAN 的定义,端节点可以是网桥、路由器或交换机。

当 100VG-AnyLAN 网络的节点必须发送数据时,应首先将发送请求传至集线器。如

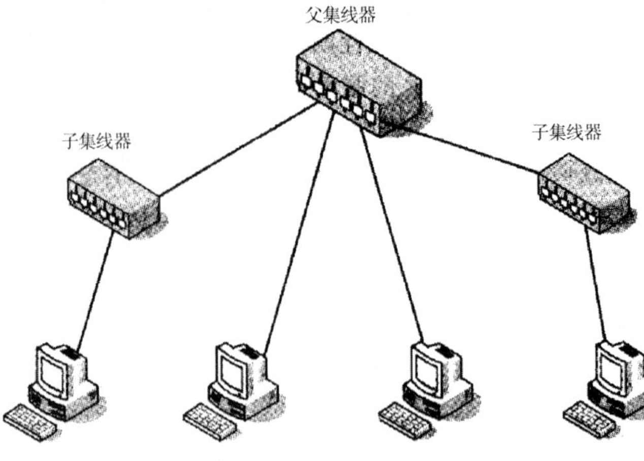

图 4-20　100VG-AnyLAN 网络结构

果网络线路未被占用，集线器便批准该请求，然后等待来自该节点的数据。当节点把数据传送到集线器后，数据被解码，显示其目的地址，然后集线器将数据直接发送给目的地。在 100VG-AnyLAN 网络中，计算机发送的数据被赋予一定的优先级(高和低)，如果两个(或多个)节点同时向集线器发送请求，则集线器只为最高优先级的请求提供服务。如果两个请求的优先级一样高，则两个请求轮流享受服务。在 100VG-AnyLAN 网络中，优先级请求法能确保只有发送和接收数据的节点方能看到数据，这增加了数据的安全性。而在 CS-MA/CD 网络中，一个节点发送的数据会广播到网络上的所有节点。

100VG-AnyLAN 和优先请求法的另一个优点是，它提供了带有结构式优先级系统的各种应用。虽然大多数数据库应用按照通常的优先级来发送数据，但有些系统(如远程会议系统)需要更大的带宽以确保系统的平稳工作，这些系统可以用更高的优先级来传送数据。运用这种方法，集线器能确保这些数据传送请求能先于其他请求而得到满足。这种访问类型能保证那些需要带宽的节点和应用能得到这样的带宽。

二、光纤分布式数据接口 FDDI

光纤分布式数据接口 FDDI(fiber distributed data interface)是一个使用光纤作为传输媒体的令牌环形网。它先是在 ANSI 的标准委员会 X3T9.5 通过为美国的标准，随后被 ISO 通过为国际标准 ISO9314。FDDI 也常被划分在城域网 MAN 的范围。FDDI 的产品在 1988 年问世。

FDDI 主要是用作校园环境的主干网，其主要特性如下：

(1)使用基于 IEEE802.5 令牌环标准的 MAC 协议，分组长度最大为 4 500 字节。

(2)利用多模光纤进行传输，并使用有容错能力的双环拓扑。

(3)数据传输速率为 100 Mb/s，光信号码元传输速率为 125 MBaud。

(4)可以安装 1 000 个物理连接(若都是双连接站，则为 500 个站)。最大站间距离为 2 km(多模光纤)，环路长度为 100 km，即光纤总长度为 200 km。

(5)具有动态分配带宽的能力，故能同时提供同步和异步数据服务。

FDDI 采取了自恢复措施，可以大大地提高网络的可靠性。这种措施是使用两个数据传输方向相反的环路。在正常情况下,只有一个方向的环路在工作。这个工作的环路叫作主环,而另一个不工作的环路叫作次环,如图 4-21(a)所示。当环路出现故障时,例如,站点故障或链路断开了,如图 4-21(b)所示,那么 FDDI 可自动重新配置,同时启动次环工作,使整个网络的站点仍然保持连通。当出故障的链路或站点修好后,整个 FDDI 网络又恢复到原来的主环工作状态。不难看出,当主环和次环都工作时,FDDI 环路的总长度大约增加一倍。当出现多处故障时,FDDI 将变为多个分离的小环形网继续工作。

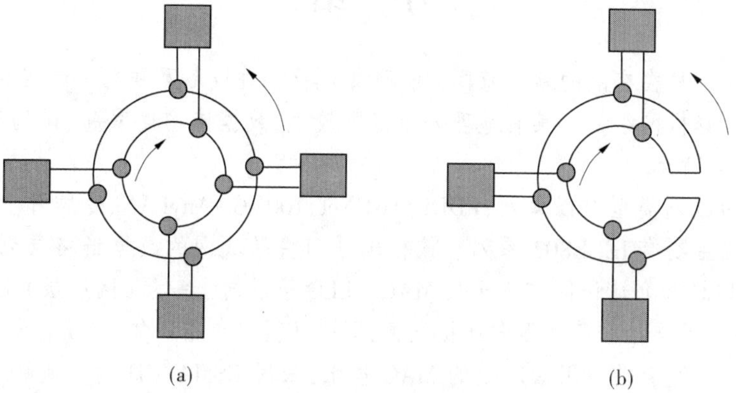

图 4-21　FDDI 双环结构

拥有速率为 100 Mb/s 的 FDDI 在 20 世纪 90 年代初期曾获得了较快的发展,也曾被预测为"下一代的局域网"。然而 FDDI 从未拥有过很大的市场。这是因为 FDDI 的芯片过于复杂因而价格昂贵。自从快速以太网大量进入市场后,在 100 Mb/s 局域网的领域中,已很少有人使用 FDDI 了。

三、高性能并行接口 HIPPI

高性能并行接口 HIPPI(high-performance parallel interface)主要用于超级计算机与一些外围设备(如海量存储器、图形工作站等)的高速接口。1987 年设计的 HIPPI 的数据传送标准是 800 Mb/s。这是因为对于 1 024×1 024 像素的画面,若每个像素使用 24 b 的色彩编码和每秒 30 个画面,则总的数据率为 750 Mb/s。以后,又制定了 1 600 Mb/s 和 6.4 Gb/s 的数据率标准。HIPPI 是一个 ANSI 标准。

四、光纤通道

在 1987 年设计 HIPPI 时,光纤还很贵,因此只好用廉价的双绞线进行数据的传输。现在光纤技术已很成熟,因此产生了光纤通道(fiber channel)。这里"光纤通道"已是一个专用名词(并非任何使用光纤的连接都可称为"光纤通道")。

光纤通道可处理数据通道和网络的连接。它可用来传送数据通道,包括 HIPPI、SCSI 以及 IBM 主机所用的复用器通道,也可用来传送网络的分组,如 IEEE802、IP 以及 ATM 的分组。光纤通道的基本结构是与输入和输出端口连接的一个交叉式交换机。光纤通道支持三种服务类:第一类服务是纯电路交换,保证按序交付;第二类服务是保证交付的分组交换;第三类服务是不保证交付的分组交换。

光纤通道的物理介质可使用单模光纤和多模光纤(50 μm 和 62.5 μm 两种)。使用单模光纤可传输 10 km,而使用多模光纤的传输距离为 175 m~10 km,这取决于传输速率。光纤通道还可使用视频电缆(传输距离为 25~100 m)、屏蔽双绞线 STP(传输距离为 50~100 m,分别对应的数据率为 200 Mb/s 和 100 Mb/s)。

小　结

局域网是一种在有限的地理范围内将计算机及各种设备互联在一起实现数据传输和资源共享的计算机网络。其具有地理分布范围较小、数据传输速率高、误码率低、协议简单、结构灵活等特点。

常用的局域网类型有以太网、FDDI、ARCNet、100VG-AnyLAN、令牌环、令牌总线等。局域网的标准主要有 IEEE802 系列。该标准系列将局域网的数据链路层划分为逻辑链路控制子层 LLC 和介质访问控制子层 MAC。LLC 子层向上一层(网络层)主要提供两种服务,即不确认无连接服务和面向连接服务,同时还提供差错恢复、流量控制等功能。

以太网技术是目前应用最广泛的 MAC 技术,采用 CSMA/CD 的介质访问控制方法,此方法要求数据帧的传输时延大于(等于)两倍的传播时延。因此,为了保证网络的传输距离,IEEE802.3 网络要求数据帧的最短帧长不能小于 64 字节。同时要求以太网必须要符合 5-4-3 规则。

为了适应多媒体可视化等计算业务对计算机网络数据传输速度的要求。以太网的数据传输速度由 10 Mb/s 迅速发展到 100 Mb/s,千兆位/秒乃至万兆位/秒。百兆位以太网仍然采用 CSMA/CD 的介质访问控制方法,保持最短帧长不变,但将一个网段的最大电缆长度减小到 100 m,比特宽度由 100 ns 减少到 10 ns。千兆以太网也采用 IEEE802.3 以太网帧格式,允许网络以 1 Gb/s 的速率进行全双工、半双工操作;并且与 10BASE-T、100BASE-T 技术向后兼容。为了在半双工方式下使用 CSMA/CD 介质访问协议,千兆以太网采用了载波扩展和帧突发技术来满足最短帧长和传输距离的要求。

传统以太网依靠共享广播式信道,只能工作于半双工通信方式,在重负载条件下系统效率低、安全性差。因而,共享式以太网已逐步被交换式以太网取代。目前,快速以太网均采用交换技术,交换模式主要有存储转发模式、直通模式和自由分片模式。

虚拟局域网(VLAN)是在实际的局域网中根据某种服务目的而划分出来的逻辑网络的组合。VLAN 相当于对网络进行了逻辑分段。属于同一个 VLAN 的节点设备,可以分布在不同的交换机上。虚拟局域网具有网络分段灵活、管理简单的优点,由于缩小了广播域,有利于控制广播风暴,可以有效提高网络带宽的利用率和网络性能。VLAN 可以按端口划分、按 MAC 地址划分、按网络协议划分或按 IP 组播组划分。VLAN 成员间的数据通信方法有 MAC 地址静态登记方式、帧标签方式、虚连接方式、路由方式等。

无线局域网(WLAN)属于短距离无线通信组网技术,以无线信道为传输介质构成计算机局域网,通过无线电传播技术来实现在空间传输数据、话音和视频信号。无线局域网采用无线电波或红外线等不可见介质作为传输介质,无须线即可灵活地组成移动的局域网,具有移动性、灵活性、可扩展性,以及组建简单、实施速度快、组网费用降低等优点,无线局域网已经成为传统有线网的必要补充。无线局域网采用的组织结构主要有对等式、接入式、中继式三种。主要采用红外线和无线电波作为传输介质,采用无线电波作介质时多采用扩频方式和窄带调制方式。无线局域网采用载波侦听多点接入冲突避免(CSMA/CA)介质访问控制方法,一方面载波侦听;另一方面避免冲突。由于无线局域网采用公共的无线电波作为载体,容易被窃听或干扰,因此对无线网络的使用,必须充分考虑其安全性,常见的无线网络安全技术有服务集标识符、物理地址过滤、WEP、WPA、WAPI 等。

在当前的计算机网络技术中,局域网技术已经占据了十分重要的地位。通过本项目的学习,可以了解局域网的特点、系统结构、介质访问控制方法,以及高速局域网、无线局域网、虚拟局域网的知识,对计算机局域网有一个整体的认识。

习 题

1. 局域网的特点是什么?为什么局域网可以采用广播通信,而广域网就不行呢?

2. IEEE802 局域网参考模型与 OSI 参考模型有何异同?

3. 在局域网的 IEEE802 标准体系结构中,为何要把数据链路层划分为 MAC 和 LLC 子层?

4. 局域网的拓扑形式有哪些?其中哪些最常用?试列表比较。

5. 局域网适用的介质访问控制方法是如何分类的?对它们的选择与网络拓扑形式的关系如何?

6. 利用一条公共的广播式信道可以进行多对通信实体之间的同时通信,它根据什么原理同时建立多条数据链路?从资源共享的观点,说明广播式组网通信的特点。

7. 与基本的 1-坚持型 CSMA 比较,CSMA/CD 做了哪些改进?这些改进有什么好处?

8. 假设一条总线上依次有 A、B、C 三个节点,AB 间距离为 500 m,BC 间距离为 1 500 m,总线的数据传输率为 10 Mb/s,信号传播速度为 2×10^8 m/s;每个报文固定长度为 1 024 字节;采用 1-坚持型 CSMA/CD 访问控制协议。设 A 节点在 $T_A=0$ 时刻开始发送一个报文,C 节点在 $T_C=5$ μs 时刻发送一个报文。试求 A、B、C 各节点分别在什么时刻监测到报文碰撞?

9. 已知以太网数据速率为 10 Mb/s,总线长度为 1 500 m,信号传播速度为 200 m/μs,帧长度为 512 b,其中包含 32 b 的控制开销。如果任一节点在收到一个帧后立即回送一个 32 bit 长的应答 ACK,试求以太网的有效数据速率(除去开销信息)。

10. 相对于传统以太网,快速以太网是指哪些标称速率的以太网?涉及它们的 IEEE 标准是什么?

11. IEEE802.3 标准中规定以太网帧长度至少为 64 字节,试从 MAC 技术原理上解释为什么要做此规定?百兆以太网也做同样的规定,为什么也可以?

12. 10 Mb/s 以太网升级到 100 Mb/s、1 Gb/s、10 Gb/s 时,都需要解决哪些技术问题?

13. 半双工模式的千兆以太网是通过什么方式对 CSMA/CD 进行扩充和修改的?其目的是什么?

14. 分别叙述交换式以太网三种交换模式的技术特点，并比较它们的性能。

15. 虚拟局域网是如何组织的？它在应用上有何意义？

16. 使用 VLAN 交换机如何构成虚拟局域网？有哪些具体的组网方法？

17. VLAN 是怎样避免广播风暴的？

18. 无线局域网在组织结构上有哪些形式？分别列出各个形式的一个最合适的应用场合。

19. 无线局域网的 MAC 协议有哪些特点？为什么无线局域网中要采用 CSMA/CA 方式，而不是 CSMA/CD 方式？

20. 试比较无线局域网所采用的几种安全技术的特点。

21. FDDI 采用双环结构有何好处？

项目五 TCP/IP 协议

本项目主要介绍 TCP/IP 协议组件及协议结构,包括 IP 协议的地址分类、子网划分、VLSM、IPV6、ICMP、ARP、RARP 等知识,以及 TCP 协议的工作机制和 UDP 协议的基本知识。通过本项目的学习,读者应能掌握 TCP/IP 的基本工作原理。

任务一 TCP/IP 简介

与 OSI 参考模型不同,TCP/IP 模型更侧重于互联设备间的数据传送,而不是严格的功能层次划分。它通过解释功能层次分布的重要性来做到这一点,但它仍为设计者具体实现协议留下很大的余地。因此,OSI 参考模型在解释互联网络通信机制上比较适合,但 TCP/IP 成为互联网络协议的市场标准。

一、TCP/IP 的组成结构

TCP/IP 由四层组成,这与 OSI 由七层组成不相同。这四层包括:

(1)主机接口层(link)。

(2)互联网络层(network)。

(3)传输层(transport)。

(4)应用层(application)。

虽然一般标识为"TCP/IP",但实质上是由一组协议构成的 TCP/IP 协议簇,这些协议包括 IP(互联网络层协议)、TCP(可靠的主机到主机层协议)、UDP(尽力转发的主机到主机层协议)等。这些协议之间的关系如表 5-1 所示。

表 5-1 TCP/IP 协议组

<table>
<tr><td>Telnet</td><td>FTP</td><td>SMTP</td><td>DNS</td><td>其他</td></tr>
<tr><td colspan="2">TCP</td><td colspan="3">UDP</td></tr>
<tr><td colspan="5">IP(ICMP、ARP、RARP)</td></tr>
<tr><td colspan="5">主机到网络的接口(数据链路层和物理层)</td></tr>
</table>

二、TCP/IP 的信息传输过程

下面以使用 TCP 协议传送文件(如 FTP 应用程序)为例说明 TCP/IP 的工作原理。

(1)在源主机上应用层将一串字节流传给传输层。

(2)传输层将字节流分成 TCP 段,加上 TCP 包头交给互联网络(IP)层。

(3)IP 层生成一个包,将 TCP 段放入其数据域,并加上源主机和目的主机的 IP 地址,

将 IP 包交给数据链路层。

(4)数据链路层在其帧的数据部分装 IP 包,发往目的主机或 IP 路由器。

(5)在目的主机,数据链路层将数据链路层帧头去掉,将 IP 包交给互联网层。

(6)IP 层检查 IP 包头,如果包头中的校验和与计算出来的不一致,则丢弃该包。

(7)如果校验和与计算出来的一致,IP 层去掉 IP 头,将 TCP 段交给 TCP 层,TCP 层检查顺序号来判断是否为正确的 TCP 段。

(8)TCP 层为 TCP 包头计算 TCP 头和数据,如果不对,TCP 层丢弃这个包,若对,则向源主机发送确认。

(9)在目的主机,TCP 层去掉 TCP 头,将字节流传给应用程序。

(10)目的主机收到了源主机发来的字节流,就像直接从源主机发来的一样。

实际上每往下一层,便多加了一个报头,而这个头对上层来说是透明的,上层根本感觉不到下面报头的存在,假设物理网络是以太网,上述基于 TCP/IP 的文件传输(FTP)应用打包过程便是一个逐层封装的过程,当到达目的主机时,则从下而上去掉包头。

从用户角度看,TCP/IP 协议提供一组应用程序,包括电子邮件、文件传送和远程登录。它们都是实用程序,用户使用它们可以方便地发送邮件,在主机间传送文件和以终端方式登录远程主机;从程序员的角度看,TCP/IP 提供两种主要服务:无连接报文分组递送服务和面向连接的可靠数据流传送服务,这些服务都由 TCP/IP 驱动程序提供,程序员可用它们来开发适合自己应用环境的应用程序;从设计角度看,TCP/IP 主要涉及寻址、路由选择和协议的具体实现。

任务二　IP 协议

IP 协议已经是网际互联的标准协议,IP 是一个开放性协议,可以很好地实现不同网络、不同设备之间的互联。IP 协议一直在发展,现在使用的协议版本是 IPV4,新的版本 IPV6 也在不断的研究和实验之中。

一、IP 的结构和功能

IP 最基本的服务是:提供一个非可靠的、尽最大努力去完成任务的、无连接的服务。非可靠是指所要求的投递不能保证成功、分组可能丢失、投递无序或重复投递,而 IP 不检测这些情况,发生这些情况也不通知发送者或接收者。无连接是指每一个分组的处理都独立于其他分组,一串分组从一个机器出发可以经由不同的路径到达另一机器,也可能部分分组丢失了,而其余的仍被投递。IP 尽最大努力去投递分组,不轻易地抛弃分组,仅当资源用尽或下面的物理网络失效时才会发生不可靠的现象。

在一个物理网络上传送的单元是帧,帧包含帧头和数据,帧头给出了源地址类和目标地址类的信息。而 Internet 称基本传送单元为 IP 分组,也称为 IP 数据报。与典型的物理网络帧类似,IP 分组也分报头和数据区,分组的头包含源地址和目的地址。当然,不同点在于 IP 分组包含的是 IP 地址。IP 分组可以为任意长度,当它们从一台机器传送到另一台机器时,必须放在物理网络帧内传输。

(一)IP 分组格式

按 IP 规范封装的数据称为 IP 分组,IP 分组使得各种帧或报文格式的差异性对高层协议不复存在。理论上,每个分组可以长达 64 kB。每个分组经网络传输,其间有可能被分段为更小的单元。IP 分组由报头(header)和数据两部分内容组成,其格式如表 5-2 所示。

表 5-2 IP 协议分组结构

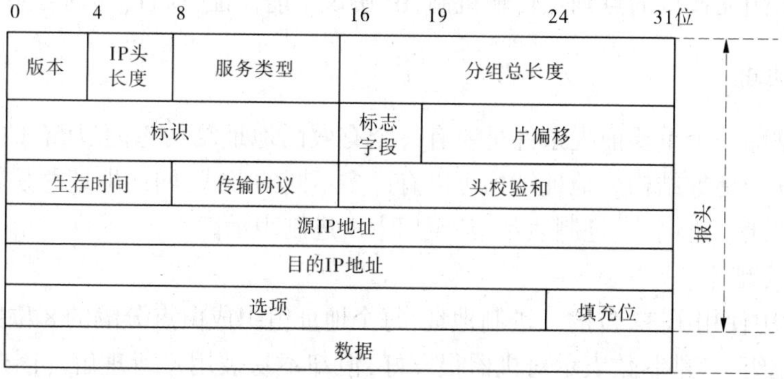

报头包含一些必要的控制信息,用于在传输途中控制 IP 分组的寻径、转发和处理,它由 20 个字节的固定部分和变长的可选项部分构成。

(1)版本(version)。IP 协议的版本,现用的为 IPV4,下一个版本为 IPV6。

(2)IP 头长度(IHL)。以 32 位字为单位给出分组报头长度。

(3)服务类型(type of service)。规定优先级、时延、吞吐量、可靠性。

(4)分组总长度(total length)。以字节表示整个分组的长度(报头和报文),其上限为 65 535 字节。

(5)标识(identification)。用于控制分片重组,标识分组属于哪个数据段,目标主机根据标识号和源地址进行重组。

(6)标志字段(flag)。指明该分组中的数据是否经过分片处理。

(7)片偏移(fragment offset)。共 13 位,表示本片在原始分组的数据区中的位置,片偏移的取值为 0~8 192,仅最后一个片没有偏移值。目标主机按标识和偏移值重组分组。

(8)生存时间(time to live)。用于确定分组在网中传输最多可用多长时间(s),其作用是避免因网中出现环路而无限延迟,其取值最大为 255。

(9)传输协议(protocol field)。给出传输层所用的协议,如 TCP、UDP 等。

(10)头校验和(header checksum)。用来验证报头,以保证报头的完整性。

(11)源 IP 地址和目的 IP 地址。给出发送端和接收端的网络地址和主机地址,即 IP 地址。

(12)选项(option)。主要用于网络控制测试或调试,选项长度可变。最后为填充位,使全长成为 4 字节的倍数。

(13)数据。用于封装 IP 用户数据。

(二)IP 功能

(1)IP 定义了在 TCP/IP 互联网上数据传送的基本单元,规定了互联网上传送的数据格式。这种向上层(TCP 层)提供的统一 IP 报文是实现异构网互联最关键的一步。

(2)IP 软件完成路由选择功能,选择数据传送的路径。IP 最明显的一个功能是能使报文送到特定目的地。连接源网络和目的地网络中的路由器和交换机使用目的 IP 地址确定经过网络的最优路径。

(3)IP 包含了一组分组传送的规则,指明了分组处理、差错信息发送以及分组丢弃等规则。由于采用无连接的点到点传输机制,IP 协议不能保证分组传递的可靠性。

二、IP 地址

网络互联的一个重要前提条件是要有一个有效的地址结构,并且所有的互联网络用户都应遵守这个地址结构。地址结构可以有许多不同的形式,网络地址总是数字式的,但这些数字可以用二进制、十进制表示,甚至用十六进制表示。

(一)IP 寻址

在 IPV4 中使用了 32 位的二进制地址,每个地址组织成由点分隔的 8 位数,每个 8 位数称为 8 位位组,二进制数表示对机器很友好,但却不易被用户所理解。因此,要提供更直观的使用十进制表示的地址。

32 位的 IPV4 地址意味着 Internet 能支持 4 294 967 296 个可能的 IPV4 地址,这个数量曾经被认为绰绰有余。但是,这些地址被浪费掉许多,包括分配但没被使用的地址、分配不合适的子网掩码等。IPV4 地址在 1981 年 9 月实现标准化。人们考虑到当时的情况,尽量使其具有前瞻性。基本的 IP 地址是分成 8 位一个单元(称为 8 位位组)的 32 位二进制数。为了方便人们的使用,对机器友好的二进制地址转变为人们更熟悉的十进制地址。IP 地址中的每一个 8 位位组用 0~255 之间的一个十进制数表示。这些数之间用点(.)隔开,这是所谓的点分十进制格式。因此,最小的 IPV4 地址值为 0.0.0.0,最大的地址值为 255.255.255.255,然而这两个值是保留的,没有分配给端系统。

点分十进制数表示的 IPV4 地址分成五类,以适应大型、中型、小型的网络。这些类的不同之处在于用于表示网络的位数与用于表示主机的位数之间的差别。这几类地址用字母表示为 A 类地址、B 类地址、C 类地址、D 类地址和 E 类地址,其划分如图 5-1 所示。

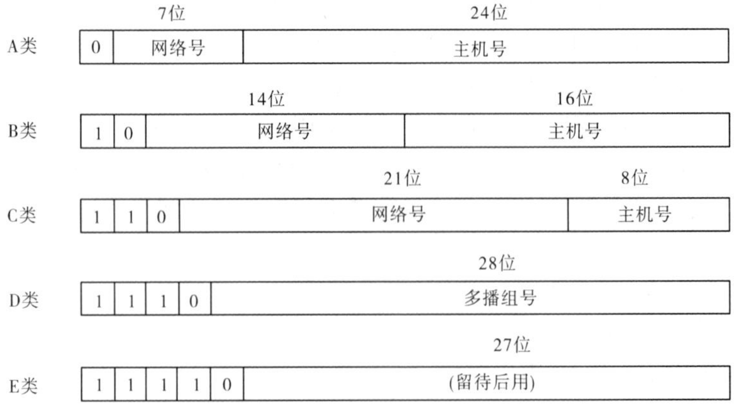

图 5-1　IP 地址的分类

每一个 IP 地址包括两部分:网络地址和主机地址,上面五类地址对所支持的网络数和主机数有不同的组合。

1. A 类地址

设计 IPV4 A 类地址的目的是支持巨型网络,一个 A 类 IP 地址仅使用第一个 8 位位组表示网络地址。剩下的 3 个 8 位位组表示主机地址。A 类地址的第一个位总为 0。A 类地址后面的 24 位表示可能的主机地址,可用的 A 类网络地址的范围从 1. 0. 0. 0 到 126. 0. 0. 0。注意只有第一个 8 位位组表示网络地址,剩余的 3 个 8 位位组用于表示第一个 8 位位组所表示网络中唯一的主机地址,当用于描述网络时这些位置为 0。

从技术上讲,127. 0. 0. 0 也是一个 A 类地址,但是它已被保留作回环(loop back)测试之用而不能分配给一个网络。每一个 A 类地址能支持 16 777 214 个不同的主机地址,这个数是由 2 的 24 次方再减去 2 得到的。减 2 是必要的,因为 IP 把全 0 保留为表示网络,而全 1 表示网络内的广播地址。

2. B 类地址

设计 B 类地址的目的是支持中型到大型的网络。可用的 B 类网络地址范围从 128. 1. 0. 0 到 191. 254. 0. 0。

一个 B 类 IP 地址使用两个 8 位位组表示网络号,另外两个 8 位位组表示主机号。B 类地址的第 1 个 8 位位组的前两位总置为 10,剩下的 6 位既可以是 0 也可以是 1,这样就限制其范围小于等于 191,由 128+32+16+8+4+2+1 得到。

最后的 16 位标识可能的主机地址。每一个 B 类地址能支持 65 534 个唯一的主机地址,这个数由 2 的 16 次方减 2 得到。B 类网络仅有 16 382 个。

3. C 类地址

C 类地址用于支持大量的小型网络。这类地址可以认为与 A 类地址正好相反。A 类地址使用第一个 8 位位组表示网络号,剩下的三个表示主机号,而 C 类地址使用三个 8 位位组表示网络地址,仅用一个 8 位位组表示主机号。

C 类地址的前三位数为 110,前两位和为 192(128+64),这形成了 C 类地址空间的下界。第三位等于十进制数 32,这一位为 0 限制了地址空间的上界。不能使用第三位限制了此 8 位位组的最大值为 255-32 等于 223。最后一个 8 位位组用于主机寻址。每一个 C 类地址理论上可支持最大 256 个主机地址(0~255),但是仅有 254 个可用,因为 0 和 255 不是有效的主机地址。C 类总共可以有 2 097 150 个不同的网络地址。

注意在 IP 地址中,0 和 255 是保留的主机地址。IP 地址中所有的主机地址为 0 用于标识本网络。同样,全为 1 表示在此网段中的广播地址。

4. D 类地址

D 类地址用于在 IP 网络中的组播(multicasting)。D 类组播地址机制仅有有限的用处。一个组播地址是一个唯一的网络地址。因此,一台机器可以把数据流同时发送到多个接收端,这比为每个接收端创建一个不同的流有效得多。组播长期以来被认为是 IP 网络最理想的特性,因为它有效地减小了网络流量。D 类地址空间,和其他地址空间一样,有其数学限制,D 类地址的前四位恒为 1110,预置前三位为 1 意味着 D 类地址开始于 128+64+32 等于 224。第四位为 0 意味着 D 类地址的最大值为 128+64+32+8+4+2+1 为

239,因此D类地址空间的范围从224.0.0.0.0到239.255.255.255。

D类地址用于在一个私有网中传输组播报文至IP地址定义的端系统组中。因此,没有必要把地址中的8位位组或地址位分开表示网络和主机。相反,整个地址空间用于识别一个IP地址组(A、B或C类)。现在,提出了许多其他的建议,不需要D类地址空间的复杂性,就可以进行IP组播。

5.E类地址

E类地址虽被定义但却为IETF所保留作研究之用。因此Internet上没有可用的E类地址。E类地址的前四位恒为1,因此有效的地址范围从240.0.0.0至255.255.255.255,考虑到E类地址作研究之用且仅在IETF内部使用,因此在这里不做进一步讨论。

历史上,不同类IP地址之间巨大的差异已经浪费了大量的地址。举例来说,一个中等规模的公司需要300个IP地址。一个C类地址(254个地址)不够用。使用两个C类地址,提供的地址有富余,但是这样一来,一个公司就有两个不同的网络,需要使用路由设备来连接它们,而且增加了路由表的尺寸,每一个地址空间需要一个路由表项(即使它们属于同一个组织)。另一种选择是,B类地址提供了所有需要的地址,而且在一个网络中。但是这样却浪费了65 234个地址,当一个网络有多于254个主机时就提供一个B类地址,这种情况太常见了。因此,B类地址比其他地址更容易耗尽。或许最浪费的是分配的地址比所需的地址多。任何组织只希望一个地址空间。这些组织不会验证需求量,因此他们会把大部分不用的地址保留,以备将来之用。由此造成了大量的地址浪费。

(二)子网的划分

Internet最初使用两层结构(包括网络地址和主机地址)。这个层次假设每个点只有一个网络。因此,每点只需一个到Internet的连接。最初,这种假设是正确的。然而,随着时间的推移,网络计算逐渐成熟和发展,上面的假设不再成立,因为一个组织可能会有多个网络,并且单一的Internet连接不能满足其要求。

随着许多地方开始拥有多个网络,很显然需要开发某种机制来区别同一个地点内的多个逻辑网络,作为Internet的另一个层次;否则,将没有有效的方法在多个网络之间传送数据到特定的端系统。

一种解决方法是分配给每一个逻辑网络(或称为子网)自己的IP地址范围,这种方法可以工作,但使IP地址的使用相当低效。不用多久,这种方法就会消耗掉所有未分配的地址。并且路由器中的路由表会扩大,每个网络需要自己的路由表项。解决方法是分层地组织这些逻辑网络,并在它们之间路由。从Internet的角度看具有多个逻辑网络的地方应该被看作一个网络。因此,它们应该共享一个共同的IP地址范围。然而,它们可以有自己唯一的子网号。

对于两层结构IP地址带来的问题,解决的方法称为划分子网(subnetting)。划分子网的设想为:基于Internet的层次结构需要一个第三层。随着互联网络技术的成熟,接受和使用这种方法的人数急剧增加。结果是,大中型组织有多个网络已经很普遍。通常情况是,这些网络是局域网,每个局域网被看作子网。

在这样多网络的环境中,每个子网通过一个至Internet的公共点路由器互联。实际的网络环境细节对Internet没有影响。它们由私有网络组成,能够转发自己内部的数据。

因此 Internet 只需要知道哪个网络连接至 Internet 的路由器,也就是哪个网络的网关。在私有网内部,IP 地址的主机部分能被细分用作标识子网。

规范的划分子网方法能使任何一类(A、B、C)IP 地址再细分为更小的网络号。一个被子网化的 IP 地址实际包含三部分:网络号、子网号、主机号。

子网和主机地址是由原先 IP 地址的主机地址部分分割成两部分得到的。因此,用户分子网的能力依赖于被子网化的 IP 地址类型。IP 地址中主机地址位数越多,就能分得更多的子网和主机。然而,子网减少了能被寻址主机的数量。实际上,是把主机地址的一部分拿走用于识别子网号。子网由子网掩码标识。子网掩码是可用点分十进制数格式表示的 32 位二进制数,掩码告诉网络中的端系统(包括路由器和其他主机)IP 地址的多少位用于识别网络和子网。这些位被称为扩展的网络前缀。剩下的位标识子网内的主机,掩码中用于标识网络号的位置为 1,主机位置为 0。

举例来说,掩码 11111111. 11111111. 11111111. 11000000(255. 255. 255. 192)能在子网产生 64 个可能的主机地址。因此,可以在子网内唯一地标识 64 个设备。实际上只有 62 个地址是可用的,另两个主机地址是保留的,第一个主机号总保留为识别子网自身(全 0),另一个主机号保留作为子网的广播地址(全 1)。因此,当得到子网内最大可用的主机数时总要减去 2,才能得到可用的主机数。

从数学上讲,可以得到的子网数依赖于被子网化的 IP 地址所属的类别。每一类地址使用不同的位数识别网络,因此每一类地址用于子网化的位数也不同。表 5-3 显示了一个 B 类 IP 地址子网和子网内主机数的情况。从表 5-3 中可以看出,最少可用作网络分配的位数是 2,最多是 14。其中的原因很简单,网络前缀 1 位只允许定义两个网络:0 和 1。子网化的规则不允许使用全 0 或者全 1 的子网地址。这些地址是保留的,因此 1 位的前缀不能得到可用的子网地址。同样原因,2 位的网络前缀只会得到 2 个可用的子网地址。2 位的二进制子网地址,数学上的组合为 00、01、10 和 11,第一种和最后一种组合是无效的,只剩下 01 和 10 可用于识别子网。

表 5-3 B 类地址空间的子网化

网络前缀中的位数	子网掩码	可用的子网地址数	每个子网内可用的主机地址数
2	255. 255. 192. 0	2	16 382
3	255. 255. 224. 0	6	8 190
4	255. 255. 240. 0	14	4 094
5	255. 255. 248. 0	30	2 046
6	255. 255. 252. 0	62	1 022
7	255. 255. 254. 0	126	510
8	255. 255. 255. 0	254	254
9	255. 255. 255. 128	510	126
10	255. 255. 255. 192	1 022	62
11	255. 255. 255. 224	2 046	30
12	255. 255. 255. 240	4 094	14
13	255. 255. 255. 248	8 190	6
14	255. 255. 255. 252	16 382	2

显然,用于标识子网的位数越多,剩下标识主机的位数就越少,反之亦然。

C 类地址也能分子网。因为 C 类地址中 24 位用于网络寻址,因此只剩下 8 位用于子网和主机寻址。C 类网络中子网和主机寻址之间的关系如表 5-4 所示。

表 5-4 C 类地址空间的子网化

网络前缀中的位数	子网掩码	可用的子网地址数	每个子网内可用的主机地址数
2	255.255.255.192	1 022	62
3	255.255.255.224	2 046	30
4	255.255.255.240	4 094	14
5	255.255.255.248	8 190	6
6	255.255.255.252	16 382	2

(三)可变长子网掩码(VLSM)

虽然划分子网方法是对 IP 地址结构有价值的扩充,但是它还要受到一个基本的限制:整个网络只能有一个子网掩码。因此,当用户选择了一个子网掩码(也就意味着每个子网内的主机数确定了)之后,就不能支持不同尺寸的子网了。任何对更大尺寸子网的要求意味着必须改变整个网络的子网掩码。毫无疑问,这将是复杂和耗时的工作。

新的子网化技术称为 VLSM(variable length subnet mask),它规范了如何使用多个子网掩码划分子网。表面上,每个子网可以有不同的大小;否则,它们应该有相同的掩码,即它们的网络前缀应相同。

VLSM 使一个组织的 IP 地址空间被更有效地使用,使网络管理员能够按子网的特殊需要定制子网掩码。为了说明这一点,假设一个 IP 基地址为 172.16.9.0,这是一个 B 类地址。使用 16 位的网络号。使用 6 位扩展网络前缀会得到 22 位的扩展网络前缀。从数学上讲,有 62 个可用的子网地址,每个子网内有 1 022 个可用的主机地址。

这种子网化策略对需要超过 30 个子网和每个子网内超过 500 个主机的组织是合适的。但是,如果这个组织由一个超过 500 个主机的稍大分部,和许多小的只有 40~50 个主机设备的分部组成,那么,地址的大部分就被浪费了。每个组织即使不需要,也被分配一个有 1 022 个主机地址的子网。因为子网化的网络只能用单一的掩码,且这个掩码是预定义的固定长度,所以这种地址浪费就不可避免。

子网化是对于“有限地址快速耗尽”这一棘手问题的有效解决办法。使私有网络能够对主机地址部分重定义为子网和主机,将极大地减少 IP 地址的浪费。但在现实世界中,对子网的要求是不一样的,希望一个组织或网络把其分成相同大小的子部分很不现实。因此,使用固定长度的子网掩码会导致子网内 IP 主机地址的浪费。

解决这个矛盾的方法是允许使用不同大小的子网掩码,对 IP 地址空间进行灵活的子网化。使用前面的例子,网络管理员能把基地址切分成不同的子网掩码。少数的大组织可以继续使用 22 位的扩展网络前缀。然而小的组织可以分给 25 或 26 位的扩展网络前缀,25 位的前缀能包含 126 个主机子网,26 位的前缀允许每个子网有 62 个主机,这种方法就是 VLSM。

三、IPV6

所有的迹象表明,Internet 会快速发展且这种势头必将持续,因为更多的商业组织连到 Internet 上。Internet 将成为自己成功的牺牲品。IETF 为了避免 Internet 的崩溃,制订了短期和长期的解决方案。从长远考虑,唯一可靠的解决方案是开发全新的 IP 协议,这种协议应具有极大扩充的地址空间结构。最后,这个方案被称为 IPng(下一代 IP 协议)或更正式一些称为 IP 版本 6(IPV6)。

IPV6 具有长达 128 位的地址空间,可以彻底解决 IPV4 地址不足的问题,此外,IPV6 还采用了分级地址模式、高效 IP 报头、服务质量控制、主机地址自动配置、认证和加密等许多技术。

(一)IPV6 的地址格式和结构

IPV6 采用了长度为 128 位的 IP 地址,而 IPV4 的 IP 地址仅有 32 位,因此 IPV6 的地址资源要比 IPV4 丰富得多。

IPV6 的地址格式与 IPV4 不同。一个 IPV6 的 IP 地址由 8 个地址节组成,每节包含 16 个地址位,以 4 个十六进制数书写,节与节之间用冒号分隔,其书写格式为×:×:×:×:×:×:×:×,其中每一个×代表四位十六进制数。除了 128 位的地址空间,IPV6 还为点对点通信设计了一种具有分级结构的地址,这种地址被称为可聚合全局单点广播地址(aggregatable global unicast address),开头 3 个地址位是地址类型前缀,用于区别其他地址类型,其后依次为 13 位 TLA ID、32 位 NLA ID、16 位 SLA ID 和 64 位主机接口 ID,分别用于标识分级结构中自顶向底排列的 TLA(top level aggregator,顶级聚合体)、NLA(next level aggregator,下级聚合体)、SLA(site level aggregator,位置级聚合体)和主机接口。TLA 是与长途服务供应商和电话公司相互连接的公共网络接入点,它从国际 Internet 注册机构(如 IANA)处获得地址。NLA 通常是大型 ISP,它从 TLA 处申请获得地址,并为 SLA 分配地址。SLA 也可称为订阅者(subscriber),它可以是一个机构或一个小型 ISP。SLA 负责为属于它的订阅者分配地址。SLA 通常为其订阅者分配由连续地址组成的地址块,以便这些机构可以建立自己的地址分级结构以识别不同的子网。分级结构的最底层是网络主机。

(二)IPV6 中的地址配置

当主机 IP 地址需要经常改动的时候,手工配置和管理静态 IP 地址是一件非常烦琐和困难的工作。在 IPV4 中,DHCP 协议可以实现主机 IP 地址的自动设置。IPV6 继承了 IPV4 的这种自动配置服务,并将其称为全状态自动配置(stateful autoconfiguration)。

除了全状态自动配置,IPV6 还采用了一种被称为无状态自动配置(stateless auto configuration)的自动配置服务。在无状态自动配置过程中,主机首先通过将它的网卡 MAC 地址附加在链接本地地址前缀 1111111010 之后,产生一个链接本地单点广播地址(IEEE 已经将网卡 MAC 地址由 48 位改为了 64 位。如果主机采用的网卡的 MAC 地址依然是 48 位,那么 IPV6 网卡驱动程序会根据 IEEE 的 EUI-64 规范将 48 位 MAC 地址转换为 64 位 MAC 地址)。接着主机向该地址发出一个被称为邻居探测(neighbor discovrey)的请求,以验证地址的唯一性。如果请求没有得到响应,则表明主机自我设置的链接本地单点广播地址是唯一的。否则,主机将使用一个随机产生的接口 ID 组成一个新的链接本地单点广播地址。然后,以该地址为源地址,主机向本地链接中所有路由器多点广播一个被称为路由器请求(router solicitation)的数据包,路由器以一个包含一个可聚合全局单点广播地址前缀和其他相关配置信息的路由器公告来响应该请求。主机用它从路由器得到的全局地址前缀加上自己的接口 ID,自动配置全局地址,然后就可以与 Internet 中的其他主机通信了。

使用无状态自动配置,无须手动干预就能够改变网络中所有主机的 IP 地址。例如,当企业更换了联入 Internet 的 ISP 时,将从新 ISP 处得到一个新的可聚合全局地址前缀。ISP 把这个地址前缀从它的路由器上传送到企业路由器上。由于企业路由器将周期性地向本地链接中的所有主机多点广播路由器公告,因此企业网络中所有主机都将通过路由器公告收到新的地址前缀,此后,它们就会自动产生新的 IP 地址并覆盖旧的 IP 地址。

(三)IPV6 的功能变化

IPV6 技术在 IP 报头中删除了一些不必要的 IPV4 功能,加强了 IPV4 原有的一些功能,并且还增加了许多新功能。这些新增的功能如下:

(1)anycast 功能。anycast 是指向提供同一服务的所有服务器都能识别的通用地址(anycast 地址)发送 IP 分组,路由控制系统可以将该分组送至最近的服务器。例如,利用 anycast 功能用户可以访问到离他最近的 DNS 服务器和文件服务器等。

(2)即插即用功能。这里所说的即插即用功能是指计算机在接入 Internet 时可自动获取、登录必要的参数的自动配置功能和地址检索等功能。

(3)安全功能。安全问题是 Internet 应用中的一个重要问题。IP 安全(IP Security, IPSec)协议提供了两种安全机制:认证和加密。

(4)QoS 功能。利用 IPV6 头标中的 4 比特优先级域和 24 比特的流标记域为进行业务优先级控制提供了广阔的空间。随着互联网接入设备的日益复杂化和服务类型的多样化,网络基础设施为上层提供各种服务质量已经越来越得到人们的关注。

(四)IPV4 向 IPV6 的过渡

尽管 IPV6 比 IPV4 具有明显的先进性,但是要想在短时间内将 Internet 和各个企业网络中的所有系统全部从 IPV4 升级到 IPV6 是不可能的。IPV6 与 IPV4 系统在 Internet 中长期共存是不可避免的现实。因此,实现由 IPV4 向 IPV6 的平稳过渡是导入 IPV6 的基本前提。确保过渡期间 IPV4 网络与 IPV6 网络互通是至关重要的。

目前,从 IPV4 过渡到 IPV6 的方法有 3 种:兼容 IPV4 的 IPV6 地址、双 IP 协议栈和基于 IPV4 隧道的 IPV6。

(1)兼容 IPV4 的 IPV6 地址是一种特殊的 IPV6 单点广播地址,一个 IPV6 节点与一个 IPV4 节点可以使用这种地址在 IPV4 网络中通信。这种地址是由 96 个 0 位加上 32 位 IPV4 地址组成的,例如,假设某节点的 IPV4 地址是 192. 6. 1. 1,那么兼容 IPV4 的 IPV6 地址就是 0:0:0:0:0:0:C038:101。

(2)双 IP 协议栈是在一个系统(如一个主机或一个路由器)中同时使用 IPV4 和 IPV6 两个协议栈。这类系统既拥有 IPV4 地址,也拥有 IPV6 地址,因而可以收发 IPV4 和 IPV6 两种 IP 数据包。

(3)与双 IP 协议栈相比,基于 IPV4 隧道的 IPV6 是一种更为复杂的技术,它是将整个 IPV6 数据包封装在 IPV4 数据包中,由此实现在当前 IPV4 网络中的 IPV6 节点与 IPV4 节点之间的 IP 通信。基于 IPV4 隧道的 IPV6 实现过程分为三个步骤:封装、解封和隧道管理。封装是指由隧道起始点创建一个 IPV4 数据包头,将 IPV6 数据包装入一个新的 IPV4 数据包中。解封是指由隧道终节点移去 IPV4 包头,还原原始的 IPV6 数据包。隧道管理是指由隧道起始点维护隧道的配置信息,如隧道支持的最大传输单元(MTU)的尺寸等。

IPV4 隧道有四种方案:路由器对路由器、主机对路由器、主机对主机、路由器对主机。

(五)IPV6 与移动通信技术

目前,在移动通信领域正在掀起 IP 化热潮。实际上,制定下一代移动通信系统“IMT-2000”标准的 3GPP 已经决定在下一代移动通信技术的基本协议中采用 IPV6。IPV6 有望在移动通信领域率先正式使用。手机可以说是移动通信领域中普及最广泛、影响力最大的移动通信设备,因此能否顺利实现手机电话的 IPV6 化对 IPV6 技术今后的发展、完善和普及将产生很大的影响。

IPV6 是用于建立可靠的、可管理的、安全和高效的 IP 网络的一个长期解决方案。因此,尽管 IPV6 的实际应用还需要一段时间,但是了解和研究 IPV6 的重要特性以及它针对目前 IP 网络存在的问题而提供的解决方案,对于制订企业网络的长期发展计划、规划网络应用的未来发展方向,都是十分有益的。

四、特殊 IP 地址

除给每台计算机分配一个地址外,让地址用于表示整个网络或一组计算机也很方便。IP 定义了一套特殊地址格式,称为保留地址。这就是说,特殊地址从不分配给主机。

(一)网络地址

定义特殊地址格式的一个动机可以让一个地址用来表示赋予某个特定网络的前缀是很有用的。IP 保留主机地址为 0 的地址,并用它来表示一个网络。因此,地址 128.211.0.0 表示一个分配了 B 类前缀 128.211 网络。

网络地址指网络本身而非连到该网络上的主机。因此,网络地址不应作为目标地址出现。

(二)直接广播地址

有时候,发送一个副本给在一个物理网络上所有的主机是很有用的。为了使广播更容易,IP 为每个物理网络定义了一个直接广播地址(directed broadcast address)。当一个包被发送到一个网络的直接广播地址时,只有单个包通过互联网到达该网络,然后送达该网络上的每一台主机。

在网络前缀后面增加一个所有位全 1 的后缀便形成了网络的直接广播地址。为了确保每个网络都有直接广播,IP 保留包含所有位全 1 的主机地址。管理员不能分配全 0 或全 1 的主机地址给一个特定计算机,否则会导致软件功能失常。

如果一个网络软件支持广播,一个直接广播可使用硬件广播能力进行递送。在这种情况下,包的一次发送将到达网络上所有的计算机。当一个直接广播被发送到一个不支持硬件广播的网络时，软件必须分别为网络上的每台主机发送一个该包的副本。

(三)回环地址

IP 定义一个回环地址(loopback address)用于测试网络应用程序。在生成一个网络应用程序后，程序员经常使用回环测试来进行预调试。要实现一个回环测试，程序员必须有两个打算通过网络进行通信的应用程序。每个应用程序包含了同 TCP/IP 协议软件进行交互所需要的代码。程序员不是在不同的计算机上执行每个程序，而是在同一台计算机上运行两个程序并指示它们在通信时使用回环 IP 地址。当一个应用程序发送数据给另一个应用程序时，数据向下穿过协议栈到达 IP 软件，IP 软件把数据向上通过协议栈返回第二个程序。因此，程序员可很快地测试程序逻辑而无须两台计算机，也无须通过网络发送包。

IP 保留 A 类网络前缀 127 供回环时使用。和 127 一起使用的主机地址是无关紧要的，所有的主机地址都一样处理。根据习惯，程序员经常使用主机号 1，形成最普遍的回环格式 127.0.0.1。在回环测试时，没有数据包离开计算机，IP 软件将数据包从一个应用程序转发到另一个应用程序。因此，回环地址永远不会出现于一个在网络中传输的数据包中。

(四)私网地址

有三个网络地址范围保留为内部网络使用。这三个范围分别包括在 IPV4 的 A、B、C 类地址内，它们是 10.0.0.0~10.255.255.255，172.16.0.0~172.31.255.255，192.168.0.0~192.168.255.255。

五、地址解析协议 ARP 和反向地址解析协议 RARP

地址解析协议 ARP(address resolution protocol)及反向地址解析协议 RARP 是驻留在互联网络层中的另一个重要协议。ARP 的作用是将 IP 地址转换为物理地址(MAC 地址)，RARP 的作用是将物理地址转换为 IP 地址。网络中的任何设备，主机、路由器、交换机等均有唯一的物理地址，该地址通过网卡给出，每个网卡出厂后都有不同的编号，这意味着用户所购买的网卡有着唯一的物理地址。另一方面，为了屏蔽底层协议及物理地址上的差异，IP 协议又使用了 IP 地址，因此在数据传输过程中，必须对 IP 地址与物理地址进行相互转换。

(一)IP 地址到物理地址的转换

用 ARP 进行 IP 地址到物理地址转换的过程如下：

(1)当计算机需要与任何其他的计算机进行通信时，首先需要查询 ARP 高速缓存(在它的高速缓存中保存了 IP 地址与物理地址的对应关系)，以了解缓存中是否存在该计算机或路由器的 IP 地址。如果 ARP 高速缓存中这个 IP 地址存在，便使用与它对应的物理地址，直接将数据报发送给所需的物理网卡。

(2)如果 ARP 高速缓存中没有该 IP 地址，那么 ARP 便在局域网上以广播方式发送一个 ARP 请求包。在这个 ARP 广播请求中包括了指定的本地计算机的 IP 地址。局域网上的每一台计算机均要查看该 ARP 广播请求中包含的 IP 地址。如果该 IP 地址与某台计算机中的 IP 地址相一致，那么该计算机便生成一个 ARP 应答信息，信息中包含对应的物理地址。

(3)ARP 协议软件将 IP 地址与物理地址的组合添加到它的高速缓存中,这时即可开始数据通信。

为了提高效率,接收到 ARP 请求的每一台计算机均将物理地址/IP 地址对添加给它的 ARP 高速缓存,以便在需要时能比较快速地建立联系并进行通信。

(二)物理地址到 IP 地址转换

RARP 负责物理地址到 IP 地址的转换。这主要用于无盘工作站上,网络上的无盘工作站在网卡上有自己的物理地址,但无 IP 地址,因此必须有一个转换过程。为了完成这个转换过程,网络中应有一个 RARP 服务器,网络管理员事先必须把网卡上的 IP 地址和相应的物理地址存储到 IP RARP 服务器的数据库中。

用 RARP 进行物理地址到 IP 地址转换的过程如下:

(1)当网上的计算机启动时,以广播方式发送一个 RARP 请求包。在这个 RARP 广播请求中包括了自己的物理地址。局域网上的每一台计算机包括 RARP 服务器均要查看该 RARP 广播请求中包含的物理地址。

(2)由 RARP 服务器进行响应,即生成并发送一个 RARP 应答包,包中包含对应的 IP 地址。

六、Internet 控制信息协议(ICMP)

Internet 控制信息协议 ICMP(intemet control message protocol)是互联网络层的另一个比较重要的协议。路由器主要使用该协议对数据分组的传输过程进行控制。发往远程计算机的 IP 分组要经过一个或多个路由器,这些路由器在将数据发送到最终目的地的过程中会遇到一系列的问题,路由器就使用 ICMP 将这些问题通知源端进行处理。

最常见的一些 ICMP 信息有以下几种:

(1)回送请求与回送应答。ICMP 常常在测试时使用该信息。当技术人员使用 Ping 命令来检查与另一台主机的连接状况时,实际上就是使用 ICMP 协议。

(2)源信息减速。如果一台速率较快的计算机将大量数据发往一台远程计算机,那么其发送的信息量会导致路由器拥塞。这时,路由器可以使用一个“源信息减速”ICMP 报文,令其计算机减慢发送数据的速率。

(3)无法送达目的地。如果路由器接收到无法传递的数据报,ICMP 就会向源 IP 返回此类报文。路由器无法传递数据报的原因比较复杂,可能是由于设备故障,也可能是目的地 IP 地址错误等原因。

(4)超时。如果数据报传输时间超过“生存期”,ICMP 便向源 IP 发送一条“超时”信息。这可能是数据传输过程出现了堵塞,也可能是路由表出了问题。

(5)需要分段。如果 ICMP 收到的数据报设置了“不分段”的分段标志,而如果路由器需要对数据报进行分段,以便将数据报转发到下一个路由器,或者转发到目的地时,ICMP 便发送一条“需要分段”信息。

任务三　TCP 协议

因特网所采用的传输控制协议 TCP，提供了端到端的可靠的进程间通信环境，它对网络层的服务质量没有高的要求，因此它既适用于可靠的网络服务环境，也适用于不可靠的网络服务环境，例如无连接型的 IP 数据报服务。

TCP 是一种面向数据流的协议，也即它先将要传送的数据存放在内存缓冲区中，然后 TCP 将它按若干个数据段（最大不超过 64 kB，即 65 535 字节，还要受到下层网络的最大传送单元 MTU 参数的限制）发送出去，一个段即是一个 T-PDU。因此，TCP 不对高层协议的数据结构产生影响，传送连接犹如“管道”，来自高层的服务数据就像管道中不间断的“流水”一样，而对数据的所有处理工作都由高层协议去进行。

为了提高可靠性，TCP 将 T-PDU 发送出去后，必须等待对方的确认，然后才将数据从缓冲区中除去。如果超时后仍未获得确认，则需重发该 T-PDU。接收端收到一个 T-PDU 后，经检查无错无重复，才放入接收缓冲区队列。

一、TCP 数据单元格式

TCP 只使用一种 T-PDU 格式，由标头部分和数据部分组成，而标头部又包括固定部分和可变部分（后一部分主要包含可变长的选项数据）。图 5-2 为它的标头部分的详细结构，协议的控制机制集中体现在标头的各个域参数上。

0　　　　4　8　　　　16　　31

<table>
<tr><td colspan="3">源端口号</td><td>目的端口号</td></tr>
<tr><td colspan="4">段序号</td></tr>
<tr><td colspan="4">确认号</td></tr>
<tr><td>标头长</td><td>保留</td><td>码位</td><td>窗口</td></tr>
<tr><td colspan="3">校验和</td><td>紧急指针</td></tr>
<tr><td colspan="4">选项(长度可变)+填充</td></tr>
</table>

图 5-2　TCP 报头格式

源端口号和目的端口号分别标识本端和远端的传送连接端点（各主机可以从 256 号开始自由分配）。这种端口号加上主机的口地址即是一个 48 位的唯一 T-SAP。

段序号是指本端即将要发送的 TCP 数据流的第 1 个字节的编号。

确认号是指希望接收对方数据流的下一个字节的编号。协议对传送的 TCP 数据流中的每一个字节都进行编号。

标头长对标头部分长度以每 4 字节（32 bit）为单位值进行标识。例如，最小标头长度为 20 字节（无选项数据），则标头长度等于 5。有了标头长度值，就可以确定数据部分从哪里开始。

标头中有重要意义的是 6 bit 长的“码位”字段，它的各个比特名称如图 5-3 所示。

URG	ACK	PSH	RST	SYN	FIN

图 5-3　比特名称

这 6 bit 的“1”值分别代表了该数据单元所携带的 6 种不同的协议控制信息，其含义分别如下：

（1）URG=1 时，本 T-PDU 的数据域中携带有紧急数据，位置由紧急指针确定。

（2）ACK=1 时，本 T-PDU 携带了对远端传来数据的确认信息，确认号的值有效。

（3）PSH=1 时，指明本 T-PDU 所传输的数据部分必须做优先处理，立即传递给应用实体或应用进程。

（4）RST=1 时，要求复位当前的传送连接，或者用于拒绝非法的数据段或拒绝连接请求。

（5）SYN=1，ACK=0 时，表示“连接请求”；SYN=1，ACK=1 时，表示“连接接受”。

（6）FIN=1 时，表示这个 T-PDU 是最后一个数据单元，携带“请求释放连接”信息。

窗口字段用于流量控制，其值指本端的接收窗口大小（指接收缓冲区中目前还能放入多少字节的数据），以此来控制对方的发送数据流量。

校验和字段用作差错控制，这里不做更多的解释。紧急指针的值指示出紧急数据在数据域中的结束位置（紧急数据总是从数据域的第 0 字节开始）。

所有有关优先度、保密度、可靠度、迟延、吞吐量等参数均未列入 TCP 标头中，而原语直接传递到 IP 实体中进行设置。

二、TCP 的协议机制

TCP 协议操作分为三个阶段，即建立连接、数据传送和释放连接。TCP 通过 TCP 端口来提供连接服务，最后通过连接服务来接收和发送数据。TCP 连接的申请、打开和关闭必须遵守 TCP 协议的规定。

（一）建立连接

在源主机想和目标主机通信时，目的主机必须同意；否则 TCP 连接无法建立。为了确保 TCP 连接的成功建立，TCP 采用了一种称为三次握手的方式，如图 5-4 所示。三次握手主机 A 主机 B 方式使得“序号/确认号”系统能够正常工作，从而使它们的序号达成同步。如果三次握手成功，则连接建立成功，可以开始传送数据信息了。其三次握手分别如下：

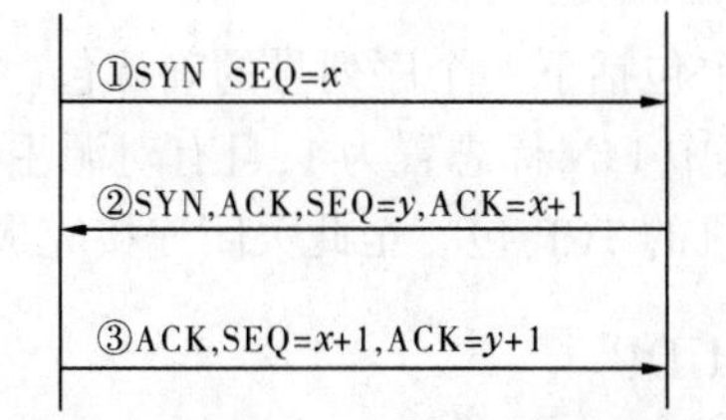

图 5-4　TCP 建立连接的“三次握手过程”

(1)源主机发送一个 SYN(同步)标志位为 1 的 TCP 数据包,表示想与目标主机进行通信,并发送一个同步序列号进行同步。

(2)目标主机若愿意进行通信,则响应一个确认(ACK 位设为置 1),并以下一个序列号为参考进行确认。

(3)源主机以确认来响应目标主机的 TCP 包。这个确认中包括它想要接收的下一个序列号(该帧可以含有发送的数据)。至此连接建立完成。

(二)数据传送

数据以字节流传送,每个字节编上序号,以 2^{32} 为模,每个 T-PDU 在数据域内含有第一字节的序号。TCP 使用动态缓冲区分配策略的窗口流控技术,协议传输的数据流存放在由发送端和接收端传送实体经过协商确定大小的发送缓冲区和接收缓冲区中。在双方双向传输数据 T-PDU 过程中,通过使用 T-PDU 标头中的"窗口值"字段,随时通告本端接收缓冲区的大小(相当于接收窗口),以供对方确定发送数据的流量(等效于控制了平均发送速度)。

服务用户可以指定某个数据块作为加急数据发送,紧急指针所指示的位置就是紧急数据块结束点,剩下的是普通数据。

(三)释放连接

一个 TCP 连接建立之后,即可发送数据,一旦数据发送结束,就需要关闭连接。在关闭连接之前,为了确保数据正确传递完毕,仍然需要采用"三次握手过程"的方式来关闭连接,如图 5-5 所示。

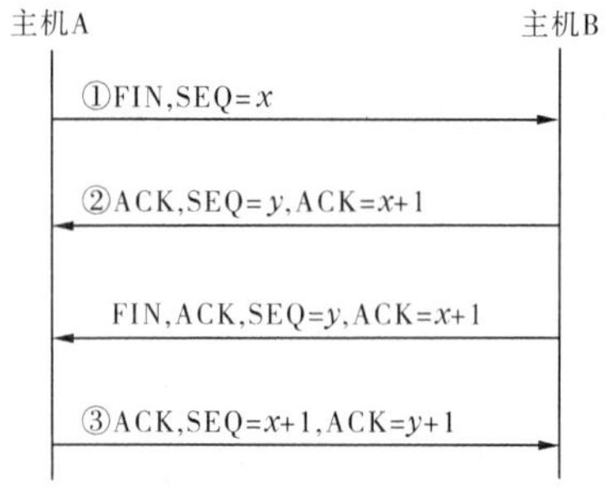

图 5-5　TCP 释放连接的"三次握手过程"

其"三次握手过程"分别如下:

(1)源主机发送一个 FIN(结束)标志位为 1 的 TCP 数据包,表示想与目标主机结束通信,并发送一个同步序列号。

(2)目标主机先响应一个包括下一个序列号的确认包(ACK 位设为置 1)。一段时间后,它再发送一个 TCP 包,其中 FIN 标志置为 1,且有对源主机 FIN 段进行的确认。

(3)源主机确认目标主机的 TCP 包。至此关闭连接完成。

三、用户数据报协议 UDP

因特网的另一个传输层协议是用户数据报协议 UDP,相对 TCP 而言,它是一种无连接型的不可靠的传输协议。UDP 不使用确认机制来保证资料是否被正确接收,不需要重传被丢失的数据,可以不按顺序接收数据,也不提供回传机制来控制数据流的速度。因此,UDP 不适用于那些要求面向连接和具有高可靠性的传输,例如 FTP 和 Telnet 等应用。UDP 主要用于那些紧急的、控制性的数据传送,譬如面向查询-应答的服务、NFS(网络文件系统)、NTP(网络时间协议)、DNS(域名系统)、网络管理和路由信息协议 RIP 等应用,因为这些服务需要交换的数据量较小,但却要求响应快捷。除此以外,对于某些数据量大同时又要求时效性很强但可靠性要求却不太高的业务(如话音、影视、图像等业务)来说,尤其是要求多目的地传输(组播)的情况,那么使用 UDP 是更好的选择。

由于 UDP 是这样一种无连接不可靠的传输协议,因此不像 TCP 那样需要在标头部分专门设立一系列的参数来实现传输可靠性的机制。因此,比起 TCP 来说,UDP 的标头结构要精简得多。UDP 数据单元结构如图 5-6 所示,它由标头部分(UDP header)和数据部分组成。其中,标头部分由实现 UDP 协议所需要的协议控制信息构成,共包括 4 个域:源端口号(source port)、目的端口号(destination port)、用户数据包的长度(length)和校验和(checksum)等,每个域由 4 个字节组成。UDP 数据单元的第五个域是用户数据部分,这是从上一层实体递交下来的数据。

<table>
<tr><td>源端口号</td><td>目的端口号</td></tr>
<tr><td>UDP 单元长度</td><td>校验和</td></tr>
<tr><td colspan="2">用户数据域</td></tr>
</table>

图 5-6 UDP 数据单元标头格式

源端口号和目的端口号分别标识本端和远端的传输连接(TC)端点(各主机可以从 256 号开始自由分配)。这种端口号加上主机的 IP 地址即是一个 48 位长的传输服务访问点 T-SAP 的标识。用户数据包的长度是指包括所有 5 个域在内的总长度,以字节为单位。

之所以说 UDP 是不可靠的传输协议,主要是指协议只负责校验 UDP 单元的标头信息而不校验用户数据域的差错,而且对标头校验的算法也很简单,其校验算法跟 IP 数据报的相似,但是在计算方法上却很不同:在发送端和接收端进行差错校验之前,必须事先在 UDP 标头前面加上一个 12 字节长的“伪标头”,其中包含源 IP 地址、目的 IP 地址、协议类型值和 UDP 单元长度值等,然后对伪标头和 UDP 标头一起进行校验和计算。计算完毕后即将伪标头去掉。正是因为这个临时附加的标头不参与传输过程而只用于计算校验和,所以称之为“伪标头”。

与 TCP 截然不同的是,UDP 不用对数据传输的可靠性进行保证,不用执行各种可靠性保证机制。因此,在传输过程中,不用预先建立连接,不用等待对方确认,无须出错重传。因此,其传输所花的总的时间比 TCP 要少得多,所占内存也比 TCP 少。但由于这个原因,除造成数据错误时不能得到纠正的后果外,欺骗 UDP 数据传输也要比欺骗 TCP 传输更容易,因为 UDP 没有建立初始化连接(即前面所述的握手),这样的话,与 UDP 相关的服务就存在着更大的危险性。

小　结

本项目主要讲述了TCP/IP协议簇的两个典型协议:TCP协议和IP协议。分别对TCP协议和IP协议的结构进行了深入、细致的分析。尤其是IP协议中IP地址的相关内容(包括IP地址的分类、子网划分、VLSM及IPV6等)。学完本项目后,读者应能够掌握TCP/IP的工作原理,并能掌握IP地址的配置及子网划分方法。

习　题

1. TCP校验和是否一定需要?或者TCP能否让IP来对数据进行校验?

2. TCP能否直接在一个网络(如一个以太网)上使用而不用IP封装?为什么?

3. 假设两个程序使用TCP建立一条连接,实施通信并终止连接,然而又打开一条新连接,再假设用于终止第一个连接的一个FIN段被重复且延迟直到第二个连接被建立,如果老的FIN的一副本这时传来了,TCP会终止新的连接吗?

4. 为什么在TCP头部的开始就是源端口号和目的端口号?

5. 为什么TCP头部有一个头部长度字段而UDP头部中却没有?

6. 子网号为16位的A类地址与子网号为8位的B类地址的子网掩码有什么不同?

7. 子网掩码255.255.0.255是否对A类地址有效?

项目六　网络互连技术

本项目学习网络互连技术。通过本项目的学习了解网络互连原理，掌握网络互连必需的技术手段，了解网络互连所需要的各种连接设备的特性及用途，掌握网络互连设备在各个网络互连层上的应用。

任务一　网络互连概述

计算机网络迅速发展，使越来越多的部门建立了自己的独立计算机网络，通过这些独立的计算机网络实现一定范围内资源共享和相互交换信息的目的。但是，随着计算机网络的应用不断深入普及，人们感觉：在一个独立的计算机网络中资源有限、通信范围有限，已经不能满足需要。人们迫切需要在一个更大范围内实现资源共享和相互交换信息，这就提出了网络互连的要求。

国际标准化组织 ISO 提出了 OSI 参考模型作为计算机网络体系结构的参考模型，如果全世界的网络厂商都遵循这样的统一标准，那么网络互连将是一件很简单的事情，因为不用考虑兼容问题。然而，在 OSI 出现之前世界上已有多种按照不同网络体系建造的网络在运行（如 IBM 公司的 SNA，DEC 公司的 DNA），在这些不同的网络体系下构建的网络数以万计，它们按照不同的网络体系构造、具有不同的网络协议，执行不同的通信标准，这些网络在各行各业中仍发挥着重要的作用。要求它们在短时间内按照统一的标准运行并不现实。大多数 UNIX 支持 TCP/IP 协议，局域网中完全采用 OSI 体系结构的也很少。现在多平台、多协议、异构网络共存。图 6-1 为网络互连的示意图。

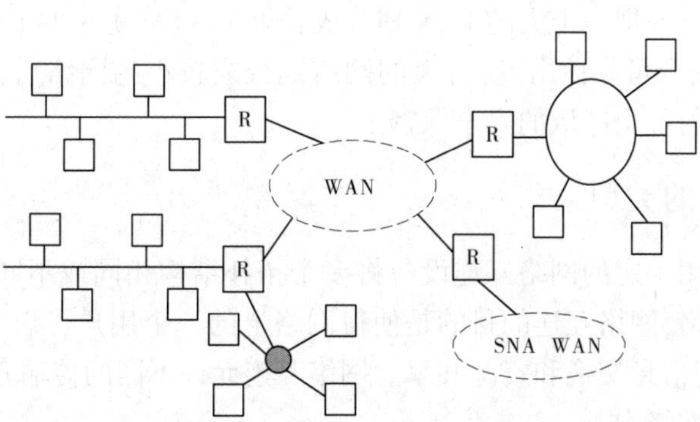

图 6-1　网络互连的示意图

就局域网而言，通信介质有双绞线、同轴电缆、光纤；访问协议有 CSMA/CD、令牌环等；通信速率从 1 Mb/s 到 1 000 Mb/s 不等；MAN 和 WAN 技术更复杂，它们连接的计算平台也多种多样，如 WINDOWS、OS/2、UNIX、LINUX 和 MACINTOSH 以及 VMS、VM 和 MWS 等。多种平台存在的主要原因是没有一种平台能够解决所有应用问题，网络技术也如此。

LAN 有较高的通信速率,适用于办公环境,但它不能连得太远;WAN 可以连接很远的距离,但速度不能太高。网络应用要求最好全世界网络都在一个整体之内,网络用户可相互方便地交换信息而不用太多地考虑物理网络细节,这一要求导致了网络互连思想的产生。将网络细节屏蔽起来,提供网上用户一个协同的逻辑网络。现实生活中互连成功的例子是电话系统,现在只要将电话机接到电话网上便可以在全世界范围内实现通话。互联网的目标也是如此,在互联网上,不管哪个公司生产的机器,也不管它运行何种操作系统,只要连到互联网上,便可以与全世界范围内的其他主机交换信息。要注意的是:互联网络不是一种新型物理网络,而是在现有网络技术基础上的一种抽象。它可以称为网络的网络(a network of networks),即网间网或称互联网(internet)。有了这一抽象模型,便能处理多种复杂的基础通信技术,把网络硬件的细节隐蔽起来,从而允许计算机进行通信而与它们所在的物理网络无关。

抽象模型的建立不可能处在物理层和数据链路层,因为它们本身便和千差万别的物理网络紧密联系在一起;互联网中,选径问题是最重要的问题之一,所以互连模型主要是指在网络层之上的连接。

网络与网络的互连(即使是协议和参数完全相同的网络)的必要性还有以下几点原因:

(1)不论是采用 OSI 的通信子网协议还是采用其他的网络产品,它们本身就决定了各种类型的通信子网将长期地共存下去。目前采用不同通信手段的网络类型有总线的、分组交换的、卫星通信的,以及无线电、红外线和激光等不同技术的数据通信技术。随着硬件技术的不断发展以及价格的不断下降,难免会再出现新的通信网络类型,甚至在某些情况下仍然会采用非 OSI 系统来支持网络的运行。

(2)对于使用局域网的一个部门来说,有时需要把一个逻辑上单个的 LAN 分为若干个分离的 LAN 来调节负载与性能。如利用交换技术形成虚拟网络;另外,有时两台机器的距离太远,即使铺设电缆不成问题,但由于来回的延迟时间过长,会影响网络的正常运行。解决的办法也是要把一个大的 LAN 划分成若干个区段(更小的 LAN)。

(3)从网络的安全可靠性出发,将大的网络划分成较小的网络后,有利于隔离故障,也有利于保障网络内各个区域的安全保密。

一、网络互连的类型

网络互连是指用一定的网络互连设备将多个拓扑结构相同或不同的网络连接起来,构成更大规模的网络,网络互连的目的是使得网络上的一个用户可以访问其他网络上的资源,实现网络间的信息交换和资源共享。网络互连允许不同的传输介质、不同的拓扑结构共存在一个大的网络中。

根据网络的地理覆盖范围,网络互连可分为 4 种类型。

(一)局域网之间的互连

局域网与局域网互连是实际应用中最常见的一种互连形式,如图 6-2(a)所示,局域网与局域网互连还可以分为同构局域网互连和异构局域网互连两种连接类型。

(1)同构局域网互连。同构局域网互连是指具有相同协议的局域网的互连,即互连

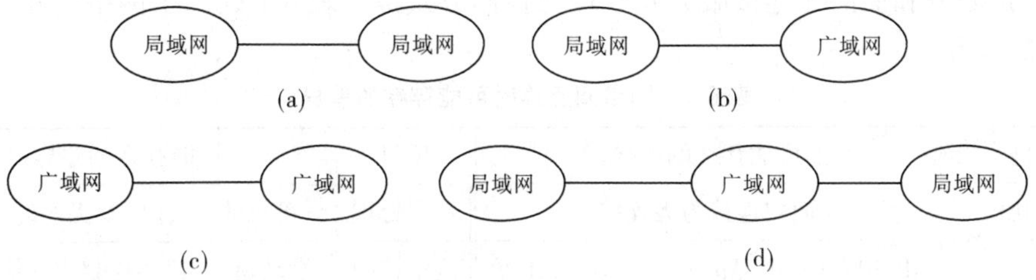

图 6-2　网络互连的集中基本类型

的局域网遵照相同的协议。例如两个以太(ethernet)网络的互连,或者是两个令牌环(token ring)网络的互连,都属于同构局域网的互连。这类互连比较简单。一般使用网桥(bridge)就可以将分散在不同地理位置的多个局域网互连起来。

(2)异构局域网互连。异构局域网互连是指具有不同网络协议的共享介质局域网的互连,以及 ATM 局域网与传统共享介质局域网的互连,都属于异构局域网的互连。例如,一个 ethernet 网络与一个 token ring 网络的互连。异构局域网也可以用网桥互连。

符合 ethernet、token bus、token ring 协议的局域网属于传统的共享介质局域网,ATM 局域网与传统共享介质局域网在协议与实现技术上都是不相同的。因此,ATM 局域网与传统共享介质局域网的互连必须解决局域网仿真问题。

(二)局域网与广域网之间的互连(LAN-WAN)

局域网与广域网的互连应用广泛,其结构如图 6-2(b)所示。可通过路由器或网关实现局域网与广域网之间的互连。

(三)广域网之间的互连(WAN-WAN)

广域网与广域网互连也是目前常见的互连方式之一,其结构如图 6-2(c)所示。广域网与广域网通过路由器或网关互连起来,可以使分别连入各个广域网的主机资源能够相互共享。

(四)通过广域网实现局域网之间的互连(LAN-WAN-LAN)

两个分布在不同地理位置的局域网通过广域网实现互连,也是目前常见的互连类型之一。其结构如图 6-2(d)所示。局域网主要是通过路由器或网关连广域网上。局域网—广域网—局域网的结构正在改变传统的主机通过广域网中的通信控制处理机 CCP 的传统接入模式,大量的主机通过局域网接入广域网是今后主机接入广域网的一种重要方法。

无论哪种类型的互连,每个网络都是互联网络的一部分,是一个子网。子网设备、操作系统、子网资源、子网服务将成为一个整体,使互联网上的所有资源实现共享。

二、网络互连的层次

(一)不同网络之间的差异

互连的网络在体系结构、层次协议及网络服务等方面或多或少存在着差异,对于异构网络来说差异就更大。这种差异可能表现在寻址方式、最大分组长度、分组格式、网络接入机制、超时控制、差错恢复方法、状态报告方法、路由选择技术、用户接入控制、服务方式

(面向连接服务和面向无连接服务)、管理与控制方式等。表 6-1 列出了网络间互连时可能存在的差异。

表 6-1　网络间互连时可能存在的差异

项目	可能存在的差异	项目	可能存在的差异
提供的服务	面向连接与无连接	错误处理	可靠的、有序的及无序的投递
协议	IP,IPX,CLNP,Apple Talk,DECnet 等	流量控制	滑动窗口、速率控制或其他或无
寻址	平面式(802)与层次式(IP)等	拥塞控制	丢弃分组,阻塞分组等
多路广播	提供与不提供	安全	保密规则,加密等
分组大小	各种网络都不同	参数	不同的超时,不规范等
服务质量(QoS)	有与没有;种类多样	计费	连接时间,分组数,字节数,或无

当源网络发送分组到目的网络要跨越一个或多个外部网络时,在网络之间的接口处会产生许多问题。当一个面向连接的网络发送的报文分组跨越一个面向无连接的网络时,报文需重新排序,这是源网络与目的网络所未曾希望的;有时也需要进行协议转换,当某些功能在通过不同的网络时由于网络所能提供的服务不同而不能实现时,协议转换则比较困难。分组跨越不同网络时,也可能要进行地址转换,这可能需要目录服务;多路广播分组穿越不支持该功能的网络时,该网络必须为每个目的地产生重复传送相应的分组。

不同网络所采用的不同最大分组尺寸会带来麻烦。例如典型以太网最大分组长度为 1 518 个字节,数据段最大长度为 1 500 个字节,而因特网允许数据段最大长度为 65 535 个字节,怎样把 65 535 个字节大小的分组通过一个仅支持 1 500 个字节的网络?当有实时要求的分组穿越提供实时服务的网络时,不同的服务质量(QoS)也是面临的一个问题;不同网络的差错控制和拥塞控制方法相差也很大;不同的安全机制、参数设置、计费规则也会带来问题。这些问题都是网络互连时要必须解决的问题。

(二)网络互连的要求

网络互连是指将分布在不同地理位置的网络、设备相连接,以构成更大规模的互连网络系统,实现互连网络资源的共享。互连的网络和设备可以是同类型或不同类型的网络以及运行不同网络协议的设备与系统;在互连网络中,每个网络中的网络资源都应成为互联网中的资源。互连网络资源的共享服务与物理网络结构是分离的:对于网络用户来说,互连网络结构对用户是透明的。互连网络应该屏蔽各子网在网络协议、服务类型与网络管理等方面的差异。

要实现网络互连,必须做到以下几点:

(1)在互连的网络之间提供物理链路,至少应当有一条在物理上连接的链路,并具有对这条链路的控制规程。

(2)在不同网络节点的进程之间提供适当的路由以传输网间数据。

(3)提供计费方面的服务,记录网络资源使用情况,并维护状态信息。

(4)在提供以上各种互连服务时,应尽可能不改变互连在一起的各个网络的体系结构。

（三）网络互连的层次结构

网络互连是要为网络客户建立一个统一的平台，通过不同计算机厂商生产的网络产品的连接，实现更大范围的资源共享、信息交换相协同工作。网络互连可以有多种方法，其最重要的方法应是以 ISO/OSI 互连参考模型的层次设计的理论来进行网络互连，也就是从不同的网络体系结构上选定一个相应的协议层次，使得从该层开始，被互连的网络设备中的高层协议都是相同的，其低层和硬件的差异可通过该层屏蔽，从而使网络得以互通。

要使通过互连设备连接起来的两个网络之间能进行通信，两个网络的计算机使用的通信协议必须在某一个协议层以上是一致的。根据需要，在进行通信的两个网络之间选择一个相同的协议层实现网络互连。如果两个互连的网络从第一层、第二层、直到第 $N-1$ 层都是不相同的协议层（异构层），但是两个网络的第 N 层以及 N 层以上的协议都相同，那么第 N 层就是最合适的互连实现层。在第 N 层上的互连，称为第 N 层同构互连。

例如，在某一幢办公楼内有一个双绞线星形以太网 LAN1 要与另一幢办公楼内的同轴电缆总线形以太网 LAN2 互连，虽然它们的传输介质不同，但是它们的物理层及以上协议是相同的，所以物理层就是 LAN1 与 LAN2 互连的实现层。如果 LAN1 是 FDDI 令牌环网，因为它们的物理层和介质接入层均不相同，直到逻辑链路层（LLC 层）才完全相同，所以 LLC 子层是这两个网络的互连实现层。

在网络互连时，网络之间通过网间连接设备相互连接起来，网络连接设备称为网间连接器（网关），根据互连层次的不同，常用的互连设备有以下几种：

（1）中继器（repeater）。在物理层间实现透明的二进制比特复制，以补偿信号衰减。中继器是物理层连网设备，其功能是将一个局域网的连接范围扩大。利用中继器实现网络互连的方法称为中继器互连方式。在一个网络中可以互连的中继器的数量是有限的，而且也不能互连不同类型的网络。集线器（hub）就是一个多口中继器。在一个以太网络中，最多不能超过 4 个中继器的级连。

（2）网桥（bridge）。在相同或相似的网络之间存储和转发帧，提供链路层上的协议转换。网桥是数据链路层设备。利用网桥实现网络之间透明访问的方法称为网桥互连方式，其功能是把多个 LAN 互连成一个逻辑上单一的网络。

（3）路由器（router）。在不同的网络之间存储和转发分组，提供网络层上的协议转换，路由器是网络层的互连设备，其功能是将不同网络相连成为互联网。利用路由器实现网络之间互连的方法称为路由器互连方式。

（4）网关（gateway）。提供传输层及传输层以上各层间协议转换的设备统称为网关或应用网关。主要应用于高层的协议转换。

互连的网络与网络之间协议的差别越大，进行互连所需的设备所具备的功能就越复杂。

关于网络互连设备的层次关系如图 6-3 所示。

互连层的选择应注意以下几点：

（1）在满足服务功能的前提下，互连层应尽可能选在较低的层次上，以便简化网络互连设备和提高设备的运行效率。

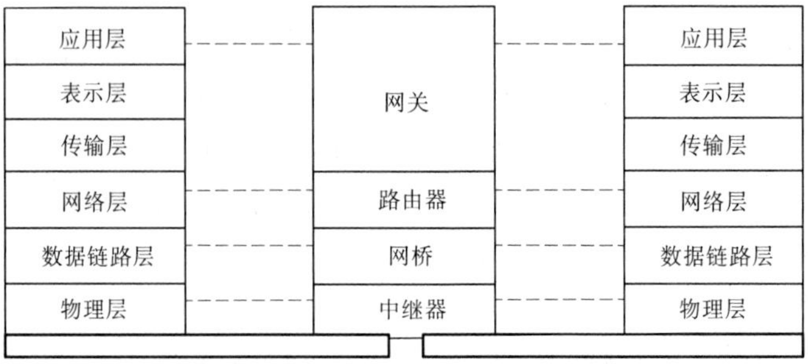

图 6-3　网络互连设备的层次关系

(2)如果互连层是第 *N* 层,那么包括 *N* 层在内的以上各层必须完全相同,才能实现网络间的互连;而 *N* 层以下的各层可以完全不同,以便容许连接更多的不同类型子网。

(3)LAN-LAN 间互连时互连层一般选在物理层和数据链路层,分别采用中继器和桥接器作为连接设备;LAN-WAN 间互连和 WAN-WAN 间互连,互连层多选择在网络层,采用路由器作为连接设备;应用层网关只用于极少有的特殊情况。

任务二　网络互连技术及互连设备

一、物理层上互连

(一)物理同构互连原理

参与互连的网络,如果从物理层(第 1 层)开始以及以上的各层都具有完全相同的网络功能和特性,是在相同比特结构和信号形式基础上的互连。这说明它们完全是同一类型的网络,如以太网与以太网互连、FDDI 与 FDDI 互连、ATM 与 ATM 互连等,都属于同构网络互连。同类型网络互连的目的在于扩大网络的覆盖范围,通常是由于网络所用的传输介质允许长度的限制,或信号的衰减使得网络覆盖的范围不能满足需要,网络需要扩展,或者是一个部门中相距不远的几个单位的独立网络要求信息互通,而这些网络都是同类型的。

图 6-4 为物理同构互连模型。物理同构互连技术都是用在局域网之间的互连,即同类型局域网之间的互连或扩展,主要目的是用于扩大网络的覆盖范围。图 6-5 为两个总线形以太网互连的实例。

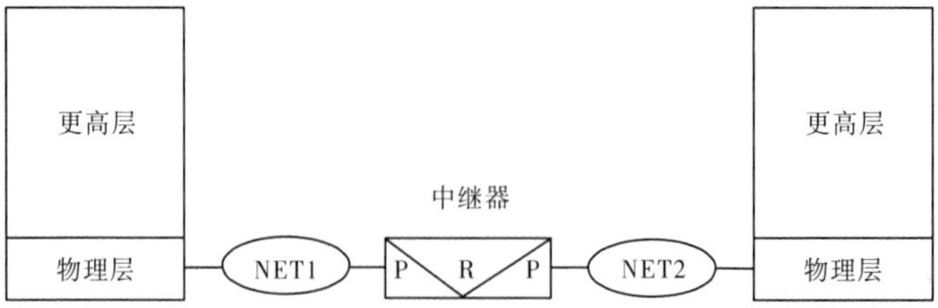

图 6-4　物理同构互连模型

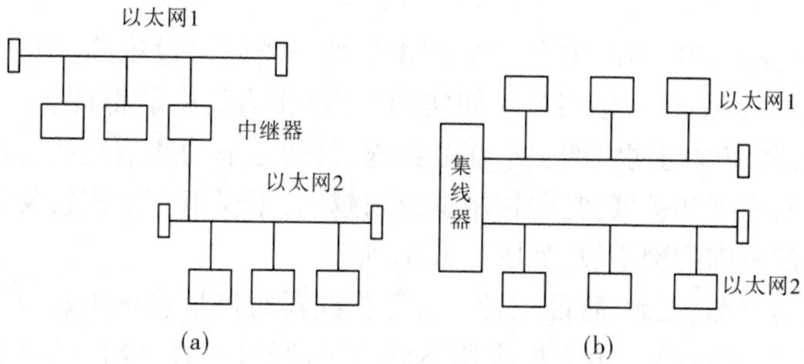

图 6-5 物理同构互连实例

(二)物理同构互联设备

用于物理同构互连的网关设备有两类:中继器或转发器(repeater)、集线器(hub)。这两种设备的网间转发机构所处理和操纵的对象有所不同。

1. 中继器

网络连接最简单的设备是中继器。其作用是对衰减信号的再生,并将再生信号发送到网络的其他分支上,提供电流以实现较长距离的传送。中继器工作在 OSI 模型的最低层(物理层),因此只能用来连接具有相同物理层协议的 LAN。中继器主要用于扩充 LAN 电线段的距离限制,通过多个中继器就可将多个单段网络灵活地组合成各种形式的 LAN,如图 6-5(a)所示,如 10BASE5 以太网,由于收发器只能提供 500 m 的驱动能力,而介质访问控制(MAC)协议的定时特性允许粗以太网电缆最长为 2. 5 km。这样在每 500 m 段之间就可以利用中继器来连接。中继器只具有将接收到的信号放大和整形,再发出去的功能,而不具备检查错误和纠正错误的功能,因此错误的数据经中继器后仍被复制到另一电缆段。

通过中继器连接起来的扩展网络仍属于同一物理网络。

2. 中继器的特性

(1)中继器主要用于线性电缆系统,如以太网。使用令牌通行拓扑的网络依据每个站来转发它们接收到的信号,ARCnet 有源中心插座是中继器的一种形式。中继器可扩展令牌环网的距离。

(2)中继器工作在协议层次的最低层,即物理层。中继器只简单地再生信号以在附加的中继线上传输,与协议和访问方法无关,因此使用中继器连接的两段网络必须使用相同的介质接入控制方法。

(3)中继器通常在一幢楼中使用。

(4)扩展段上的节点地址不能与现行段上的地址相同。

3. 注意事项

使用中继器时应注意以下两点:

(1)用中继器连接的以太网不能形成环。

(2)必须遵守 MAC 协议定时特性,即不能用中继器将电缆段无限连起来。例如以太网的 5-4-3 规则:一个以太网上最多有 4 个中继器,连接 5 个缆线段,其中只有 3 条缆线可以连接计算机。

4. 集线器

集线器(hub)是在 20 世纪 80 年代后期出现的一类网络设备,起初只是用它在用户系统很集中的地方(例如在一楼层或一间实验室内)作为集中器将许多用户主机汇接起来,然后由一条公共缆线与网络的主干部分相连,目的是节约通信缆线,降低成本。随着集线器功能的不断完善和扩展,它的作用也越来越大,不仅用它来连接集中的端设备,也可用它来互连局部范围的网络段,如图 6-5(b)所示。

集线器可分为有源、无源、智能三种。有源集线器对信号有再生和放大作用,可用于扩展线路长度,增加站点数。无源集线器不对信号做处理,只是简单地把多段介质连起来,只允许扩展到最大有效距离的一半;它必须直接和工作站相连或与有源集线器相连。智能集线器具有有源集线器的全部功能,此外还有网络管理、路径选择等功能。

一般来说,普通的集线器都提供两类端口:一类是用于连接节点的 RJ-45 端口,这类端口数量可以是 8,12,16,24 等;另一类端口可以是用于连接粗缆的 AUI 端口及用于连接细缆的 BNC 端口。也可以是光纤连接端口,这类端口称为向上连接端口。

从节点到集线器的非屏蔽双绞线最大长度为 100 m,利用集线器向上连接端口级连可以,扩大局域网覆盖范围。单一集线器结构适宜于小型工作组规模的局域网。如果需要连网的节点数超过单一集线器的端口数,通常需要采用多集线器的级连结构,或者是采用可堆叠式集线器,如图 6-6、图 6-7 所示。

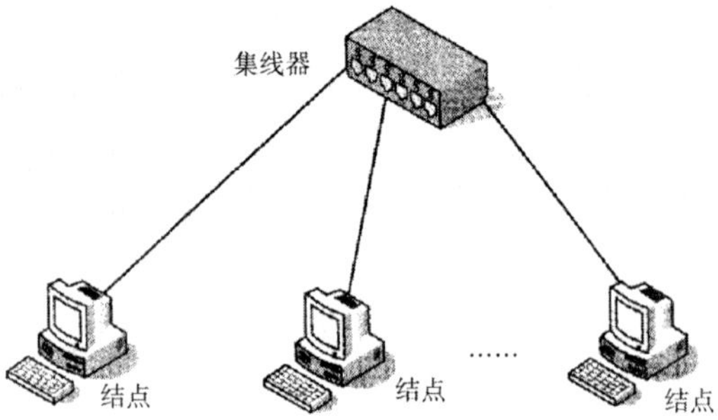

图 6-6　单一集线器结构

集线器也是物理层互连设备。用集线器连接的不同网段,仍然属于同一物理网络。

二、数据链路层上互连

(一)链路同构互连原理

在参与互连的网络之间,物理网络的功能和特性从数据链路层或逻辑链路子层(第 2 层)开始以及以上的各层都完全相同,是在相同数据链路帧(例如 LLC 帧)结构基础上的互连,如以太网与令牌环网、令牌总线网、FDDI 等。这些子网络的传输介质、信号技术、物理接口和介质接入控制技术(MAC)等低层功能都可能不相同或不完全相同。这说明参与互连的子网络之间在数据链路层以下是异构的,而在数据链路层及以上层次内是同构的,或者可以叠加一个同构的链路层(如 LLC 层)。因此,在这种情况下,互连实现层的必然选择应是同构链路层(一般是 LLC 层)。

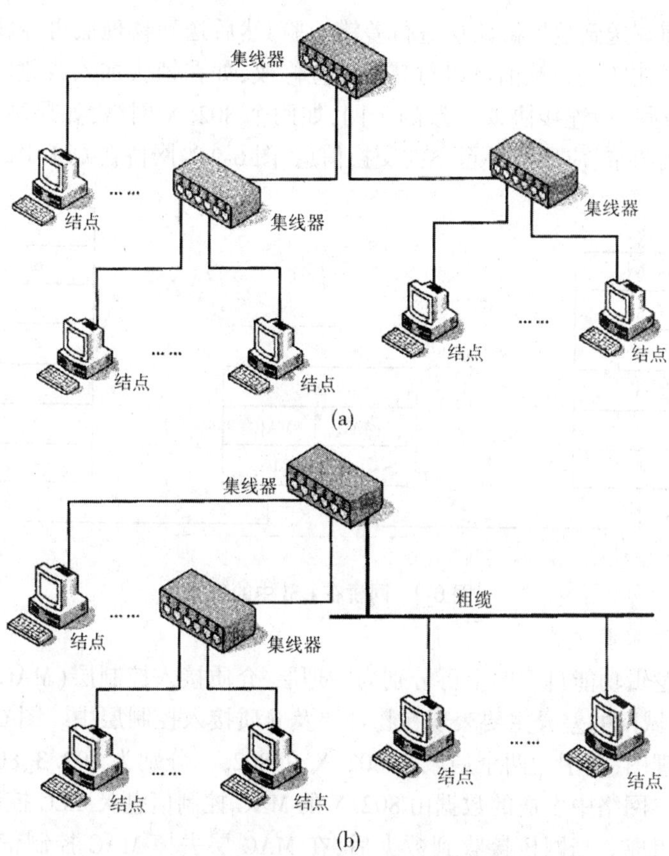

图 6-7　用多集线器级连扩大网络规模

图 6-8(a)为链路同构互连的功能结构。链路同构互连技术一般也都用在 LAN-LAN 间的互连。图 6-8(b)为一般的应用例子。

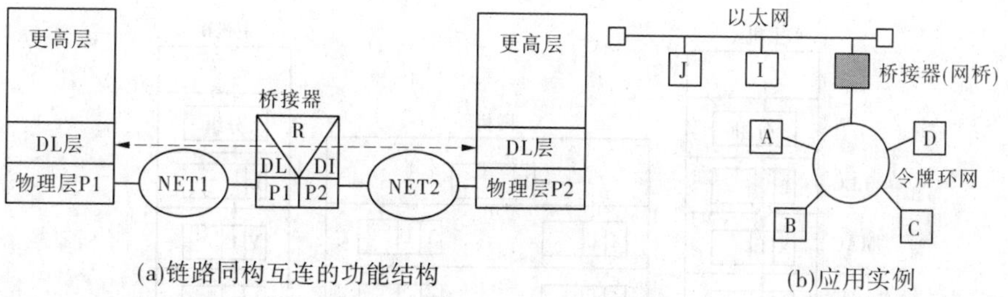

图 6-8　链路同构互连功能及实例

(二)链路同构互连设备

1. 网桥

网桥是一种工作在数据链路层的存储转发设备,用来连接类型相似的局域网。网桥通过数据链路层的逻辑链路控制子层(LLC)来选择子网路径。它接收完整的链路层帧,并对帧作校验,然后查看介质存取控制层(MAC)的源地址和目的地址以决定该帧的去向。网桥接收帧并送到数据链路层进行差错校验,然后送到物理层再经物理传输介质送到下一个子网。在转发一帧前可以对其做一些修改,如在帧头加入或删除一些字段。在实际应用中,网桥一般连接协议一致的子网,如两个 802. X 网络,如果高层协议不一样,即便用网桥连接起来,应用程序也不能交换信息,图 6-9 为网桥在 OSI 中的位置。

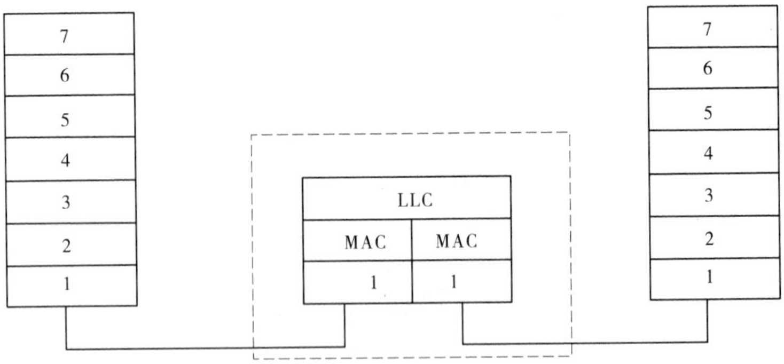

图 6-9　网桥在 OSI 中的位置

1) 网桥工作原理

局域网的逻辑功能自下向上可分别为物理层、介质接入控制层(MAC)和逻辑链路控制层(LLC),局域网的差异主要表现在物理层及介质接入控制层中。图 6-10 为一个假设的网桥工作原理图,图中的两个局域网 802. X 和 802. Y 分别为 802. 3、802. 4、802. 5MAC 标准中的一种。网络中发送的数据由 802. X 的 MAC 控制信息 X、LLC 控制信息 L 和网络协议数据单元组成。当网桥接收到数据后,在 MAC 层去掉 MAC 控制信息 X,然后交给 LLC 子层。若网桥的 LLC 子层发现数据要发向 802. Y 域网中某个站,则将数据通过 MAC 子层加上相应的控制信息 Y 送到 802. Y 局域网中,再由对方主机接收。此时在 802. Y 局域网中,数据由 802. Y 的 MAC 控制信息 Y、LLC 子层的控制信息 L 和网络协议数据单元组成。

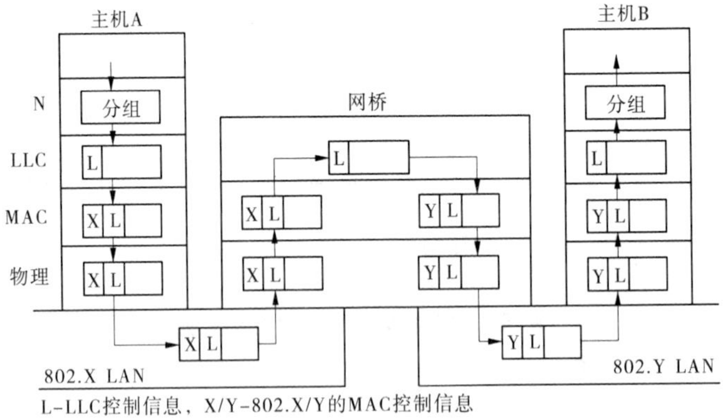

图 6-10　网桥工作原理

2) 网桥的特点

网桥是数据链路层上实现不同网络间互连的设备,与中继器相比,网桥有以下特点:

(1)网桥能够互连两个采用不同介质接入控制方式、不同传输介质与传输速率的网络。

(2)可以实现更大范围的 LAN 互连。由于中继器受 MAC 定时特性的限制,一般只能将几段以太电缆连起来且不能超过一定的距离极限。工作在数据链路层的网桥,它不受 MAC 定时特性限制,可连接的距离几乎无限。目前一种流行的桥接方式为桥接主干网络(back-bone),利用网桥可将多个 LAN 连接到一条高速主干网络上,如图 6-11 所示。

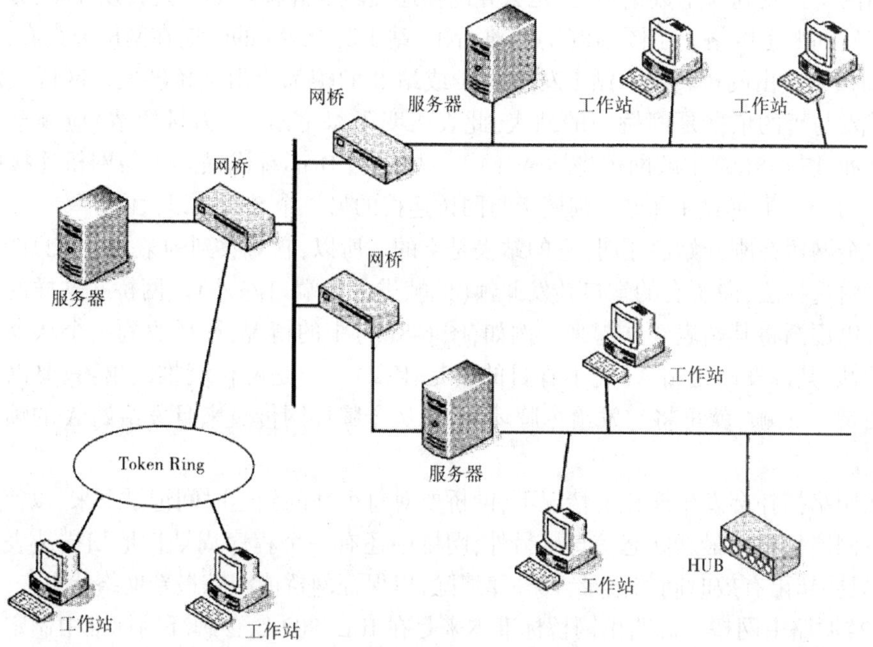

图 6-11　桥接主干网络

(3)有过滤功能,可隔离错误、提高网络性能。用中继器互连的以太网段,随着网上用户数量增多,总线冲突概率增大。一旦产生冲突,所有参与的网站要从总线上撤回发送,要等一段随机时间后再重新尝试发送,随着用户数量的增大,网络的性能将会有很大的降低。原因在于中继器只是简单地在以太网段之间复制每一个信号。不管这些信号是对还是错以及有无复制的必要,网桥则不一样,它收到一个帧后,先读取该帧的寻址信息,以决定是将该帧转发到其他的 LAN 还是将其丢弃。用网桥连接的两个以太网电缆段,如果一帧的目的地是在发送该帧的同一段内,网桥则不转发。这样便调节了网络负载,从而提高了 LAN 性能。由于网桥的这种过滤能力,当一个网络段上某工作站存在故障,发生无用信息破坏网络运行时,不至于影响网桥所连的另一个段上的用户,这样网桥起到了隔离错误的作用。

(4)引入网桥可提高 LAN 的安全性。因为 LAN 普遍采用广播式通信方式,一个站发送的信息其他站点都能收到。如果应用在一些重要部门,如财务、银行系统,LAN 安全保密问题就显得比较突出。引入网桥,可将重要部门的电缆段与其他部门隔离开来,有助于网络的安全保密。

3)两种桥接技术

由 IEEE802.1 和 IEEE802.5 委员会制定的网桥的标准有两个,即透明网桥和源路由网桥。它们的区别是路由选择的策略不同。

(1)透明网桥。透明网桥的路由选择策略是由各个网桥自己来决定,而互连网络上的各个系统不管路由选择。因为每个端系统并不知道它所发送的帧要经过哪些节点,网桥对各系统来说是看不见的,故称"透明网桥"。

当网桥接收到一个数据帧时,是丢弃此帧还是转发此帧?如果是转发此帧,则应能确定是转发到哪个网络。由图 6-8(b)不难看出,站 J 发给站 I 的帧应在网桥被丢弃,而发给站 D 的帧则应由网桥转发。站 I 发给站 A 或站 B 的帧都应由网桥转发。网桥决定对一个帧转发与否的依据是网桥中的站表,此表指明了每个站(作为目的站)应属于哪个网络。例如,图 6-8(b)中的网桥将站 A、站 B、站 C、站 D 都看成是属于与网桥连接的那个 802.5 令牌环网,而站 I 和站 J 则属于与网桥连接的另一个 802.3 以太网。

一个网桥在刚开始启用时,它的站表是空的。所以,它对收到的第一个帧只能采用扩散式路由选择法,向所有的端口转发此帧(此帧进入的端口除外)。网桥在这样的转发过程中可以逐渐将其站表建立起来。例如,图 6-8(b)中的情况,网桥收到一个从令牌环网发来的帧,其源发站是站 A(先不管目的站是什么)。于是网桥就推断出:只要以后收到源发站是 A 的帧,就可将它发给令牌环网,而从令牌环网传过来且发给站 A 的帧则应将它丢弃。

在网络拓扑会发生变化的情况下,网桥要对每个帧的到达时间记录下来,以使站表中能保留网络拓扑的最新状态信息。另外,网桥中还有一个程序周期性地扫描站表中的记录项,只要超出有效时间的记录,都一律清除,以保证网桥能跟踪最新网络状态。

(2)源路由网桥。源路由网桥标准本来是在 IEEE802.5 令牌环网标准中制定的。但是,实际上源路由网桥可以用于任何互连网络。

源路由的核心思想是假定每个帧的发送者知道接收者是否与其在同一网络中。当发送一个到别的网络去的帧时,源发站就将目的地址的高位设置为"1"作为标记。另外,它还在帧头加进此帧应走的路径信息。此路径的构造如下:每个网络都有一个唯一的 12 位标识号,例如"3"。但是在同一网络上的两个网桥的标识号必须不相同。路径是:网桥号、网络号、网桥号、网络号、网桥号、网络号……的标识号序列。为方便起见,分别用字母 BG 和 LAN 来代表网桥和网络,它们的下标代表它们的序号,那么在图 6-12 中,从 A 到 C 的路径应为(BG_1,LAN_2,BG_2,LAN_3)。

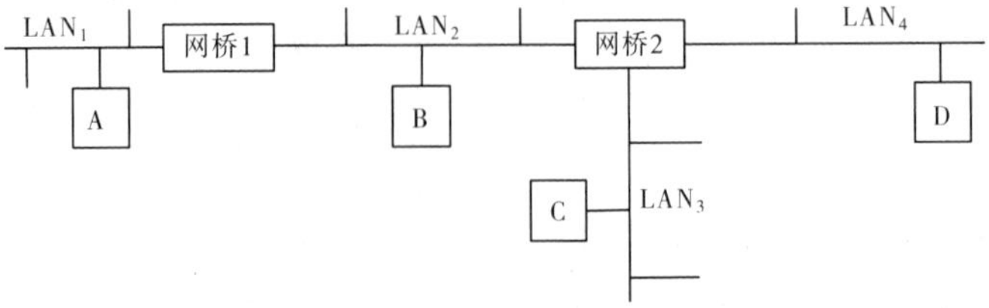

图 6-12 源路由网桥示例

源路由网桥只关心那些目的地址码高位为“1”的帧。当它接收到这样的帧时,立即扫描帧头中的路径标识,寻找此帧是来自哪个网络号。如果该网络号后面跟着的是本网桥的标号,就将此帧转发到路径标识中的下一个网络去。如果发现此帧不是路经本网桥的,则丢弃此帧。

源路由网桥假定了每一个站在发送帧时都已经清楚地知道发往各个目的地的路由,因而在发送帧时已将详细的路由信息放在了该帧的首部。这里的关键是源站是用什么方法知道路由信息的。

透明网桥采用扩散式路由将帧转发到未知目的站,而源路由网桥则采用广播发现帧的方法来寻找源站到目的站的最佳路径。发现帧在互连网络中沿着所有可能的路径传输,并记录下它所经过的路径信息。当发现帧到达目的站时,就沿着各自的走过的路径返回源发站。源发站在得知这些路由信息后,从所有可能的路径中选择出一条最佳的路径。以后凡是从这个源站向该目的站发送的帧的首部都必须携带由源发站所确定的这个路径信息。

2. 交换机

普通的交换机工作在七层协议的第二层,因此可以将交换机看作是一个多端口的网桥。

1)交换机的作用

为减少用集线器连接计算机所带来的冲突问题,较高级的网络一般采用交换机(switch)来连接计算机。交换机可以执行存储转发、直通和自由分片三种帧转发方式,以实现各端口之间的快速数据转发。

2)交换机的工作原理

交换机内部有一个MAC地址表,这个MAC地址表中存放着每个端口所接的计算机网卡的MAC地址,也就是说,当交换机与计算机连接好并经过一段时间后,交换机自动地在MAC地址表中存放有交换机的端口—计算机网卡的MAC地址对应表。当交换机从某个端口接收到一个数据包时,交换机会取出包中的目的计算机的MAC地址,并与交换机内已存放的MAC地址表进行比较,当找到表中某项与包中的MAC地址相符时,就将这个包从与它所连接的端口发送出去(注意:正常的情况下,交换机不会将数据发送到交换机的其他端口,这一点与集线器完全不同,因为集线器会将收到的数据发向集线器的所有端口)。因此,连接到交换机上的计算机,不会因为某两台计算机之间传送数据而影响其他的计算机之间通信。这就相当于在交换机上交换数据包时,交换数据的两台计算机之间架设了一个“临时立交桥”,这个临时的立交桥称作“虚电路”。因此,这两台计算机之间通信,不会影响其他计算机之间架设新的“立交桥”。当数据交换完毕,这个“虚电路”就会自动撤销。

3)交换机与集线器的区别

集线器(hub)用于多台计算机共享一网段;而交换机(switch)可以根据数据的目的MAC地址选择路由。所以,交换机的使用可以提高网络的速度和减轻服务器的负担。

交换机可以提高原有网络的性能,保护原有的投资,提高网络的负载能力,而集线器只是单纯地放大和转发信息。交换机的技术现在不断地发展,功能不断地加强,可以实现网络分段、虚拟子网(VLAN)划分、多媒体的应用、图像处理、CAD/CAM、Clien/Server 方式的应用。交换机从功能上相当于集线器加网桥,因此它的带宽是独占的,而集线器的带宽是共享的。

三、网络层上互连

(一)网络同构互连原理

在参与互连的网络之间,互连层选择在网络层上,使得这些网络的功能和特性从互连层开始以及以上的各层是同构的。当参与互连的网络是异构的物理网络(各通信子网的1,2 层完全不同或 1,2,3 层均不相同)时,要采用网络同构互连。例如:以太网、令牌环网、FDDI 等局域网与 PDN、DDN、ATM、ISDN 等广域网之间互连。这些参与互连的网络的传输介质、信号技术、物理接口、介质接入控制技术、数据链路控制等低层功能,以及整个子网的组织结构和功能结构都可能不相同或不完全相同。这说明参与互连的网络之间在网络层以下(甚至包括网络层本身)是异构的,而在网络层以上层次内是同构的,或者可以改造成为同构的(例如在网络层之上增加一个同构的网际互连层)。因此,在这种情况下,互连实现层可以选择在异构网络层之上的同构层(例如网际互连层)。

在 OSI 参考模型中,网络层位于第三层。网络层的主要任务是通过路由算法,为分组通过通信子网选择最适当的路径。网络层要实现路径选择、拥塞控制与网络互连的功能。

在 ISO 分层结构中,针对网络互连的实现问题,网络层又可分为 3 个功能子层,即子网接入层、子网增强层和网络互连层。

子网接入层是子网的网络层,完成系统(端系统或网关)对所连接网络(实子网)的接入控制功能,它提供基本网络层的服务。子网接入层向上层提供的服务可能等于或不等于网络互连所要求的标准网络服务。如果子网接入层提供的服务与标准网络服务相等,则不再需要上面的两个子层。

当子网接入层向上提供的服务与网络互连所要求的标准网络服务不同时,则由子网增强层和网络互连层来增加附加的功能部分。子网增强层用于调整各子网提供的服务屏蔽它们之间的差别,增强或削弱各子网接入子层所提供的服务,使之符合互连要求的标准网络服务。网络互连层是出于网络互连的考虑而设的,其功能是从各个子网所提供的网络服务中提取的一个最小公共子集,以此作为整个互连网络的统一的标准网络功能,而其他功能则未被互连网络利用。所以,网络互连层的功能实际上是“端—端法”互连体制中的网间协议 IP 应完成的功能集合。

如果用 SNACF、SNDCF、SNICF 分别表示子网接入层、子网增强层和网络互连层的功能,实际完成的互连网络系统的网络层功能,可能只有子网接入层的功能,也可能是子网接入层加上子网增强层的功能,或者是 SNACF+SNDCF+SNICF 的组合,具体取决于所采用的互连体制和各实子网的子网接入子层所能提供的真实网络功能。

如图 6-13(a)所示,两个端系统通过两个不同子网(各子网提供的服务不一样,SNACF1 和 SNACF2)并采用 SNACF+SNDCF 组合网络层功能来进行互连。在每一个端系统和中间系统中,分别通过不同程度的 SNDCF 来完成增强或削弱实子网功能,以达到统一的网络服务功能的水平上。所以,这种互连策略就称为网络同构互连的逐段增强法。

由图 6-13(a)看出,在这种互连网络中,向上提供的网络服务功能只在一个子网内(一段)是连续一致的(图中的一段虚线所示),故有"逐段"含义。

如图 6-13(b)所示,这里采用了 SNACF+SNDCF+SNICF 组合网络层功能来完成互连。先按"最小公共网络服务子集"的原则,确定一个网络互连子层功能和协议,并由它来向上层提供统一的互连网络服务功能。然后,通过调整各系统中的 SNACF 或 SNDCF 来形成各系统自己的网络层功能结构。网络互连层的功能和协议是贯穿整个互连网络环境和各个端系统之间的。所以,这种互连策略就称为网络同构互连的端—端法,又称为网间协议法。

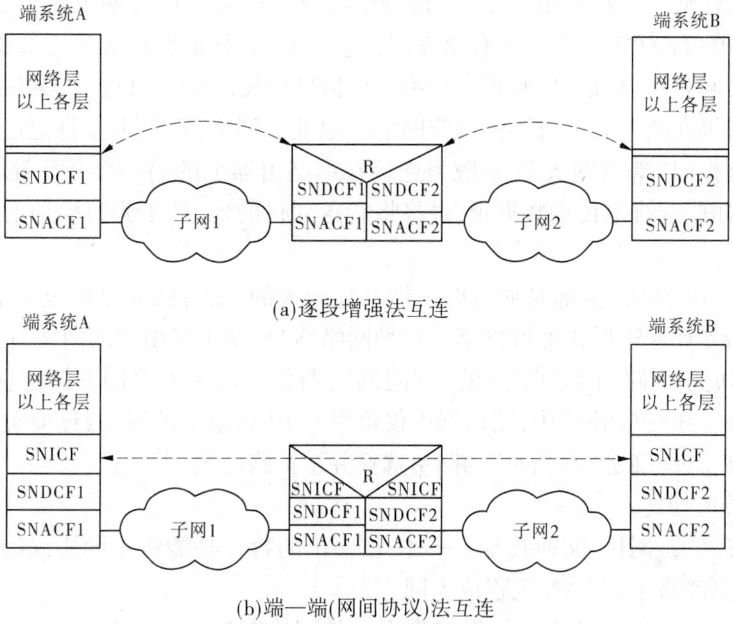

图 6-13 网络同构互联原理图

如图 6-13(b)所示,在这种互连网络中,向上提供的网络服务功能在端到端范围内是连续一致的(如图中的端到端连通的虚线),固有"端到端"含义。

依据上述网络层内部组织结构概念进行网络互连的方法,就是这里所谓的网络同构互连法,它是解决异构网络互连的重要途径,应用非常广泛,具有重要意义。利用这种方法实现互连的一个重要假设是:整个互连网络的互通环境必须建立在一个统一的、标准的网络服务基础上,这个基础掩盖了各个实子网之间(功能上的和结构上的)差异,该基础即形成互连网络系统的基础通信设施。这样,从端系统的立场所看到的网络环境是一致的、透明的,此即网络同构的含义。

(二)网络同构互连设备

1. 路由器

1)路由器的基础

路由器工作在 OSI 模型中的第 3 层,即网络层,是在网络层上实现互连的设备。路由器的内部机构所操纵和处理的对象是网间流通的数据分组或数据报,其中所携带的 3 层信息标识了不同的网络。路由器只转发不同网络的数据报，而把在本网络内传播的数据报阻挡在本网内（包括广播），从而保持各个网络具有相对的独立性，实现网络的互连和隔离。由于是在网络层实现互连，因此对不同类型的网络来说，只要它们的网络层运行的是相同的互连协议，那么通过路由器就可互连起来。通过这一方法，路由器可以实现具有许多网络（子网）互连的大型的网络。以如今普遍使用的TCP/IP网络为例，无论子网本身组网技术如何，只要分配相应IP地址，使用IP协议，就能和其他同样使用IP协议的子网实现"端—端"式互连，最终实现了覆盖全球、无边无界的因特网。

路由器的工作过程如下：路由器有多个端口，用于连接多个不同网络号的网络。路由器在端口收到任何一个数据报（包括广播分组在内），就要将该数据报第二层（数据链路层）的信息去掉（称为"拆包"），查看第3层信息。然后，根据路由表确定数据报的路由，再检查安全访问表；若被通过，则再进行第二层信息封装（称为"打包"），最后将该数据报转发出去。如果在路由表中查不到对应网络层地址的网络，则路由器将把这个不知道该往哪送的数据报向"缺省网关"（一般为连接在本路由器上的另一个指定路由器）发送。这样，路由器如此逐跳地传送数据报，最终将它送到目的地，送不到目的地的数据报则被网络丢弃了。

目前TCP/IP网络，全部是通过路由器互连起来的，因特网就是由成千上万个IP子网通过路由器互连起来的国际性网络。这种网络称为"基于路由器的网络"（router-based net-work），形成了以路由器为节点的"网间网"，两相邻路由器之间的网络通路称为"一跳"（one hop）。在"网间网"中，路由器不仅负责对IP数据报的转发，还要负责与别的路由器进行联络，共同确定"网间网"的路由选择并维护路由表。

2）路由器的功能

路由器集网关、网桥、交换技术于一体，最突出的特性是能将不同协议的网络看作为子网而互连，更能将远程LAN互连成大网。

（1）网络互连。利用路由器可以实现真正的网络互连，它不仅可以实现不同类型局域网之间的互连，而且可以实现广域网与局域网之间、广域网与广域网之间的互连。为了实现网络互连，路由器必须完成如下几个功能：

①地址映射。由于路由器在网络层实现互连，因此必须实现网络地址到物理地址之间的映射。如IP地址与以太网物理地址的转换。

②数据转换。由于路由器可以实现不同网络之间的互连，这些网络之间的最大传输单元MTU（maximum transfer unit）可能不同，因此路由器要解决数据单元的分段与重组。

③路由器可为数据包在网络上选择最好的传输路径。对于流经它的任何数据包均要进行包头的"拆包/打包"，以确定该数据包的流向。另外，为了达到网络负载均衡的目的，它还允许流量在冗余链路上传送。

（2）网络隔离。路由器不仅可以根据局域网的地址和协议类型将整个网络分割成不同的子网，而且可以根据网络号、主机的网络地址、子网掩码、数据类型来监控、拦截和过滤信息。这种隔离功能可以在LAN之间阻止广播流量，避免形成广播风暴，克服了网桥作为互连设备时的最大缺点，提高了整个网络的性能。

（3）安全性与防火墙。它能监视来自每个用户的业务流，并利用动态滤波功能保证网络安全性，只有不被过滤的用户才能拥有相应的数据链路。

(4)第二层的特殊服务，加优先权控制、网络带宽的调整、流量控制以及网络性能的管理等。另外像加密、压缩、容错管理也可用路由器完成。

3)路由器与网桥、交换机的区别

路由器和交换机进行比较，表面上看，两者似乎都是对数据包进行转发和过滤，但两者有如下本质的差别：

(1)网桥、交换机工作在 OSI 参考模型的第二层(数据链路层)，它是基于站点物理地址即 MAC 地址的，而路由器工作在 OSI 参考模型的第三层(网络层)，是基于逻辑网络地址的。

(2)网桥、交换机可以减少网络上不必要的流量并将冲突发生的可能性降至最低；而路由器还可以对网络上数据传送的最佳路径做出智能判断，更重要的是可以抑制广播风暴。

(3)网桥在把数据从源端向目的端转发时，仅仅依靠数据链路层的数据帧头印的信息作为转发的依据，而路由器也分析数据链路层的信息，但是主要以网络层的数据包头中的信息作为转发的依据。更多的分析，会耗去更多的 CPU 时间，所以路由器的传输性可能不如网桥，但是正因为其转发依赖网络协议更高层的信息，所以可以进一步减少其对特定网络技术的依赖性，扩大了路由器的适用范围。

4)路由器分类

路由器的分类目前还没有统一的方法，若根据路由器的工作模式来分，则可以分为静态路由器和动态路由器。

静态路由器是依靠手工输入的信息来配置路由表的方法。静态路由器有以下几个优点：

(1)减少了路由器的日常开销。

(2)在小型互联网上很容易配置。

(3)可以控制路由选择的更新。

但是，静态路由器在网络变化频繁出现的环境中不能很好地工作。在大型的和经常变动的互联网中，配置静态路由器是不现实的。

动态路由器是指路由协议可以根据实际情况生成路由表的方法。动态路由器的主要优点是：如果存在到目的站点的多条路径，在运行路由选择协议(如 RIP)之后，假如正在进行数据传输的一条路径发生中断，那么路由器可以自动选择另一条路径传输数据。

常用的两种路由选择协议是：距离矢量路由选择协议和链路状态路由选择协议。典型的距离矢量路由选择协议有 RIP、IGRP 等；典型的链路状态路由选择协议有 OSPF 等。

从路由器的用途上来分，主要有接入路由器、企业或校园级路由器、骨干级路由器、太比特路由器等。

2. 三层交换机

网桥可以隔开网段中的流量，提高了互连的局域网的性能。但是网桥也存在广播风暴等问题。为解决广播域的问题，引入了路由器，为互连网络之间的信息提供路由；但是路由器需要较多的时间处理每个分组，因为它们必须使用软件来处理分组报头。这个处理过程可能需要较长的时间。分组延迟对不同的分组可能差异很大，这取决于路由器的处理能力以及经过路由器的流量。在网桥基础上，结合硬件交换技术，第二层交换机的出现，实现了网桥的功能，提高了网桥的性能。人们自然会考虑将硬件交换技术与路由器技术相结合，研究第三层交换机。第三层交换机工作在网络层，根据网络层地址实现了第三层分组的转发。第三层交换机本质上是用硬件实现的一种高速路由器。第三层交换机设计的重点放在如何提高接收、处理和转发分组速度，减小传输延迟上，其功能是由硬件实现的。使用专用集成电路 ASIC 芯片，而不是路由处理软件，从而提高了交换的速度。第三层交换机对那些更需要高分组转发速度，而不是对网络管理和安全有很高要求的应用场合，如内部网络主干部分使用第三层交换机是最佳选择。

3. 路由器的地位

虽然路由器处理数据包的速度慢，但在阻隔广播方面却非常有效。所以，路由器不仅能使子网间通信，其控制广播的优点更加可取，当有需要分开不同的子网时，中间放一个路由器不但能解决通信问题又能对广播进行有效“导向”，在这种情形下需要使用路由器。

现在路由器一般用于网络的“边缘”，在广域网中需要路由器；在局域网中尽量使用交换机，必要时才使用路由器。例如，侧重于管理和有效控制广播或要集成不同的网如 FDDI 和 10BASE-T 的互连等，网络里可能需要允许不同的“子网”或不同的 IPX 网共享，而这些局域网之间又需要通信，所以此时需要使用路由器。

四、网关

网关又称协议转换器，其作用是使处于通信网上采用不同高层协议的主机仍然互相合作，完成各种分布式应用。网关工作在 OSI 七层协议的传输层或更高层，实际上网关使用了 OSI 所有 7 个层次。因为网关主要用于连接不同体系结构的网络或 LAN 与主机的连接，在所有互连设备中它最为复杂。

假定主机 A 与主机 B 的应用，表示和会话协议均相同（OSI 的或非 OSI 的），而传送协议不相同。为了使两个主机能通信，就要在传输层上做协议转换。如果所用的通信子网不同，则还要对低层协议做转换。对传输层的协议转换可以包括协议分组的重新装配、长数据的分段、地址格式的转换以及对操作规程的适配等。这些功能都是通过网关实现的。网关在两个网中分别作为一个网络用户。在实际的网络互连中，协议的转换并不一定是一层一层转换的，这就类似于 OSI 各层的实现中不一定要有明显的分层服务界面。只要对外界提供符合一定规则的协议动作即可。例如，会话层与传输层的协议转换可以是同时进行的，另外不同的网络协议之间的各个协议层不一定是一一对应的，因此很可能从应用层开始一直到传输层一起进行协议转换。

网关是提供微机用户进入小型计算机和主机环境的链路。通过使用已由网络建立起来的通信链路，局域网上的任何用户都可通过网关访问主系统。

如图 6-14 所示，网关连接的是不同体系的网络结构，它只可能针对某一特定应用，不可能有通用网关，所以有用于电子邮件的网关，用于远程终端仿真的网关等。不管哪一种网关，都是在应用层进行协议转换。如图 6-15 所示为 NetWare X. 25 网关的应用实例。

图 6-14 网关原理

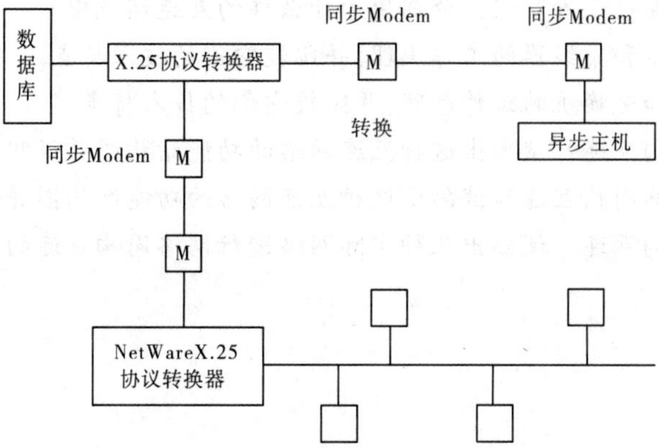

图 6-15 NetWare X.25 网关

小 结

各个部门独立发展的网络只是将本部门的计算机连接在一起,提供本部门的资源共享和信息交换,不同部门之间无法进行通信。在一个独立的网络中,网络能够提供的资源有限。当用户发现本地网络资源无法满足需要时,或要访问的对象不在自己所属的网络范围内,就提出了使本地网络与别的网络进行互连的要求。网络互连允许在不同的网络间进行通信,每个网络既是一个自治系统,也可以成为一个访问别的网络的接入系统或中间系统。

网络互连是指选择不同的网间连接设备,采用不同的网间连接方法实现局域网与局域网之间、局域网与广域网之间、广域网与广域网之间的互连,将各种各样的计算机或LAN、MAN、WAN 连接成一个更大范围的网络。

网络互连可以在不同的层次上实现。对互连层次的选择是指选用 OSI/RM 中的哪一层作为互连实现层。两个网络互连时选择两个互连网络的某一层及以上的各层都具有相同的协议的那一层作为互连层。

不同的网间连接设备可以实现不同层次上的互连。根据互连层次的选择可以选用不同的网间互连设备实现网络互连:

(1)中继器实现物理层次上的网络互连。

(2)网桥实现数据链路层上的网络互连。

(3)路由器实现网络层上的网络互连。

(4)网关实现传输层及传输层以上的网络互连。

习　题

1. 网络互连在实际上有什么意义?
2. 如何确定网络互连层?
3. 有哪些网间连接设备? 它们分别用于什么样的互连环境中?
4. 试说明中继器和集线器的工作原理,并比较它们的技术特点。
5. 试说明网桥和交换机的工作原理,并比较它们的技术特点。
6. 何谓物理同构互连? 试画出这种互连网络的功能结构图并说明其工作原理。
7. 何谓数据链路同构互连? 试画出这种互连网络的功能结构图并说明其工作原理。
8. 何谓网络同构互连? 试画出几种实际网络进行网络同构互连的组织结构图。

项目七　计算机网络应用技术

本项目从应用角度出发,主要介绍 Internet 的发展过程及接入 Internet 的方法,并简要介绍了 Internet 上常见的一些应用,包括搜索引擎、电子邮件、WWW、Telnet、FTP 等。通过本项目的学习,读者应能够了解 Internet 的基础知识,并掌握 WWW 浏览、E-mail、Telnet 和 FTP 等 Internet 应用的方法。

任务一　概　述

Internet 是世界上规模最大、覆盖面最广,且最具影响力的计算机互连网络,它是将分布在世界各地的计算机采用开放系统协议连接在一起,用来进行数据传输、信息交换和资源共享的系统。Internet 是现代计算机技术通信技术与信息处理技术相结合的产物。在现阶段,Internet 作为未来信息高速公路的雏形,无论是在科学研究、教育、金融,还是在商业、军事等部门,其影响都越来越大。

一、Internet 的形成与发展

"Internet"这个词来源于"International"与"Network"两个词的合称,因而,顾名思义,Internet 是网络互连的结果。它将各种各样的物理网络互连起来,构成一个整体,而不管这些网络的类型是否相同,规范是否一样,以及距离的远近。Internet 是按层次结构在逻辑上把各网络组织起来的。一般说来,凡是采用 TCP/IP 协议并能够与 Internet 上的任何一台计算机进行通信的计算机都可看成是 Internet 的一部分。

Internet 最早起源于美国国防部在 1969 年创建的 ARPANET(advance research projects agency network,国防部高级研究计划署网络)。最初建立的 ARPANET 网只有 4 个节点:加州大学的洛杉矶分校、斯坦福研究所、加州大学圣达巴比分校和犹他大学,采用存储转发方式的分组交换连接起来。ARPANET 网是为了使在地域上相互分离的一些军事研究机构和大学之间实现数据共享而开发的。当时的设计思想是,当网络的某一部分在战争等特殊情况下受到攻击而损坏时,网络中其他部分还能正常工作。

1983 年,ARPANET 网被分成两部分:一部分是专门用于国防 Milnet;另一部分仍然以 ARPANET 相称。它们之间仍保持着互连状态,彼此之间仍能进行通信和资源共享。从 1969 年创建的 ARPANET 到 1983 年是 Internet 发展的第一阶段,即研究试验阶段。当时连接在 Internet 上的计算机约为 200 台。

从 1983 年到 1994 年是 Internet 发展的第二阶段,即 Internet 在教育和科研领域广泛使用的实用阶段,其核心是 NSFNET 的形成和发展。1986 年,美国国家科学基金委员会(national science foundation,NSF)制订了一个使用超级计算机的计划,即在全美设置若干台超级计算机中心,并建设一个主干网,把这些中心的计算机连接起来,形成一个

NSFNET,并称为 Internet 的主体部分。NSFNET 是一个三级分层的互联网,即由 NSFNET 主干网、各个区域网以及众多的校园网组成。NSFNET 主干网的传输速度从 1987 年的 64 kb/s 提高到了 T1(1.544 Mb/s),至 1992 年,传输速度再次从 T1 提高到了 T3(45 Mb/s)。

到 1994 年,随着 Internet 规模的扩大,应用服务的不断发展及市场全球化需求的增长,提出一个新的概念——Internet 的商业化,并开始建立 AlterNet 和 PSlnet 这些商用的 IP 网络。此时 Internet 进入第三个阶段,即商业化阶段。Internet 不仅服务于教育和科研领域,而且应用于经营性的商业活动。

Internet 从研制试验阶段发展到用于教育、科研的实用阶段,进而发展到商用阶段,反映了 Internet 技术和应用的成熟。

中国于 1994 年开始与 Internet 相连,目前已有 5 个拥有独立出入口信道、面向公众经营业务的计算机互连网络与 Internet 相连,它们是中国公众网(CHINANET)、中国教育科研网(CERNET)、中国科技网(SCTNET)、中国金桥网(CHINAGBN)、中国联通网(UNINET)。这些互连网络构成了中国大陆的 Internet 服务机构,任何中国的用户要连入 Internet 都必须通过上述服务机构之一才能实现。

二、Internet 的结构和特点

从技术角度看,Internet 本身不是某一种具体的物理网络技术,它是能够互相传递信息的众多网络的一个统称,或者说它是一个网间网,只要人们进入了这个互联网,就是在使用 Internet。连入 Internet 的计算机网络种类繁多,形式各异,且分布在世界各地,因此需要通过路由器(网关)并借助于各种通信线路或公共通信网络把它们连接起来。由于实现了与公用电话网的互连,个人用户入网十分方便,只要有电话和 Modem 即可,这也是 Internet 迅速普及的原因之一。Internet 由美国的 ARPANET 网络发展而来,因此它沿用了 ARPANET 使用的 TCP/IP 协议,它是实现互联网连接性和互操作性的关键。由于 TCP/IP 协议非常有效且使用方便,许多操作系统都支持它,无论是服务器还是个人计算机都可安装使用。

对于全球性最大的互连网络,总的说来是无确定的负责人,它是由各自独立管理的网络互连构成的,而这些网络都各自拥有自己的管理体系和政策法规。因此,没有集中的负责掌管整个 Internet 的机构。尽管如此,某些政府部门在制定 Internet 有关政策时实际上起着主导作用。例如,中国国务院也出台了中国 Internet 管理的有关规定。此外,为了确保 Internet 的正常运行和推动有关新技术的应用,并使之不断地发展,需要有一个组织机构负责协调、组织新技术标准的研究与传播,并对大众的技术、编号服务给予支持。Internet 目前的最高国际组织是 Internet 学会(Internet Society),该学会是一个志愿者组织,也是一个非营利性的专业化组织,其主要目标是促进 Internet 的改革与发展。该学会下分 Internet 体系结构研究会(IAB)和其他几个研究会,IAB 下又有工程组(IETF)、许可证管理局(ICRS)、技术研究组(IRTF)和编号管理局(IANA)等。IAB 的主要任务是为支持 Internet 的科研与开发提供服务。

在 Internet 中,分布着一些覆盖范围很广的大网络,这种网络称为"Internet 主干网",它们一般属于国家级的广域网。例如 CHINANET 和 CERNET 等就是中国的 Internet 的主

干网。主干网一般只延伸到一些大城市或重要地方,在那里设立主干网节点。每一个主干网节点可以通过路由器将广域网与局域网连接起来,一个节点还可以通过另外的路由器与其他局域网再互连,由此形成一种网状结构。

从互联网的结构上看,Internet 有以下几个特点:

(1)对用户隐藏网间连接的低层节点。

(2)不指定网络互连的拓扑结构。

(3)能通过中间网络收发数据。

(4)互联网的所有计算机共享一个全局的标识符(名字或地址)。

(5)建立通信和传送数据的一系列操作与低层网络技术和信宿机无关,仅与高层协议有关。

Internet 在用户看来,整个互联网在逻辑上是统一的、独立的,在物理上则由不同的网络互连而成。正是 Internet 的这种特性,使得广大 Internet 用户不必关心网络的连接,而只关心网络提供的丰富资源。

三、Internet 提供的基本网络服务

Internet 上的信息资源非常丰富,信息服务的种类也是多种多样的。主要有以下几种。

(一)文件传输服务(FTP)

文件传输服务器允许 Internet 上的客户将一台计算机上的文件传送至另一台计算机上。它可以传送所有类型的文件:文本文件、二进制可执行文件、图像文件、声音文件、数据压缩文件等。FTP 比任何其他方式(比如电子邮件)交换数据都要快得多。

(二)万维网服务(WWW)

WWW 是目前最受用户欢迎的一种服务。它是基于超文本的信息查询工具,它把 Internet 上不同的地点的相关数据信息有机地组织起来,供用户查询。WWW 的用户界面非常友好,著名的 WWW 客户程序有 Netscape、Internet Explore、Mosaic 等。

(三)远程登录(Telnet)

在 Internet 中,用户可以通过远程登录使自己成为远程计算机的终端,然后在它上面运行程序,或使用它的软件和硬件资源。

(四)电子邮件(E-mail)

电子邮件又叫电子信箱,它利用计算机的存储、转发原理,克服时间、地理上的差距,通过计算机终端和通信网络进行文字、声音、图像等信息的传递。它是 Internet 的一项重要功能。

任务二　Internet 的接入

Internet 接入方式是指用户采用什么设备、通过什么线路接入互联网。用户计算机与 Internet 的连接方式,通常可分为专线连接和电话拨号连接。近年来,又推出了通过 ISDN(综合业务数字网)、DSL、有线电视网络、无线上网和电力线网络接入等方式。用户选择

入网方式,需要考虑用户所处的地理位置和通信条件、使用者数量、通信量、希望访问的资源、要求响应的速度、设备条件以及资金的投入等因素。常用的 Internet 接入方式有以下几种。

一、拨号接入

对于个人用户来说,可以采用 SLIP(serial line internet protocol)或 PPP(point to point protocol)协议,通过调制解调器和拨号电话接入一台 Internet 主机的方式。为此,需要具备以下条件:

(1)一条电话线路。

(2)一台传输速率为 33.6 kb/s 或 56 kb/s 的调制解调器。

(3)TCP/IP 协议软件和 SLIP 或 PPP 拨号网络软件。

(4)向 Internet 网络服务提供商 ISP 申请一个用户账号。

用户首先需要向 ISP 申请一个用户账号,有了这个账号,用户的计算机才能连接到 ISP 的 Internet 主机上。其次要安装调制解调器及其驱动程序,然后还需安装拨号网络软件。此后就可通过电话线路拨号上网。这时用户的计算机相当于 ISP 联网主机的一个终端,它与主机都属于 Internet 的一部分。通常,主机将 IP 地址动态地分配给每个 PPP 终端用户,只有分配到 IP 地址的用户计算机才能享受到 ISP 所能提供的各种 Internet 服务。拨号上网已经成为个人用户访问 Internet 的一种最重要的方式。

二、专线接入

通过局域网接入 Internet 是指将用户的计算机连接到一个已经接入 Internet 的计算机局域网络中,该局域网的服务器是 Internet 上的一台已经申请并得到域名的计算机,这样用户的计算机就可以通过该局域网服务器访问 Internet。对于单位用户和机关政府部门来说,通过局域网接入 Internet 是一种行之有效的方法。通过局域网上网不仅速度快,而且用户的机器开机后总是在线的。通过局域网接入 Internet 所需要的条件如下:

(1)联网的用户计算机需要增加一块合适的网卡。

(2)安装相应的驱动程序。

(3)安装 TCP/IP 协议等软件。

(4)正确设置局域网服务器、域名服务器和用户计算机的 IP 地址等。

三、ISDN 接入

通过电话拨号上网的缺点是速率慢,而且用于上网的电话不能同时进行通话,因此人们又开发出了 ISDN 这种新的上网方式。ISDN(integrate service digital network)即综合业务数字网,俗称"一线通",能提供端到端的数字连接,它支持一系列广泛的话音和非话音业务,并可提供 128 kb/s 的数据传输速率。

ISDN 实现了用户线的数字化,一切信号都以数字形式进行传输和交换。它利用现有的模拟电话用户线,通过在用户端加装标准的用户/网络接口设备(NT),将可视电话、数据通信、数字传真和数字电话等终端通过一根传统的电话线接入 ISDN 网络,使用户的通信手段大大增加,并提供了比拨号上网快得多的传输速度。

四、数字用户环路 DSL 接入

数字用户环路 DSL(digital subscriber loop)技术的宗旨是通过电子设备和专用软件,使目前使用的电话线成为数字传输线路,并能使带宽达到 2 Mb/s 以上。具体的 DSL 技术可分为 ADSL、VDSL、VADSL 和 HDSL 等,统称为 XDSL。目前比较常用的是 ADSL 接入技术。

ADSL 是一种不对称数字用户环路技术,适用于广域网的接入,比传统的电话线接入要快许多倍。ADSL 采用专门的调制解调器,在连接双方的两个调制解调器之间的电话线上可以产生三个信息通道:

(1)一条 1.5 Mb/s 至 9 Mb/s 的高速下行通道。

(2)一条 16 kb/s 至 1 Mb/s 的中速双工上行通道。

(3)一条普通的(4 kHz)电话服务通道。

ADSL 接入无须拨号,只要接通线路和电源即可,它可以同时连接多个设备,包括普通电话机和 PC 机等。ADSL 上网速度快,被称为宽带网,是一种相当有前途的接入方式。

五、无线接入

在无线网络领域中,WLAN 技术是目前应用最广的一种无线连接技术,从它的名字可以看出,它并不是真正的无线互连技术,而只是局域网的无线连接,所以如果单机要实现无线上网,必须使自己的计算机在具有无线网络覆盖的热点(即 AP)中。无线局域网网络协议现有三种标准,即 IEEE802.11b/a/g,而以 802.11b 技术最成熟,提供了 11 Mb/s 的无线连接速率,目前大部分使用的协议都是这个。

WLAN 无线上网是以"有线+无线"方式进行的,即互联网入口是通过有线方式连接上网至 AP 覆盖某个地区,用户只需在计算机上安装相应支持 WLAN 标准的无线网卡,装好驱动程序,处在相应无线网络覆盖地区,就可实现无线上网了。

任务三 Internet 的应用

Internet 上的信息很多,信息服务的方式也是各种各样的,下面介绍几种常用的 Internet 应用。

一、搜索引擎

(一)查找信息的途径

在 Internet 上查找信息的途径有很多种,可大致分为以下几种:

(1)偶然发现。这是在 Internet 中发现信息的原始方法。当你在 Internet 上遨游时,也许会意外发现一些很有用的信息。由于这种方法的不可预见性,所以它也很有乐趣,但也许会一无所获。

(2)浏览(browsing)。浏览就如同走进图书馆的书库,然后在书架上直接翻看一样。

目前 Internet 上提供的 Gopher 服务就是这种方法的电子等价物。WWW 提供的超文本方式可以看作是浏览的一种特殊形式。

(3)搜索(searching)。搜索就像通过索引或分类卡片来帮助查找一样。在 Internet 中有许多不同类型的搜索工具,如 WAIS、Archie、Veronica、Jughead 等,它们都有各自不同的搜索目的。而现在最为流行的是许多站点提供给用户一种组合式的搜索界面——搜索引擎。使用搜索方法可以缩小查找范围,达到事半功倍的效果。

(二)常用的中文搜索引擎

1. 中文雅虎

中文雅虎是 Yahoo 搜索引擎的中文版,也是 Internet 上最受欢迎的中文搜索引擎之一,共收录了上万个中文站点。中文雅虎支持简体中文(GB 编码)与繁体中文(BIG5 编码)。中国大陆的站点一般使用简体中文,而香港与台湾的站点一般使用繁体中文。中文雅虎提供与 Yahoo 相同的搜索方式:分类目录与关键字搜索。

2. 搜狐

搜狐也是国内比较有影响的一个简体中文搜索引擎。搜狐提供了两种搜索方式:分类目录与关键字搜索。

搜狐的分类目录功能比较强,所有目录是专门为中国用户设计的,分类比较科学并符合中国人的思维方式。搜狐将精选的中文站点分为十几个大类,包括娱乐休闲、国家与地区、工商经济、公司企业、计算机与互联网、体育与健身、新闻与媒体、文学、艺术、卫生与健康、教育、生活服务、社会与文化、社会科学、旅游与交通、政治与法律、个人主页;而每个大类下又分为不同的小类,可以通过它们找到自己要访问的站点。

搜狐的关键字搜索功能相对较弱。它只支持最简单的布尔表达式,并且很多关键字的搜索都会返回空项。

3. Google

Google 成立于 1997 年,几年间迅速发展成为目前规模最大的搜索引擎,并向其他门户和搜索引擎提供后台网页查询服务。Google 提供常规及高级搜索功能。在高级搜索中,用户可限制某一搜索必须包含或排除特定的关键词或短语。该引擎允许用户定制搜索结果页面所含信息条目数量,可从 10 到 100 条任选。提供网站内部查询和横向相关查询。Google 允许以多种语言进行搜索,在操作界面中提供多达 30 余种语言选择,包括英语、主要欧洲国家语言(含 13 种东欧语言)、日语、中文(简/繁体)、朝语等。同时还可以在多达 40 多个国别专属引擎中进行选择。

4. 百度

百度是国内最大的商业化全文搜索引擎。其功能完备,搜索精度高,是目前国内技术水平较高的搜索引擎。

百度目前主要提供中文(简/繁体)网页搜索服务。如无限定,默认以关键词精确匹配方式搜索。支持"—"号、"."号、"|"号、"link:"、书名号"《》"等特殊搜索命令。在搜索结果页面,百度还设置了关联搜索功能,方便访问者查询与输入和关键词有关的其他方面的信息。提供"百度快照"查询。其他搜索功能包括新闻搜索、MP3 搜索、图片搜索、Flash 搜索等。

二、万维网（world wide web）

万维网(WWW)的历史短暂但辉煌。world wide web 最初在 CERN 量子物理欧洲实验室开发,是为了便于物理学家之间实现文件的共享及通信。1993 年,美国国家超级计算机中心(NCSA)开发出了第一个图形 Web 浏览器——Mosaic。第一个流行的 Web 服务器(NCSA HTTPd)由 Bob McCool 在美国国家超级计算机应用中心创建。该服务器是当前最流行的 Web 服务器 Apache Web 服务器的前身。第一个图形界面的浏览器的开发者是 Marc Andreessen, 他后来创立了网景通信公司, 开发出了众所周知的 Netscape Navigator。

(一)统一资源定位器

在 Web 上寻找信息的关键在于了解 Web 服务器和客户端如何定位服务器和文件的位置。Web 使用统一资源定位器策略(URL)来标识 Web 页和其他资源。

下面是一个 URL 示例:

http://www. w3c. org/Protocols/index,html

这个 URL 可以将用户带到万维网论坛的 Web 站点。它可以分为以下几部分:

Protocol://(协议)。

Servername. domain(服务器名. 域)。

directory/(目录)。

file(文件)。

在上述示例中:

协议是 HTTP;全称域命名为 www. w3c. org;目录名为 Protocols;文件为 index. html。

注意大多数 Web 服务器都配置为可自动提供缺省主页。在大多数情况下,缺省主页为 index. html,其他可能的缺省主页为 home. html、default. html、home. htm 及 index. htm 等。

其他常见的 URL 有:

ftp://服务器域名/目录/文件。

ftp://用户名@服务器域名/目录/文件。

telnet://服务器域名。

(二)Web 服务器与浏览器

Web 服务器是 Web 的内容提供者。它响应客户端请求,并向客户端提供某种形式的数据。通常,这些数据采用超文本标记语言(HTML)。服务器也可提供其他形式的数据如图像、声音、应用程序,甚至是视频。Web 浏览器是 Web 的客户端。浏览器包括与 Web 服务器建立通信所需的软件及转换,并显示从服务器方返回数据的软件。

Web 服务器与浏览器的通信协议是超文本传输协议。

(三)超文本传输协议 HTTP

HTTP 协议使 Web 服务器和浏览器可以通过 Web 交换数据。它是一种请求/响应协议,即服务器等待并响应客户方请求。HTTP 不维护与客户方的连接,它使用可靠的 TCP 连接,通常采用 TCP80 端口。客户/服务器传输过程可分为以下四个基本步骤:

(1)浏览器与服务器建立连接。

(2)浏览器向服务器请求文档。

(3)服务器响应浏览器请求。

(4)断开连接。HTTP 是一种无状态协议,它不维护连接的状态信息。

为了使服务器与客户端通信成为可能,HTTP 协议建立了一种由请求和响应消息组成的 Web 语言。

(四)Web 语言

HTTP 提供使 Web 服务器与浏览器通信的一组规则。但是,人们对通信感兴趣的是 Web 编程语言,它向 Web 的使用者提供他们需要的信息。最通用的 Web 编程语言是 HTML。但是,还存在其他一些 Web 编程语言,它们或者与 HTML 结合使用,或单独使用。本节将讨论常见的 Web 编程语言。

(1)HTML,超文本标记语言是所有浏览器都可以理解的标准语言。它由一组标明 Web 页面内容的标记组成。HTML 与平台无关,因此可以高效地从一个计算机环境传输到另一个计算机环境。这些特性使 HTML 成为 Web 中最通用的语言。HTML 是标准通用标记语言(standard generalized markup language,SGML)的一个应用。SGML 是电子文档标记的国际标准。使用 SGML,用户可以创建类似于 HTML 的文档类型定义(document type definitions,DTD)。

(2)CGI,通用网关接口(CGI)是 Web 服务器向基于 CGI 的程序传递数据的标准。

CGI 程序可以使用任何语言编写,但它通常使用 C 语言或 Perl 语言编写。CGI 脚本的典型用法是从 Web 页面上获取信息,处理这些信息然后向用户提供他所需的信息。

(3)Perl,Perl 是源码公开的编程语言,通常用于 Web。因为其文本处理能力出众,所以最早用于 Unix 系统,系统管理员使用它来简化日常工作。在 Web 应用中,Perl 语言的文本处理能力再一次发挥作用。

(4)Java,Java 语言由 Sun 公司开发,与 C++类似,也是一种面向对象的程序设计语言。Java 比 C++更容易使用而且更加健壮。

(5)JavaScript,JavaScript 由网景公司开发,使 Web 开发人员可在他们的主页中添加交互功能。常用的客户方变量有点击数、按钮及其他交互性内容。JavaScript 还可以实现 CGI 程序的功能。例如 Web 格式的错误检查。与以往将数据发送回服务器来确认完整性及正确性不同,通过 JavaScript,可以在客户方实现上述操作,这样可获得更高的性能。

(6)动态服务器页面 ASP,微软的动态服务器页面在 Web 页面上完成与 CGI 类似的功能。与 CGI 不同,ASP 仅需要简单的脚本语言如 JavaScript、VBScript 或 Visual Basic,就可实现。

三、电子邮件(E-mail)

(一)电子邮件的工作原理

电子邮件的工作过程遵循客户机/服务器模式。每份电子邮件的发送都要涉及发送方与接收方,发送方式构成客户端,而接收方构成服务器端。服务器含有众多用户的电子信箱。发送方通过邮件客户程序,将编辑好的电子邮件向邮局服务器(SMTP 服务器)发送。邮局服务器识别接收者的地址,并向管理该地址的邮件服务器(POP3 服务器)发送消息。邮件服务器只将消息存放在接收者的电子信箱内,并告知接收者有新邮件到来。接收者通过邮件客户程序连接到服务器后,就会看到服务器的通知,进而打开自己的电子信箱来查收邮件。

通常 Internet 上的个人用户不能直接接收电子邮件,而是通过申请 ISP 主机的一个电子信箱,由 ISP 主机负责电子邮件的接收。一旦有用户的电子邮件到来,ISP 主机就将邮件移到用户的电子信箱内,并通知用户有新邮件。因此,当发送一条电子邮件给另一个客户时,电子邮件首先从用户计算机发送到 ISP 主机,再到 Internet,再到收件人的 ISP 主机,最后到收件人的个人计算机。

ISP 主机起着“邮局”的作用,管理着众多用户的电子信箱。每个用户的电子信箱实际上就是用户所申请的账号名。每个用户的电子邮件信箱都要占用 ISP 主机一定容量的硬盘空间,由于这一空间是有限的,因此用户要定期查收和阅读电子信箱中的邮件,以便腾出空间来接收新的邮件。

电子邮件在发送与接收过程中都要遵循 SMTP、POP3 等协议,这些协议确保了电子邮件在各种不同系统之间的传输。其中,SMTP 负责电子邮件的发送,而 POP3 则用于接收 Internet 上的电子邮件。

(二)SMTP 结构及原理

SMTP(simple mail transfer protocol)协议是为了保证电子邮件的可靠和高效传送。TCP/IP 协议的应用层中包含有 SMTP 协议,但事实上它与传输系统和机制无关,仅要求一个可靠的数据流通道。在 TCP 上,它使用端口 25 进行传输。SMTP 的一个重要特点是可以在可交互的通信系统中转发邮件。

1. SMTP 的工作机制

SMTP 提供了一种邮件传输的机制,当收件方和发件方都在一个网络上时,可以把邮件宣传给对方;当双方不在同一个网络上时,需要通过一个或几个中间服务器转发。SMTP 首先由发件方提出申请,要求与接收方 SMTP 建立双向的通信渠道,收件方可以是最终收件人也可以是中间转发的服务器。收件方服务器确认可以建立连接后,双发就可以开始通信。

发件方 SMTP 向收件方发出 MAIL 命令,告知发件方的身份;如果收件方接受,就会回答 OK。发件方再发出 RCPT 命令,告知收件人的身份,收件方 SMTP 确认是否接收或转发,如果同意就回答 OK;接下来就可以进行数据传输了。通信过程中,发件方 SMTP 与收件方 SMTP 采用对话式的交互方式,发件方提出要求,收件方进行确认,确认后才进行下一步的动作。整个过程由发件方控制,有时需要确认几回才可以。

为了保证回复命令的有效,SMTP 要求发件方必须提供接收方的服务器及邮箱。邮件的命令和答复有严格的语法定义,并且回复具有相应的数字代码。所有的命令由 ASCII 码组成。命令代码是与大小写无关的,如 MAIL 和 mail、mAIL 都是等效的。

2. SMTP 的基本命令

SMTP 定义了 14 个命令,其中使得 SMTP 工作的基本的命令有 7 个,分别为 HELO、MAIL、RCPT、DATA、REST、NOOP 和 QUIT。下面分别进行介绍:

(1)HELO——发件方问候收件方,后面是发件人的服务器地址或标识。收件方回答OK时标识自己的身份。问候和确认过程表明两台机器可以进行通信,同时状态参量被复位,缓冲区被清空。

(2)MAIL——这个命令用来开始传送邮件,它的后面跟随发件方邮件地址(返回邮件地址)。它也用来当邮件无法送达时,发送失败通知。为保证邮件的成功发送,发件方的地址应是被对方或中间转发方同意接收的。这个命令会清空有关的缓冲区,为新的邮件做准备。

(3)RCPT——这个命令告诉收件方收件人的邮箱。当有多个收件人时,需要多次使用该命令,每次只能指明一个人。如果接收方服务器不同意转发这个地址的邮件,它必须报550错误代码通知发件方。如果服务器同意转发,它要更改邮件发送路径,把最开始的目的地(该服务器)换成下一个服务器。

(4)DATA——收件方把该命令之后的数据作为发送的数据。数据被加入数据缓冲区中,以单独一行是"."的行结束数据。结束行对于接收方同时意味立即开始缓冲区内的数据传送,传送结束后清空缓冲区。

(5)REST——这个命令用来通知收件方复位,所有已存入缓冲区的收件人数据,发件人数据和待传送的数据都必须清除,接收方必须回答OK。

(6)NOOP——这个命令不影响任何参数,只是要求接收方回答OK,不会影响缓冲区的数据。

(7)QUIT——SMTP要求接收方必须回答OK,然后中断传输;在收到这个命令并回答OK前,收件方不得中断连接,即使传输出现错误。发件方在发出这个命令并收到OK答复前,也不得中断连接。

四、远程登录(Telnet)

Telnet服务虽然也属于客户机/服务器模型的服务,但它更大的意义在于实现了基于Telnet协议的远程登录(远程交互式计算)。

(一)远程登录的基本概念

远程登录是指用户使用Telnet命令,使自己的计算机暂时成为远程主机的一个仿真终端的过程。仿真终端等效于一个非智能的机器,它只负责把用户输入的每个字符传递给主机,再将主机输出的每个信息回显在屏幕上。分时系统允许多个用户同时使用一台计算机,为了保证系统的安全和记账方便,系统要求每个用户有单独的账号作为登录标识,系统还为每个用户指定了一个口令。用户在使用该系统之前要输入标识和口令。

(二)远程登录的工作过程

使用Telnet协议进行远程登录时需要满足以下条件:在本地计算机上必须装有包含Telnet协议的客户程序;必须知道远程主机的IP地址或域名;必须知道登录标识与口令。

Telnet远程登录服务分为以下4个过程:

(1)本地与远程主机建立连接。该过程实际上是建立一个TCP连接,用户必须知道远程主机的IP地址或域名。

(2)将本地终端上输入的用户名和口令及以后输入的任何命令或字符以NVT(net

virtual terminal)格式传送到远程主机。该过程实际上是从本地主机向远程主机发送一个IP数据报。

(3)将远程主机输出的NVT格式的数据转化为本地所接收的格式送回本地终端,包括输入命令回显和命令执行结果。

(4)本地终端对远程主机进行撤销连接。该过程是撤销一个TCP连接。

(三)Telnet协议

Telnet服务器软件是最常用的远程登录服务器软件,是一种典型的客户机/服务器模型的服务,它应用Telnet协议来工作。

1.基本内容

Telnet协议是TCP/IP协议簇中的一员,是Internet远程登录服务的标准协议。应用Telnet协议能够把本地用户所使用的计算机变成远程主机系统的一个终端。它提供了三种基本服务:

(1)Telnet定义一个网络虚拟终端为远的系统提供一个标准接口。客户机程序不必详细了解远的系统,它们只需构造使用标准接口的程序。

(2)Telnet包括一个允许客户机和服务器协商选项的机制,而且它还提供一组标准选项。

(3)Telnet对称处理连接的两端,即Telnet不强迫客户机从键盘输入,也不强迫客户机在屏幕上显示输出。

2.适应异构

为了使多个操作系统间的Telnet交互操作成为可能,就必须详细了解异构计算机和操作系统。例如,一些操作系统需要每行文本用ASCII回车控制符(CR)结束,另一些系统则需要使用ASCII换行符(LF),还有一些系统需要用两个字符的序列回车—换行(CRLF);再比如,大多数操作系统为用户提供了一个中断程序运行的快捷键,但这个快捷键在各个系统中有可能不同(一些系统使用CTRL+C,而另一些系统使用ESCAPE)。如果不考虑系统间的异构性,那么在本地发出的字符或命令,传送到远地并被远地系统解释后很可能会不准确或者出现错误。因此,Telnet协议必须解决这个问题。

为了适应异构环境,Telnet协议定义了数据和命令在Internet上的传输方式,此定义被称作网络虚拟终端NVT(net virtual terminal)。它的应用过程如下:

(1)对于发送的数据。客户机软件把来自用户终端的按键和命令序列转换为NVT格式,并发送到服务器,服务器软件将接收到的数据和命令,从NVT格式转换为远地系统需要的格式。

(2)对于返回的数据。远地服务器将数据从远地机器的格式转换为NVT格式,而本地客户机将接收到的NVT格式数据再转换为本地的格式。

3.传送远地命令

绝大多数操作系统都提供各种快捷键来实现相应的控制命令,当用户在本地终端键入这些快捷键的时候,本地系统将执行相应的控制命令,而不把这些快捷键作为输入。那么对于Telnet来说,它是用什么来实现控制命令的远地传送呢?

Telnet同样使用NVT来定义如何从客户机将控制功能传送到服务器。ASCII字符集包括 95 个可打印字符和 33 个控制码。当用户从本地键入普通字符时,NVT 将按照其原始含义传送;当用户键入快捷键(组合键)时,NVT 将把它转化为特殊的 ASCII 字符在网络上传送,并在其到达远地机器后转化为相应的控制命令。将正常 ASCII 字符集与控制命令区分主要有两个原因:

(1)这种区分意味着 Telnet 具有更大的灵活性,它可在客户机与服务器间传送所有可能的 ASCII 字符以及所有控制功能。

(2)这种区分使得客户机可以无二义性地指定信令,而不会产生控制功能与普通字符的混乱。

4. 数据流向

数据信息被用户从本地键盘键入并通过操作系统传到客户机程序,客户机程序将其处理后返回操作系统,并由操作系统经过网络传送到远地机器,远地操作系统将所接收数据传给服务器程序,并经服务器程序再次处理后返回到操作系统上的伪终端入口点,最后,远地操作系统将数据传送到用户正在运行的应用程序,这便是一次完整的输入过程;输出将按照同一通路从服务器传送到客户机。

5. 强制命令

读者还应考虑到这样一种情况:假设本地用户运行了远地机器的一个无休止循环的错误命令或程序,且此命令或程序已经停止读取输入,那么操作系统的缓冲区可能因此而被占满,如果这样,远地服务器也无法再将数据写入伪终端,并且最终导致停止从 TCP 连接读取数据,TCP 连接的缓冲区最终也会被占满,从而导致阻止数据流流入此连接。如果以上事情真的发生了,那么本地用户将失去对远地机器的控制。

为了解决此问题,Telnet 协议必须使用外带信令以便强制服务器读取一个控制命令。TCP 可以使用紧急数据机制实现外带数据信令,那么 Telnet 只要再附加一个被称为数据标记(date mark)的保留八位组,并通过让 TCP 发送已设置紧急数据比特的报文段通知服务器便可以了,携带紧急数据的报文段将绕过流量控制直接到达服务器。作为对紧急信令的响应,服务器将读取并抛弃所有数据,直到找到了一个数据标记。服务器在遇到了数据标记后将返回正常的处理过程。

6. 选项协商

Telnet 两端的机器和操作系统的异构性,使得 Telnet 不可能也不应该严格规定每一个 Telnet 连接的详细配置;否则将大大影响 Telnet 的适应异构性。因此,Telnet 采用选项协商机制来解决这一问题。

Telnet 选项的范围很广:一些选项扩充了大方向的功能,而一些选项只涉及一些微小细节。例如:有一个选项可以控制 Telnet 是在半双工还是全双工模式下工作(大方向);还有一个选项允许远地机器上的服务器决定用户终端类型(小细节)。

Telnet 选项的协商对于每个选项的处理都是对称的,即任何一端都可以发出协商申请;任何一端都可以接受或拒绝这个申请。另外,如果一端试图协商另一端不了解的选项,接受请求的一端可简单的拒绝协商。因此,有可能将更新、更复杂的 Telnet 客户机服务器版本与较老的、不太复杂的版本进行交互操作。如果客户机和服务器都理解新的选项,可能会对交互有所改善;否则,它们将一起转到效率较低但可工作的方式下运行。所有的这些设计,都是为了增强适应异构性。

五、文件传输 FTP

文件传输也是 Internet 中最早提供的服务之一,目前仍在被人们广泛使用着。实际上,它是使用 TCP/IP 体系结构中应用层上的 FTP 协议(file transfer protocol)在不同的计算机系统之间互相传输文件的过程,因此人们通常将文件传输服务称为 FTP 服务。通过 FTP 服务,Internet 上的用户可以从授权的异地计算机上获取所需的文件,也可以把本地文件传输到其他计算机上,这就为计算机之间双向传输文件提供了一种有效的手段。

(一)FTP 服务的工作模式

FTP 服务也采用典型的客户机/服务器的工作模式。远端提供 FTP 服务的计算机称为 FTP 服务器,通常是 Internet 信息服务提供者的计算机,它负责管理一个“文件仓库”,Internet 用户可以通过 FTP 客户机从“文件仓库”中取文件或向“文件仓库”中存入文件。从客户机上把文件或资源传送到服务器上的过程称为上传,而将从服务器上把文件或资源传送到客户机上的过程称为下载。

FTP 服务是一种实时的联机服务,用户在访问 FTP 服务器之前必须进行登录,登录时要求用户给出用户在 FTP 服务器上的合法账号和口令。只有成功登录的用户才能访问该 FTP 服务器。FTP 这种工作方式限制了 Internet 上一些公用文件及资源的发布,为此 Internet 上的大多数 FTP 服务器都提供了一种匿名 FTP 服务。

(二)FTP 的匿名服务

目前 Internet 上的大多数提供公共资料的 FTP 服务器都提供匿名 FTP 服务,Internet 用户可以随时访问这些服务器而不需要预先申请账号。当用户使用匿名服务时,用户一般不需要输入账号和密码或使用匿名账号和密码。匿名账号和密码都是公开的,如果没有特殊声明,通常使用“anonymous”作为账号,使用“guest”或个人的电子邮件地址作为口令。

由于 FTP 提供这种匿名服务,为了保证 FTP 服务器以及服务器上文件的安全性,很多 FTP 服务器只允许用户下载文件,而不允许用户上传文件。

(三)FTP 客户端应用程序

Internet 用户使用的 FTP 客户端应用程序通常有以下三种类型:

(1)FTP 命令行。传统的 FTP 命令行形式是最早的 FTP 客户端程序,现在的 Window 仍然有基于命令行的字符界面的 FTP 程序。命令行的 FTP 使用起来不方便,首先要掌握几十条命令,而且字符的屏幕上通常只能显示 25 行或 50 行,显示结果查看不便。因此,现在很少有用户使用它们,不过由于 FTP 命令行通常包括在操作系统中,用户在没有其他工具可用的时候可以考虑使用。

(2)浏览器。浏览器一般是访问 WWW 服务的客户端应用程序,用户通过指定 URL 就可以浏览相应的页面信息。在访问 WWW 服务时,URL 的协议部分一般是 http:,如果将协议部分换为 ftp,后面指定的是 FTP 服务器的主机名,同样可以使用浏览器来访问 FTP 服务器。

(3)专用的 FTP 软件。其实,现在人们访问 FTP 服务时通常都使用一些专用的 FTP

软件,这些软件不仅具备友好的图形界面、操作简单,更高的文件传输速度,而且通常具有断点续传功能,即一个文件的传输可以分为若干次完成,这样就不会受到网络连接突然中断的影响。常用的 FTP 软件有 LeapFTP、CuteFTP、WS-FTP、FTPX 等,这些软件的原理基本相同,只是用户界面和功能略有差异。

小 结

本项目从应用角度出发,介绍了 Internet 的发展过程及接入 Internet 的方法,并简要介绍了 Internent 上常见的一些应用,包括搜索引擎、电子邮件、WWW、Telnet、FTP 等。

习 题

1. 接入 Internet 主要有几种方式?每种方式的特点和应用范围是什么?
2. 现有计算机一台、Modem 一个、电话线一条,简述如何与 Internet 连接?
3. 简要说明电子邮件是如何发送的?
4. 简述 Telnet 的工作原理。
5. 简述文件传输的工作原理并使用一种 FTP 软件进行文件的上传和下载。

项目八 计算机网络安全与管理

随着计算机的普及和网络技术的迅速发展,计算机网络已经成为人们日常学习、生活及工作中必不可少的一部分了。可是在使用计算机网络时,有没有注意过网络的安全呢?有没有想过如何才能保证计算机网络安全、稳定、正常地工作呢?本项目将针对当今网络中出现的安全问题提供一些解决方案,同时讲解在网络系统中如何设置用户账号来限制用户对网络的访问权限,管理用户账号保证网络安全,以及在网络中如何设置资源共享等网络管理知识。相信通过本项目的学习,读者可以掌握维护计算机网络安全的基本知识,掌握管理计算机网络的一般方法。

任务一 网络安全概述

由前面的学习可知,计算机网络是指利用通信设备和线路将地理位置不同、功能独立的多个计算机互连起来,以功能完善的软件实现资源共享和信息传递的系统。其主要功能是资源共享、数据通信和分布处理。但资源共享和信息安全是一对矛盾。并且由于网络中的计算机是相互连接的,因此只要任何一个地方出现安全问题(如病毒攻击)就有可能影响整个网络,使网络不能正常工作甚至瘫痪。近几年来发生的计算机网络安全问题至今令人记忆犹新。1988 年出现的 Internet 蠕虫,传播到了几万台计算机上。1995 年 2 月,计算机黑客 Kevin Mitnick 被捕,他透露了在几年当中偷窃号码、信息和其他加密数据的犯罪行为。1996 年初,美国国防部宣布其计算机系统在前一年遭到 25 万次攻击。更令人不安的是,大多数的进攻未被察觉。1997 年的 Windows 系列的 BO 病毒使得许多重要数据丢失。2000 年 5 月 17 日上午,国内某大城市的“9999mall 网上超市”的导购小姐在线服务室出现了一位说粗话、脏话、散布反动政治新闻、乱刷屏的“导购小姐”,该假“导姐”的出现,引得超市的真的“导姐”只得不停地向顾客道歉,并提醒顾客提防假导购小姐。2001 年初,发生了多起美国著名网站被袭事件,包括雅虎、亚马逊书店、eBay、ZDNet、有线电视新闻网(CNN)在内的美国主要网站接连遭到黑客的攻击,致使这些网站被迫中断数小时,据估算造成的损失高达 12 亿美元。随着计算机网络规模的不断扩大,复杂性不断增加,同时要满足用户不断变化的需求。人们已逐渐意识到网络安全的重要性。

一、网络安全面临的威胁

影响计算机网络安全的因素很多,可能是有意或无意的,也可能是人为的或非人为的。归纳起来,对网络安全的威胁主要来自三个方面的因素。

(一)人为的无意失误

人为的无意失误是造成网络不安全的重要原因。网络管理员在这方面不但肩负重任,而且还面临越来越大的压力。稍有考虑不周,安全配置不当,就会造成安全漏洞,给人以可乘之机。另外,用户安全意识不强,不按照安全规定操作,如密码选择不慎,将自己的账户随意转借他人等都会给网络安全带来威胁。

(二)人为的恶意攻击

人为的恶意攻击是目前计算机网络所面临的最大威胁,敌方的攻击和计算机犯罪就属于这一类。人为的攻击又可分为两种:一种是主动攻击,即有选择地破坏系统和数据的有效性和完整性;另一种是被动攻击,即在不影响网络和应用系统正常运行的情况下,进行截获、窃取或破译等攻击以获得重要机密信息。这两种攻击均可对计算机网络造成极大的危害,导致网络瘫痪或机密数据的泄密。有意危害网络安全的主要有3种人:故意破坏者、不遵守规则者、刺探秘密者。

(1)故意破坏者企图通过各种手段去破坏网络资源与信息,例如恶意修改别人的网页、系统配置从而造成系统瘫痪。

(2)不遵守规则者企图访问不允许他访问的系统,从而盗取重要的文件或系统资源。

(3)刺探秘密者的企图非常明确,他们通过非法手段侵入他人计算机系统,从而窃取商业秘密与个人资料。

除泄漏信息对计算机网络造成的威胁外,还有一种危险就是有害信息的侵入。有人在网络上传播一些不健康的图片、文字,或散布不负责任的消息。一些不遵守网络使用规则的用户可能通过玩一些电子游戏将病毒带入系统,轻者造成信息出现错误,使得一些应用程序不能使用,严重者将会造成网络瘫痪。

(三)网络软件系统的漏洞和后门

网络软件系统不可能是无缺陷的和无漏洞的,这些缺陷和漏洞恰好是黑客进行攻击的首选目标。另外,许多软件都存在"后门",这是软件开发公司的编程设计人员为便于自己的修改维护而设置的。但是一旦被别有用心的人所掌握,将会造成严重的后果。

二、常见的攻击威胁

常见的网络攻击威胁包括网络薄弱点攻击;可以有效地使网络停机的DOS(拒绝服务)攻击;可以使黑客使用Windows互连服务访问其他计算机的远程过程调用滥用;可以通过电子邮件消息或下载的文件进入网络的病毒和特洛伊木马;可以破坏个人用户隐私的中间人攻击;可以用来将恶意代码偷偷输入网络的分段IP数据包。

(一)网络薄弱点

攻击者可能会通过以下几种办法访问开放式的入口点:

(1)薄弱的服务。黑客也许能利用服务器程序中的已知薄弱点。

(2)电子邮件网关。黑客也许能把病毒有效负载附加到电子邮件消息中。如果接收者单击这个附加将其打开,那么这个程序将会执行,并且病毒将把自己安装到这个用户的系统中。

(3)多孔的边界。网络上的计算机也许正在未被使用的称为端口的虚拟通道上进行侦听(即等待连接)。如果黑客发现这台计算机使一个端口处于打开状态,并且现在没有使用这个端口,那么这个开放式端口就可能让黑客访问这台计算机的内容。

利用数据包过滤器、防火墙、代理服务器以及入侵检测系统,可以关闭这些种类的薄弱入口点。

(二)DOS(拒绝服务)攻击

DOS(拒绝服务)攻击是一种破坏性攻击,它的目的是通过对目标主机实施攻击,占用大量的共享资源,降低目标系统资源的可用性,甚至使系统暂时不能响应用户的服务请求;另外攻击者还破坏资源,造成系统瘫痪,使其他用户不能再使用这些资源。虽然入侵者不会得到任何好处,但是拒绝服务攻击会给正常用户和站点的形象带来较大的影响。当一个黑客控制了一台计算机以后,他的最终目的实际上可能不是盗窃计算机中的文件。相反,这台受到损害的计算机可能会被用作对网络服务器进行 DOS 攻击的发起点。通过控制别人的计算机,这个黑客就可以使他的身份免遭跟踪。但是要注意,只有当黑客能够控制几十台甚至几百台随后将利用访问请求淹没目标服务器的计算机时,DOS 攻击才会发生。

在 DOS 攻击中,服务器为对 Web 页面和访问文件的请求所淹没,这些请求比它在任何一个时候能够处理得都多。可以把这样的攻击比作一台被来话呼叫淹没的电话交换机,由于同时有这么多来话呼叫,以至于电话交换机无法处理任何其他的呼叫。同样,由于服务器忙着对 DOS 攻击引起的请求发送响应消息,因此它不能处理合法的请求,网络实际上就被阻断。

DOS 攻击包括 SYN 泛洪攻击和地址哄骗攻击两种。

(三)RPC(远程过程调用)滥用

RPC(远程过程调用)服务是与 Windows 互连有关的一个基本组件。它允许计算机上的程序使用服务器上的资源。它还支持 UNIX 计算机进行通信,因此它是一个吸引黑客的目标。

RPC 使用 111 或 135 这样的 UDP 端口。在一种 RPC 攻击类型中,包含哄骗地址的 RPC 数据包被发送到服务器。这些数据包看起来像是来自一个 IP 地址,但是它们还包含将另一个 IP 表示为源地址的信息。当 RPC 服务器不能解释这些 IP 地址信息时,它将发送一个称为 RPC REJECT 数据包的消息,告诉其他的计算机出现了通信错误。最终的结果是,这个 REJECT 数据包在服务器和客户机之间来回地发送,直到这个连接被撤销。如果发送了足够的哄骗 RPC 数据包,那么引起的 REJECT 数据包的扩散就可能耗尽服务器的资源以及可用的网络带宽。

(四)病毒、蠕虫和特洛伊木马

病毒是一种计算机代码,它将自己从一个地方秘密地复制到另一个地方,并且执行从良性到有害的动作。有些病毒只是将它们自己从一个文件扩散到另一个文件;一种称为蠕虫的病毒创建的文件可以反复不断地自我复制并占据磁盘空间,有些病毒则可以销毁硬盘上的数据。

特洛伊木马也是一种有害的计算机程序,不过这种程序看起来像是某种有用的东西,就像希腊传说中的特洛伊木马那样。病毒和特洛伊木马之间的区别在于恶意代码是如何使用的。病毒是自我复制,当它们在用户的计算机上执行时,可以潜在地引起破坏。特洛伊木马将创建一个后门——计算机上的一个开口,如不使用的端口和终端服务,它可以让黑客控制计算机。此外,后门通常具有隐藏或不可见的特性,这就使黑客的活动难以被检测到。

病毒、蠕虫和特洛伊木马都是重大的安全威胁。它们可以破坏文件、支持黑客控制计算机及导致应用程序停止正常的运行。在创建网络防御措施时,需要考虑到它们。但是,防火墙和入侵检测系统不能独立地阻止这样的恶意代码;需要安装可以进行配置的反病毒软件或代理服务器,这样就可以在它们引起损害之前过滤和删除它们。

(五)中间人攻击

在中间人攻击中,黑客将截获部分加密的数据会话,从而控制正在交换的数据。特别是黑客能够截获一种称为公钥的日志代码,这种代码将在公私密钥加密会话期间进行交换。然后黑客将用他自己的公钥代替预期接收者的公钥。这样的话,黑客就可以假冒预期的接收者。拥有公钥后,黑客就可以潜在地具有读取两个人之间消息的能力,即使该消息是加密的。图 8-1 比较详细地说明了这种攻击中的事件顺序。

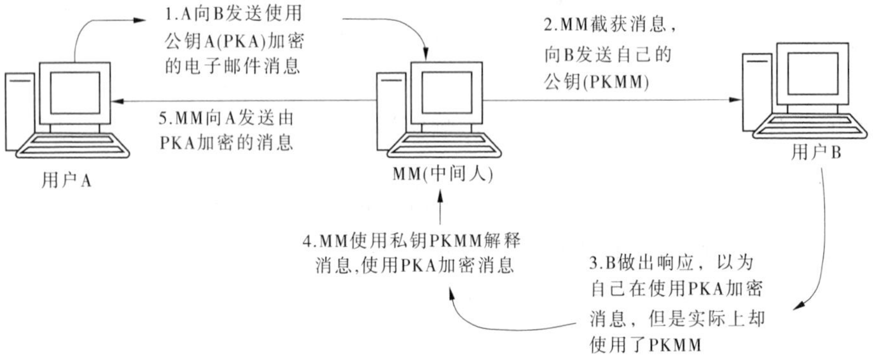

图 8-1　中间人攻击

从图 8-1 可以看出,中间人攻击最狡猾的方面之一就是参与者可能永远不会认识到有人正在读取他们加密的通信,他们认为他们正在使用相互的公钥发送和接收消息。

(六)分段的 IP 数据包

分段的 IP 数据包也叫碎片,是指由单个 IP 数据包分割而成的多个数据包。最初开发碎片时,是将它作为一种支持大型数据包通过早期路由器的方法,它们由于帧尺寸的局限性而无法处理这些数据包。有了这种方法以后,路由器就可以将数据包分成多个分段,然后沿着网络发送它们,接收路由器将按照正确的次序重编它们,并将它们传递到它们的目的地。

通过给一个数据包分配一个假的分段号,并将 IP 题头信息嵌入到这个数据包中,黑客有时就可以欺骗主机允许这个数据包进入网络,进而就可以潜入并潜在地损坏内部的主机。但是,通过设置阻止所有使用碎片的数据包过滤器规则,可以有效地阻止这样的数据包。

三、网络安全防御措施

面对各种网络安全的威胁,网络安全防范是每个网络系统设计人员和网络管理员的重要任务和职责。采用何种控制技术来保证网络的安全访问,并同时禁止非法者进入,已经成为网络建设的重大对策问题。因此,必须清醒地意识到,对于大到 Internet,小到各个公司的企业内部网与各个大学的校园网,都存在着来自网络内部与外部的威胁。要使网络有序、安全地运行,必须从加强网络管理、网络安全与道德教育出发,研究与不断开发新的网络安全技术与产品。同时,必须组合使用各种防御组件才能抵御不同的威胁。下面分别介绍每一层网络安全防御组件。

(一)第一层:物理安全

"物理安全"是指从物理上保护计算机或其他网络设备(如调制解调器、传输介质等)免遭盗窃、火灾或环境灾害时采取的措施。每一种这样的事件都能产生相当于或大于病毒或黑客造成的影响。一般来说,需要加强设备运行环境的安全保护和严格安全管理制度。

除安装计算机锁,从物理上将设备本身固定到办公室中的一件家具上外,还要考虑将关键的服务器放到一个由锁及防盗自动警铃保护的房间内。此外,UPS(不间断电源)设备还可以帮助保持电力稳定,这样就可以避免电压峰值引起的损坏——电压峰值使电压突然急剧地升高,它可以损坏硬件。

(二)第二层:密码安全

在从物理上保护好计算机以后,就可以开始"从内部"保护它们。一个简单而有效的策略是密码安全——让员工选择可靠的密码,保证它们的安全性并且根据需要进行修改。选择管理员密码或根密码时,要选择字典中不显眼的单词,或者不使用空格,这样就能关闭密码解密高手潜在的入口点。

另外一个好办法是使用多个密码,它们包括屏幕保护程序和可以用于保护关键应用程序的密码。屏幕保护器和应用程序密码可以防止未经授权的员工在人们不注意的情况下控制计算机。

此外,对管理员来说可能很容易理解的密码准则也许还需要教给员工,并且应当成为一个机构安全策略的组成部分。要指导员工挑选至少有 7 个字符的密码,混合使用字符和数字的密码以及不能被任何人记录或共享的密码。

(三)第三层:操作系统安全

"从内部"保护计算机及其内部数据的另一种方法是安装处理安全缺陷的操作系统补丁。当这样的补丁、热修复或服务包可以使用时,应该安装它们。此外,停止任何不需要的服务和禁用 Guest 账户也可以使操作系统更安全。

(四)第四层:使用反病毒防护措施

病毒扫描是指检查文件或电子邮件的文件名,像.exe 这样的文件扩展名(用于可执行代码)或其他表示存在病毒迹象的过程。反病毒软件能够识别病毒的存在,然后从文件系统中删除它们,或者将它们放在一个称为隔离区的存储区域中,病毒在这里不能进行自我复制或者对其他文件造成损坏。如诺顿防病毒软件、KV 江民杀毒王 2005、瑞星杀毒软件等。

防火墙和 IDS(入侵检测系统)不能单独地配备扫描病毒和删除病毒的功能。但是,许多企业级防火墙都将反病毒防护集成到它们的功能集中。例如,Symantec Enterprise Fire-wall(http://enterprisesecurity. symantec. com/products/products. cfm? Product ID =

47)包括一个称为MIMEsweeper的程序,它可以将病毒从电子邮件附件和下载的文件中删除掉。反病毒软件是网络中每台计算机的必备软件;如果你的防火墙没有提供反病毒软件,那么就需要在驻留防火墙的计算机上以及各台网络计算机上安装反病毒软件。

(五)第五层:数据包过滤

数据包过滤器基于端口、IP地址、协议或其他标准,用于阻止或者准许信息数据包的传输。可以将数据包过滤器想象成球场入口大门处的检票员。这名员工的第一项工作就是只准许持有有效门票的人进入——并且这些票是这一天而不是其他日期的票。撕掉这张票的一部分并将剩余部分交回这名观众后,检票员将告诉他在球场的什么地方才能找到合适的座位。

当然,在现实世界中可能会接到“使网络更安全”这样的请求,这时可以考虑把数据包过滤作为周边安全系统中的一道防御线。

1. 不同类型的数据包过滤器

像防火墙和入侵检测系统一样,数据包过滤器也有许多种类。有些是放置在网络网关处的硬件设备,如路由器。有些是软件程序,可以将它们安装在网关上,也可以安装在单独的计算机上。下面是数据包过滤器的一些示例。

(1)路由器。这也许是最通用的数据包过滤器。

(2)操作系统。有些系统(如Windows和Linux)具有内置的实用程序,它们可以在服务器软件的TCP/IP堆栈上进行数据包过滤。Linux有一种称为ipchain的核心级数据包过滤器,Windows有一种TCP/IP Filtering数据包过滤器。

(3)软件防火墙大多数企业级程序(如Check Point NG)都可以进行数据包过滤;Check Point的产品专门用于进行有状态的过滤。像Zone Alarm和Personal Firewall这样的个人防火墙可以进行称为无状态的数据包过滤,这是一个不很复杂的版本。

路由器可以全部阻止未授权的通信量进入受保护的网络。如果软件过滤器是正在使用的唯一的一种数据包过滤器,这就意味着有意毁坏的、哄骗的或其他有害的数据包已经到达了目标机器。因此许多安全专家警告不要只使用软件数据包过滤器。

无论正在使用的是什么设备,数据包过滤设备都将检测包头中的信息,并将这些信息与已经确立的规则相比较。如果这些信息符合“Allow”规则之一,那么将允许这个数据包通过。反之,如果这些和“Deny”规则之一相符,那么这个数据包将被删除。数据包过滤器只检查数据包的包头,这与应用程序代理相反。应用程序代理进行它们自己的一种数据包“过滤”,即首先检查一个数据包中的数据,然后代表发送主机将这个数据包转发到它的目的地。

2. 无状态与有状态的数据包过滤

基于选定的包头内容,可以使用两种不同的方法过滤数据包。最简单的方法是无状态(又称为静态)数据包过滤,它将检查数据包题头内容,然后根据是否已经在外部主机和内部主机之间实际建立了连接,决定是承认数据包还是删除数据包。

比较复杂和安全的方法是有状态(又称为动态)的数据包过滤。在这种方法中,过滤器将保存连接状态的记录,这样就可以“智能化”地确定通信内容是不是对已经建立连接的真实应答,是否应当予以承认。

在需要完全阻止一个子网或其他网络的通信量时,无状态的数据包过滤器非常有用。可以对无状态的数据包过滤器进行配置,使其使用不同类型的包头信息来确定是承认还是阻止数据包。这些信息包括 IP 源地址或目标地址、正在使用的 TCP 或 UDP 端口号、ICMP 消息类型、TCP 包头标志符,如 ACK 和 SYN。

(六)第六层:防火墙

在确立数据包过滤或其他设置之前,安装防火墙来保护网络的基本原则就已存在。需要建立全面的安全策略来管理防火墙如何运作。在有了适当的策略以后,就可以通过创建反映全面的网络安全方法的数据包过滤规则库,实现这个安全策略。在设置更高级的功能(如加载平衡和入侵报警)之前,要设置 NAT(网络地址转换)、加密和身份验证。还要建立规则库,并使用 GUI(图形用户界面)工具执行防火墙管理。GUI 还可以帮助你创建用户账户和确定远程用户,以便他们可以使用 VPN 连接到你的网络上。

通过下述方式可以设置防火墙,让它来保护网络:把一个机构的安全策略指定的全面的安全方法贯彻到实践中。可以配置防火墙,使其控制网络接收的通信量,以及内部用户访问外部网络的难易程度。防火墙还可以控制如何隐藏网络上的内部主机。

(七)第七层:代理服务器

代理服务器是一种服务器软件,就像执行 NAT 的防火墙或路由器那样,它可以隐藏网络中的终端用户。隐藏终端用户的好处在于黑客无法发现在他们瞄准和试图攻击的网络上的各个计算机。

代理服务器起着一种软件中间人的作用,在内部用户和外部主机之间转发数据。代理服务器有过许多名称,包括代理服务、应用程序级网关或应用程序代理。本项目将使用通用的名称“代理服务器”。

最初开发代理服务器时,是想通过将 Web 站点上最受欢迎的页面存储在缓存中,以便加快 Web 上通信的速度。它们可以过滤掉不需要的 Web 站点,并且可以按照与数据包过滤器大致相同的方法阻挡有害的内容。今天,大多数代理服务器都起着网络边界处的防火墙的作用,除 HTTP Web 代理服务和其他服务外,它们还执行数据包过滤和 NAT。

(八)第八层:DMZ(非军事区)

一种称为 DMZ(非军事区)的子网可以在保护内部 LAN(局域网)的同时公开提供服务。DMZ 是一个位于内部网络之外但是与防火墙连接的网络,通常位于过滤路由器和堡垒主机之间。

为什么需要 DMZ 呢?因为电子商务——特别是发生在公司之间的那类电子商务,通常被称为 B2B(企业对企业)电子商务,不断地成为 Internet 最重要和最广泛的商务应用之一。通过查看对方网络上指定的目录,公司使用 Internet 交换文件、下订单和检查订单。此外,客户需要使用基于 Web 的商品目录购物和下订单、发送电子邮件查询,也许还要下载公司在 FTP 服务器上提供的程序或其他文件。所有这些情况都需要 DMZ,以保护和确保成功地进行电子交易。

(九)第九层:IDS(入侵检测系统)

防火墙和代理服务器可以阻止入侵者或恶意代码进入网络。但是将 IDS 和这些工具结合使用时,就可以为网络提供一个附加的保护层。IDS 运作时,将首先识别可能的攻击征兆,然后发出一个通知,告诉管理员这样一个攻击正在网络上进行。可能的攻击征兆通常称为签名——IP 地址、端口号和访问企图发生频率的组合。管理员接收到该通知后,就可以采取相应的措施阻止攻击的继续进行。

要使 IDS 运作,管理员必须定义构成入侵企图的签名,以及代表“假肯定”的签名(事实上不是攻击的访问企图)。还需要定义通知的方法。最后还需要定义对入侵警报进行响应的员工或人员,以及在发现入侵是攻击时要采取的措施。

(十)第十层:VPN(虚拟专用网络)

当公司需要共享文件或者交换敏感的财务信息时,他们的传统做法是借助于电信公司提供的价格昂贵的租用线路。虽然这些线路在两个有关公司之间提供点对点的连接,因而带来很高的安全级别,但是每月的费用对于许多有预算意识的公司来说太高了。现在越来越多的公司正在转向 VPN,它可以在使用公用 Internet 的公司之间提供费用相当低但相当安全的连接。

VPN 代表一种连接网络和各个计算机用户的复杂的、功能强大的方法。VPN 不是在两个公司之间或者在一个公司的 LAN,或家庭工作者之间架设一条电缆,而是进行三项基本的活动。

(1)加密。VPN 加密数据包,以保持从一个点传输到另一个点的信息的完整性。

(2)身份验证。VPN 使用密钥和证书来确保通过 VPN 访问公司网络的个人是他们声称的人。

(3)封装。VPN 将加密的数据包封装到其他数据包中,这样对信息的保护就比常规的加密强得多。

安全方案这样组合的结果是在 VPN 参与者之间形成了一个虚拟的“隧道”,这样信息就可以安全地通过它。同时,VPN 将公司的 LAN 扩充到其他网络或者远程员工的笔记本电脑或 PC 机上。因此,需要在这些 VPN 连接的端点处安装防火墙,以防止病毒或其他黑客攻击通过 VPN 访问 LAN。

(十一)第十一层:记录和管理

在一系列网络防御层都到位以后,记录和管理就成为它们是否能够成功运行的关键。记录是检查和分析防火墙和入侵检测系统收集的日志文件的过程。管理员扫描入侵企图的日志文件,然后关闭成为这些企图的目标的薄弱端口或计算机。

管理是一个包括维护和维持防火墙、代理服务器、IDS 或其他最新工具所需的活动的术语。这样的活动包括病毒定义和攻击签名的更新,还包括增强防火墙的数据包过滤规则库,以便更有效地运作并处理在最初创建规则库时没有预料到的攻击。

四、计算机网络安全的要求

在网络上如何保证合法用户对资源的合法访问及如何防止网络黑客的攻击,是网络安全的主要内容。网络安全的要求主要有以下几个方面。

(一)安全性

计算机网络的安全性包括内部安全和外部安全两个方面的内容。内部安全是在系统的软硬件中实现的,它包括对用户进行识别和认证,防止非授权用户访问系统;确保系统的可信性,避免脆弱的软件成为系统的入侵点;对用户实施访问控制,拒绝他访问超出其权限的内容;加密传输和存储的数据,防止重要信息被非法用户理解或修改;对用户的行为进行实时监控和审计,检查其是否对系统有攻击行为,并对入侵用户进行跟踪。外部安全包括加强系统的物理安全,防止其他用户直接访问系统;保证人事安全,加强安全教育,防止用户特别是内部用户泄密。

内部安全和外部安全是相互补充的,应该将两者有机地结合起来,确保系统的安全性。

(二)完整性

完整性技术是保护计算机系统内软件和数据不被非法删改的一种技术手段。它包括软件完整性和数据完整性两方面的内容。

1. 软件完整性

软件是计算机系统的重要组成部分,它能完成各种不同复杂程度的系统功能,软件的优点是编程人员在开发或应用过程中可以随时对它更改,以使系统具有新的功能,但这种优点给系统的可靠性带来了严重的威胁。

在开发应用环境下,对软件的无意或恶意修改已经成为对计算机系统安全的一种严重威胁。虽然目前人们把对计算机系统的讨论与研究大都集中在信息的非法泄露上,但是在许多应用中,软件设计或源代码的泄露为攻击系统提供了有利的机会。非法的程序员可以对软件进行不可检测的修改,例如他们可以将特洛伊木马程序引入系统软件,在系统软件中为自己设置一个后门,导致机密信息的非法泄露,如曾被普遍关注的 BO 及 BO2K;另外,非法程序员还可以将一段病毒程序附加到软件中,一旦病毒感染系统,将会给系统带来严重的损失,甚至会对系统造成恶意的破坏,导致系统的完全失效,如臭名昭著的 CIH 病毒。因此,软件产品的完整性问题对计算机系统安全的影响越来越重要。通常,人们应该选择值得信任的系统设计者,同时还要有相应的软件测试工具来检查软件的完整性,保证软件的可靠性。

2. 数据完整性

数据完整性是指存储在计算机系统中或在系统之间传输的数据不受非法删改或意外事件的破坏,保持数据整体的完整。数据完整性问题是目前许多应用计算机系统进行信息处理的用户十分关切的一个问题。通常,数据完整性的破坏一般是由于下列原因引起的:系统的误操作、应用程序的错误、存储介质损坏、人为的破坏等。

(三)保密性

保密性是计算机网络安全的一个重要方面,它是为了防止用户非法获取关键的敏感信息,避免机密信息的泄露。

目前,政府和军事部门纷纷上网,电子商务得到日益广泛的应用,人们越来越多地通过网络传输数据,完成网络操作,而且网络上传输的数据的机密性和敏感性也越来越强,如果非法用户盗取或篡改数据,将会造成不可估量的损失。因此,必须保证敏感数据的机密性,防止它们被非法地访问。加密是保护被传输的数据的重要方法,也是保护存储在系统中的数据的一种有效手段,因此人们通常采用加密来保证数据的保密性。

(四)可用性

可用性是指无论何时,只要用户需要,系统和网络资源必须是可用的,尤其是当计算机系统受到其他用户的非法攻击时,它必须仍然能够为用户提供正常的系统功能。目前,人们已经在系统软件和上层应用软件中发现了大量的问题和漏洞,其中包括很多拒绝服务攻击,如泪滴攻击、邮件炸弹等,使用这些攻击方法攻击系统时,会造成系统暂时无法响应用户请求,甚至会使系统死机,妨碍了正常用户对系统的使用,破坏了可用性。为了保证系统和网络的可用性,必须解决网络和系统中存在的各种破坏可用性的问题,编写更为完善的软件。

任务二　网络安全技术

上一任务已简要介绍了十一种计算机网络安全防御措施。本任务将重点叙述几种典型的网络安全技术。

一、访问控制技术

抵御入侵的最重要防线之一就是访问控制。一般来说,访问控制的作用是对想访问系统及其数据的人进行识别,并检验其身份。这里包括两个主要的问题:第一,你是谁?第二,你是你说的那个人吗?可以将访问控制理解为控制对计算机系统或网络访问的方法,即对没有合法用户名及口令的任何人企图进入进行限制。如果没有访问控制,任何人只要愿意都可以获得允许进入你的计算机系统并做他或她想做的任何事情,这是非常危险的。

有三种主要方法可以实现访问控制。第一种方法要求用户输入一些保密信息,如前面提到的用户名和口令;第二种更复杂的方法是采用一些物理识别设备,如访问卡、钥匙或令牌;第三种还可以采用生物统计学系统,可以基于某种特殊的物理特征对人进行唯一性识别。由于后两种方法更为复杂和昂贵,因此最常见的访问控制方法是口令。

(一)基于口令的访问控制技术

口令是只有系统(和它的管理员)和用户自己知道的简单字符串。它是进行访问控制的简单而有效的方法。没有一个有效的口令,入侵者要闯入计算机系统是很困难的。管理员必须为每个账户建立一个口令和用户名。例如,在 SUNUNIX 系统上,用户必须输入一个有效的用户名,然后输入一个口令。用户名和口令必须都与存在系统中的账户或口令文件中的信息相符合才能进入系统。一般来说,用户名会回显给用户,而口令则不显示在屏幕上,这样就没有人能只通过偷看你的屏幕而知道你的口令。

只要口令保持机密,非授权用户就无法使用该账户。尽管如此,由于口令只是一个字符串,一旦被别人知道了(或偷了),口令就不能提供任何安全了,就像账户在系统上根本不受保护一样。因此,最重要的考虑是尽可能选择较安全的口令,并使其不被非授权用户知道。最有效的口令是用户自己很容易记住但"黑客"很难猜测或破解的字符串。好的口令应遵循下列规则:

(1)选择长口令。口令越长,要猜出它或尝试所有的可能组合就越难。大多数系统接受5~8个字符串长度的口令,还有许多系统允许更长的口令,长口令有助于增强安全性。

(2)最好的口令应包括字母的大小写,最好是字母和数字字符的组合。

(3)不鼓励使用英语单词。有效的口令是由那些用你知道但并不广为人知的短语的首字母缩写组成的。你可以记住该口令但对其他人来说很难想得到。

(4)在每个要访问的系统上不要使用相同的口令。因为如果其中的一个系统安全出了问题等于所有系统都不安全了。

(5)永远不要使用名字、生日、身份证号码和电话号码,特别是你的名字、你的家庭成员的名字、你居住的城市的名字或宠物的名字等。因为这些很容易被别人猜出。

(6)不要选择你记不住的口令。因为它可能太复杂或太容易混淆了。这可能促使你将它写下来以帮助记忆,而这会引起安全问题。

(二)选择性访问控制技术

口令可以有效地将非授权用户拒之系统之外。这就像是在建筑物入口处的安全警卫,只允许有相应ID卡或标志的人进入。但是,一旦进入了,并不应该允许它访问系统上所有的程序、文件、信息等;否则,就像是让某人进入一个公司,并且不关闭所有的门,让其可以在大楼里随意漫步一样,是很危险的。选择性访问控制技术可以解决这一问题。

选择性访问控制就是要控制计算机上谁可以做什么。某人可以运行某个特别的程序、阅读某个文件、修改存放在计算机上的信息或删除其他人所做的工作吗?其思想是在更为确定的水平上规范可以对你的文件和数据做什么。它通常内置于许多操作系统中,是任何安全措施的重要组成部分。其控制的一般方法是,根据授予个人或组的权限,给某个人文件和程序的访问权。用户也可以指定给予系统上其他用户对其自身文件的访问权。许多系统上通常支持三种不同种类的访问权限。

(1)读(read)。允许读一个文件。

(2)写(write)。允许创建和修改一个文件。

(3)执行(run)运行程序。如果拥有执行权,就可以运行该程序。

仅用这三种访问权限,就可以决定是可以读你的文件、写你的文件和执行你的程序。你可能会决定只有你可以写(创建或修改)你的文件,但每个人都可以读它;或者你可以决定没人可以读或写你的文件。

例如,在大多数UNIX系统中,有三级用户权利:超级用户(root)、组、用户。超级用户(root)账户在系统上有非常大的权利,其中许多权利和功能是不提供给其他用户的。安全检查和其他的控制对超级用户(root)不是强制性的。这个root账户几乎拥有所有操作系统的安全控制手段,所以保护该账户及其口令十分重要;否则,你就会遇到灾难性的后果。超级用户被认为是UNIX系统某种程度上的“安全隐患”,因为它实际上给人对系统无限的权利。

组用来将用户组合在一起,这样可以将权利、特权和访问限制给予一组指定的用户。例如,你可以限制只有那些经过培训使用它的人才可以访问特定的应用程序开发系统。或者,某些敏感的文件可以限制为只有选择的那组用户有权读那些信息。

用户的权利最小,一个用户可以属于一个或多个组的成员,有些用户在UNIX系统中有他们自己的账户。尽管所有的用户都有用户名和口令,一个特定的用户在系统中能做些什么仍受控于该用户在 UNIX 系统中拥有的权利。在 UNIX 系统中允许用户使用 chmod 命令改变文件许可权(增加、删除或更改许可权),但只有该文件的属主才能对文件做这些改变。

(三)生物统计学和特殊技术

生物统计学设备是用来保证某种安全的简单机器,它测量某些人的唯一特征(经常是生物学上的或物理上的)。这可能包括指纹、声音图像、笔迹、打字图像,甚至人的视网膜血管图像等。生物统计学设备只用于控制访问极为重要的场合,用以极为仔细地识别人员。

指纹是已被广泛接受的可以唯一识别一个人的方法。每个人都有唯一的指纹图像,它可以存储在计算机中,以备进入系统时进行匹配识别。有些复杂的系统甚至能指出指纹是否真的是一个活着的人的指纹。手印用来读取整个手而不仅是手指的特征和特性。一个人将他或她的手按在手印读入器的表面上,同时该手印则与存在计算机中的图像进行比较。

每个人的声音频谱都不相同。在每个人的说话中都有唯一的音质和声音频谱,甚至两个说话声音相似的人也是这样。识别声音图像的能力使人们可以基于某个短语的发音对人进行识别。这常用于商业应用中,而且只会由于声音发生了大的变化(如感冒了或患了喉部疾病)才会出现错误。

分析某人的笔迹或签名不仅包括字母和符号的组合方式,还包括在书写签名或单词的某些部分时用力的大小,或笔接触纸的时间的长短和笔移动中的停顿等细微的差别。分析由一支生物统计学笔或板设备来进行,可将书写特征与存储的信息相对比。

文件打印出来看起来都一样,但它们被打印出来的方法不见得都一样。这是击键分析系统的基础,它能够分析打字的速度和节奏等细节。

许多科幻电影中都描述过视网膜扫描,实际上这是一种可用的技术,却没有像其他方法那样获得广泛接受。视网膜扫描器用红外线检查人眼各不相同的血管图像。这种方法与其他方法相比,较少被人接受的主要原因是因为害怕设备出故障,产生危险,并可能导致被扫描的人失明。

二、加密技术

前面已经讨论了控制谁可以获得对计算机或网络的访问,以及一旦进入系统就可以读什么或做什么的问题。尽管如此,如果信息是十分敏感的,担心容易接触到造成泄密又怎么办呢?答案是什么?加密,或者说对信息进行编码。这种办法很早就被采用了,那时军队需要能将消息传来传去的秘密方法,而且就算被敌人拦截了也不会泄露军事秘密。当文件中包含敏感或关系重大的数据时最适合于加密;特别是口令文件需要用加密进行进一步的保护。

加密的基本思想是伪装信息,使非授权人不能理解信息的真实含义,而授权者却能够理解伪装信息的原本含义。加密的方法可以很简单也可以很复杂。它可以简单到转换字母或字符,或者复杂到使用复杂的过程,将这些方法结合起来创建出复杂的代码,只能被特别的密钥或一组密钥“解开”。加密算法通常分为对称密码算法和非对称密码算法两类。对称密码算法使用的加密密钥和解密密钥相同,并且从加密过程能够推导出解密过程。它的优点是有很高的保密强度,可以承受国家级破译力量的攻击,但它的一个缺点是拥有加密能力就可以实现解密,因此必须加强密钥的管理。使用最广泛的对称加密算法是 DES,它使用 64 位密钥加密信息。

非对称加密算法正好相反,它使用不同的密钥对数据进行加密和解密,而且从加密过程不能推导出解密过程。最著名的非对称加密算法是打乱字母创建编码形式 RSA 加密算法,它是建立在很难分解大整数的素因子的基础上的。非对称加密算法的优点是适合开放的使用环境,密码管理方便,可以方便安全地实现数字签名和换位密码名和验证,缺点是保密强度远远不如对称加密算法。已发明的非对称加密算法绝大多数被破译,剩下的几种也不能证明完全无缺陷。

下面介绍两种最简单的编码加密方法:

(1)换位法。是对文件中的字符或符号进行位置交换,就创建了一个置换密码。事实上,除能对单个字符进行置换外,也可以对数位进行转换,或者对字符或组进行转换以获得编码信息。在换位密码中,数据本身并没有改变,它只是被安排为另一种不同的格式,或被“打乱”了。如图 8-2 所示,可以作为换位密码的一个例子。

(2)置换法。与只是打乱信息不同,置换密码将每一个字符或数位替换为其他的东西。有许多不同的置换密码,有一个是用恺撒大帝的名字 Julius Caesar 命名的。它将每个字母都用其前面的第三个字母代替,如果到了最后那个字母,则又从头开始算。字母可以被按顺序数它前面的第几个字母所代替。在恺撒的密码中,它就是 3。如图 8-3 所示,可作为恺撒密码的一个例子。

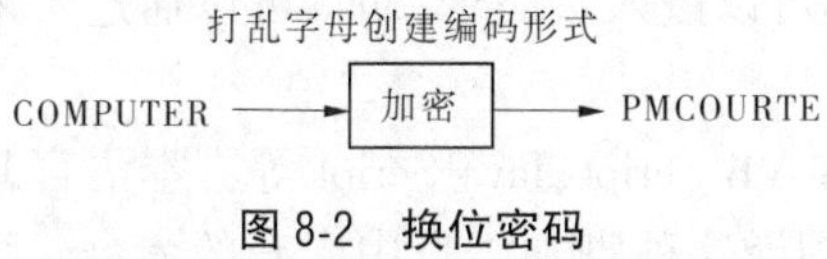

图 8-2 换位密码

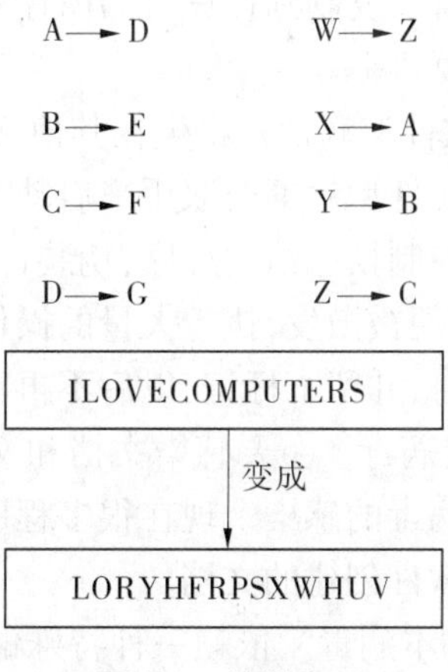

图 8-3 恺撒密码

三、病毒防护技术

据统计,现在全世界发现的计算机病毒已达到了几万种,而且正以每月几百种的速度疯狂增长。由于计算机病毒具有隐蔽性强、传播范围广、破坏力大等特点,因此计算机病毒的防治也引起了社会各界的广泛重视。

(一)认识病毒

《中华人民共和国计算机信息系统安全保护条例》指出,计算机病毒是编制或在计算机程序中插入,从而达到破坏计算机功能或毁坏数据,以影响计算机使用为目的,并能够自我复制的一组计算机指令或程序代码。其特性如下:

(1)传染性。计算机病毒可以从一个程序传染到另一个程序,从一台计算机传染到另一台计算机,从一个计算机网络传染到另一个计算机网络或在网络的各系统内进行传染。这些病毒通过附在被感染的程序中,再去传染其他计算机系统和程序。

(2)流行性。一种计算机病毒出现后,可以影响一类计算机程序、计算机系统和计算机网络,并且这种影响在一定的应用范围内是广泛的。

(3)繁殖性。计算机病毒在传染了系统之后,可以利用系统环境进行繁殖或称为自我复制,使自身数量增多。

(4)表现性。计算机在感染病毒后,被传染的系统将会表现异常,常见的情况有显示器异常、系统速度变慢、文件被删除等。

(5)潜伏性。计算机病毒在传染计算机之后,病毒的触发是由病毒表现及破坏部分的判断条件来确定的。在病毒传染系统之后,传染条件满足前,病毒可能在系统中没有表现症状,也不影响系统的正常运行。

(二)几种常见病毒

计算机病毒有很多种,最常见的有宏病毒、CIH 病毒、邮件病毒等。按照基本的类型进行划分,可以归纳为以下几种:

(1)引导区病毒。隐藏在硬盘或软盘的引导区中,当计算机从感染了引导区病毒的硬盘或软盘启动,或当计算机从受感染的软盘中读取数据时,引导区病毒就开始发作。一旦它们将自己复制到计算机的内存中,马上就会感染其他磁盘的引导区,或通过网络传播到其他计算机上。

(2)文件型病毒。寄生在其他文件中,通过对它们的编码加密或使用其他技术来隐藏自己。文件型病毒夺取用来启动主程序的可执行命令,用作它自身的运行命令。同时还经常将控制权还给主程序,伪装计算机系统正常运行。一旦运行被感染了病毒的程序文件,病毒便被激发,执行大量的操作,并进行自我复制,同时附着在系统其他可执行文件上伪装自身,并留下标记,以后不再重复感染。

(3)宏病毒。主要感染文档和文档模板。以前文档文件都不包含可执行代码,因此不会受到病毒的感染。现在很多程序,如 Word 都可以嵌入宏命令,病毒可以通过宏来感染由这些软件创建的文档。

(4)脚本病毒。依赖一种特殊的脚本语言,如 VB Script、Java Script 等脚本语言起作用,同时需要主软件或应用环境能够正确识别和翻译这种脚本语言中嵌套的命令。脚本病毒在某些方面与宏病毒类似,但脚本病毒可以在多个产品环境中运行,还能在其他所有可以识别和翻译它的产品中运行;脚本语言比宏语言更具有开放终端的趋势,这样使得病毒制造者对感染脚本病毒的机器可以有更多的控制力。

(5)网络蠕虫程序。是一种通过间接方式复制自身的非感染型病毒。有些网络蠕虫拦截 E-mail 系统向世界各地发送自己的复制品,有些则出现在高速下载站点中,同时使用两种方法与其他技术传播自身。它的传播速度相当惊人,能够造成众多邮件服务器崩溃,给人们带来难以弥补的损失。

(6)特洛伊木马程序。通常是指伪装成合法软件的非感染型病毒,但它不进行自我复制。有些木马程序可以模仿运行环境,收集所需的信息。通常这些程序包含在一段正常的程序中,借以隐藏自己。最常见的木马便是试图窃取用户名和密码的登录窗口,或者试图从众多的 Internet 服务提供商(ISP)处盗窃用户的注册信息和账号信息,从而获取目标机器的所有控制权。例如,曾经给中国各类企业网络、校园网络安全带来严重问题的 BO 和 BO2K 就属于特洛伊木马程序,它们附带在某些程序或电子邮件中,用户在运行这些程序或阅读电子邮件时,就激活了 BO,在用户机器上安装 BO 服务器程序,使入侵者能够控制目标主机。

解决特洛伊木马程序的基本思想是要发现正常程序中隐藏的特洛伊木马。常用的解决方法是使用数字签名技术为每个文件生成一个指纹,在程序运行时通过检查数字签名发现文件是否被修改,从而保护已有的程序不被更改。这样的程序工具有 MD5 系统,它以一个任意长消息为输入,同时产生一个 128 位的摘要消息。目前很多发布操作系统安全补丁程序的站点都使用这种技术保证程序未被修改。

(三)计算机病毒的预防

计算机病毒经常会以人们预料不到的方式入侵,因此即使使用了反病毒软件,也不能忽略平时的预防工作。建议采用防、杀相结合的方式对付计算机病毒,将病毒对系统的破坏可能性减到最小。要预防病毒,应该做到以下几点:

(1)使用软盘或光盘前要检查病毒,尽量不要使用软盘和光盘启动系统。不要执行来历不明的文件,包括网上下载的文件。在使用前,最好先对其进行杀毒。

(2)尽量不要让别人使用自己的计算机。

(3)经常升级反病毒软件,这可以从反病毒软件厂商的网站去下载。

(4)使用从正规渠道购买到的正版软件。

(5)定期备份计算机中的重要数据,如系统文件和重要的数据文件等。

(6)准备一张干净的没有病毒的系统应急启动盘,并复制一个反病毒软件和有用的其他工具软件到这张盘上。

(7)注意计算机有没有奇怪的现象,如速度变慢、文件变大、内存减少等,这些奇怪现象都意味着计算机感染了病毒。

四、审计和入侵检测技术

对网络中计算机数据的保护包括三个层次的内容,首先是要尽量避免非授权用户获取数据,这可通过访问控制技术来保证;其次要保证即使非授权用户获取了数据,仍无法理解数据的真正意义,这可通过加密技术来实现;最后要保证非授权用户窃取了数据后不能修改数据,或者修改了数据后也能被及时地发现,这由下面将要介绍的审计和入侵检测技术来保证。

审计实际上是通过事后追查的手段来保证系统的安全。审计对涉及系统安全的操作做了一个完整的记录,当有违反系统安全策略的事件发生时能够有效地追查事件发生的地点及过程。审计是操作系统的一个独立的过程,它保留的记录包括事件发生的日期和时间、产生这一事件的用户、操作的对象、事件的类型以及该事件成功与否等项。而入侵检测能够对用户的非法操作或误操作做实时的监控,并且将该事件报告给管理员。入侵检测有基于主机的和分布式的两种方式,通常它是与系统的审计功能结合使用的,能够监视系统中的多种事件,包括对系统资源的访问操作、登录系统、修改用户特权文件、改变超级用户或其他用户的口令等。

(一)入侵者常用手段

因为黑客入侵计算机的目的不同,入侵手段也各异。一般将黑客入侵大体分为以下几个步骤:信息收集、对系统安全薄弱点的探测与分析、网络攻击。下面具体介绍各步骤的内容。

1. 信息收集

信息收集的目的是构造目标机构网络的数据库并收集驻留在网络上各个主机的有关信息。黑客经常使用下面几种工具来收集这些信息。

(1)SNMP。代表简单网络管理协议,使用它就可以检测到未加保护的网络路由表的信息,使用这些信息,入侵者就可以了解到网络的拓扑结构。

(2)Trace Route 程序。Trace Route 是路由跟踪程序,使用它可以获得到达指定主机的中间网络设备的数目以及路由器的信息。

(3)Whois 服务。Whois 协议是一种信息服务,它能够提供有关所有的 DNS(域名系统)域和负责各个域的系统管理员的数据。

(4)DNS(域名系统)服务。该服务提供了系统中可以访问的主机的 IP 地址表和它们所对应的主机名。

(5)Finger 协议。可以用 Finger 协议获取一个指定主机上的所有用户的详细信息。

(6)Ping 实用程序。Ping 实用程序可以用来确定一个指定主机的位置并确定它是否可以到达。把这个简单的工具放在扫描程序中,可以检测出网络上每个可能的主机地址,从而可以构造出实际驻留在网络上的主机清单。

(7)Wardialing 软件。该软件可以向目标站点一次连续拨出大批电话号码,直到遇到某一正确的号码使其 Modem(调制解调器)响应。

2. 对系统安全薄弱点的探测与分析

在收集到攻击目标的一批网络信息之后,黑客会探测网络上的每台主机,以寻求安全漏洞或安全弱点,黑客可能使用下列方式自动扫描驻留在网络上的主机:

(1)利用自编的程序。对于某些产品或系统,会存在一些安全漏洞,而厂家会提供一些补丁程序给予弥补。但是用户不一定及时使用这些补丁程序。这样黑客在发现这些补丁程序的接口后,就会自己编写程序,通过该接口进入目标系统。

(2)利用公开的工具。像 Internet 的电子安全扫描程序 ISS,审计网络用的安全分析工具 SANTAN 等这样的工具,可以对整个网络或子网进行扫描,从而寻找安全漏洞。黑客可以利用这些工具,收集目标系统信息,获取攻击目标系统的非法访问权。

3. 网络攻击

黑客在使用以上方法,收集或探测到一些有用的信息之后,就可以对目标系统实施攻击。黑客一旦获得了对攻击的目标系统的访问权后,就可以对网络进行攻击了。

(1)黑客可以试图毁掉入侵的痕迹,并在受到损害的系统上建立另外的新的安全漏洞或后门,以便在先前的攻击点被发现后,继续访问这个系统。

(2)黑客可能在目标系统中安装探测器软件,包括特洛伊木马程序,用来窥探所在系统的活动,收集黑客感兴趣的一切信息。

(3)黑客可以进一步发现受损系统在网络中的信任等级,这样黑客就可以通过该系统信任等级展开对整个系统的攻击。

(4)如果该黑客在这台受损系统上获得了特许访问权,那么它就可以读邮件,搜索、盗窃私人文件,毁坏重要数据,破坏整个系统的信息,从而造成不堪设想的后果。

(二)入侵防范措施

当今网络黑客正在不断地涌现,使人防不胜防。为了保证网络安全,应遵循以下几点:

(1)选用安全的密码。据统计,大约80%的安全隐患是由于密码设置不当引起的。用户密码应包含字母的大小写,最好是字符串和数字一起使用,达到最好的保密效果。最好不要使用用户姓名、生日、身份证号码和电话号码作为密码,同时不要用常用单词作为密码。

(2)在设置密码时,要增加密码破译的难度。应遵循最好的密码长度是7位或14位的整数倍原则。

(3)在安装某些系统服务功能模块时有内置账号,应及时修改操作系统内部账号密码的默认设置。

(4)应及时取消调离或停止工作的雇员的账号,以及一些无用的账号。

(5)在通过网络验证密码的过程中,不得以明文方法传送,防止被监听或截取。

(6)密码不得以明文方式存放在系统中,确保密码以加密的形式存放。

(7)密码应定期修改,同时应避免重复使用旧密码,应采用多套密码的命名规则。

(8)建立账号锁定机制,一旦同一账号密码校验错误若干次即断开连接并锁定该账号,过一段时间才解锁。

(9)实施存取控制。这主要是针对网络操作系统中文件系统的存取控制。它主要包括了人员权限、数据标志、权限控制、控制类型、风险分析等内容。

(10)确保数据的安全性和完整性是在数据处理过程中进行的,要在原有数据和现行数据之间保持完全一致。一般用数据签名和数据加密算法来保证。

五、防火墙技术

防火墙就像一个重要单位的门卫一样,要求来访者填上自己的姓名、来访目的、来访事件和拜访何人等。虽然比较麻烦,但却是必不可少的。防火墙是保证企业内部网络安全的第一道关卡。

(一)防火墙的基本概念

所谓"防火墙"是指一种将内部网(如校园网)和外部公众访问网(如Internet)分开的方法,用来保护内部的网络不易受到来自外部公众网的侵害。因此,防火墙实际上是一种隔离技术,或者说是一种安全策略的体现。它能允许你同意的人和数据进入你的网络,同时将不同意的人和数据拒之门外,最大限度地阻止网络中的黑客访问你的网络,防止他们更改、复制、毁坏你的重要信息,从而保护内部网络的安全。图 8-4 为位于内部网络和 Internet 之间的防火墙。由图可知,如果要从内部网络连上 Internet,必须首先连接到防火墙上,从那里使用 Internet,同样的,Internet 要访问内部网络,也必须先透过防火墙。这种做法对于来自 Internet 的攻击有较好的免疫作用。如果有人企图对受保护的网络进行攻击,则必须先穿过防火墙,这就是说攻击必须分成两个步骤,难度也就增加了。

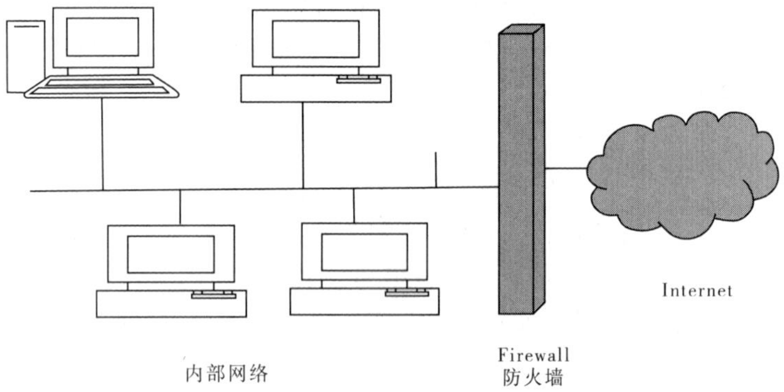

图 8-4　位于内部网络和 Internet 之间的防火墙

由于传统的子网系统是暴露在外的,容易受到网络上其他地方的主机的试探和攻击。在没有防火墙的环境中,网络的安全性完全依赖于主机系统的安全性。引入防火墙能带来以下几点好处:

(1)保护脆弱的服务。通过过滤不安全的服务,防火墙可以极大地提高网络安全并减少子网中主机的风险。例如,防火墙可以禁止 NIS、NFS 服务通过,同时可以拒绝源路由和 ICMP 重定向封包。

(2)控制对系统的访问。防火墙可以提供对系统的访问控制,如允许从外部访问某些主机;同时禁止访问另外的主机,如防火墙允许外部访问特定的邮件服务器和 Web 服务器。

(3)集中的安全管理。防火墙对企业内部网实现集中的安全管理,防火墙定义的安全规则可以运行于整个内部网络系统,而无须在内部网络每台机器上分别设立安全策略。

(4)增强的保密性。使用防火墙可以阻止攻击者获得网络系统的有用信息。

(5)记录和统计网络利用数据以及非法使用数据的情况。防火墙可以记录和统计通过防火墙的网络通信量,提供关于网络使用的统计数据,并且可以提供统计数据来判断可能的攻击和探测。

(6)策略执行。防火墙提供了制定和执行网络安全策略的手段。没有设置防火墙时,网络安全取决于每台主机用户。设置防火墙后,防火墙可以执行网络访问策略,向用户和服务提供访问控制。

(二)防火墙的组成

一个典型的防火墙由以下一个或多个组件组成:包过滤路由器、堡垒主机。

1. 包过滤路由器

一个包过滤路由器可以决定对它收到的每个数据包进行取舍。路由器逐一审查每份数据包看是否与其包过滤规则相匹配。过滤规划以 IP 顺序处理的包头信息为基础。包头信息包括 IP 源地址、IP 目的地址、封装协议(TCP、UDP、ICMP 或 IP Tunnel)、TCP/UDP 源端口、TCP/UDP 目的端口、ICMP 报文类型、包输入接口和包输出接口。如果找到一个匹配,且规则允许该包通过,则该包根据路由表中的信息向前转发。如果找到一个匹配,且规则拒绝此包,该包则被舍弃。如果无匹配规则,一个用户配置的默认参数将决定此包是向前转发还是被舍弃。

在 Internet 中存在着各种各样的信息,其中的某些信息是不被欢迎甚至是有害的。同时,许多不怀好意的破坏者能够通过与网络相连接的 Internet 对内部网络进行破坏。事实上,Internet 的开放性使得各种各样的内容和人员的存在,对内部网络的安全构成极大的威胁。这就是使用 Internet 方便从而带来的风险。包过滤技术就是为了构筑内部网络的安全边界,如图 8-5 所示。

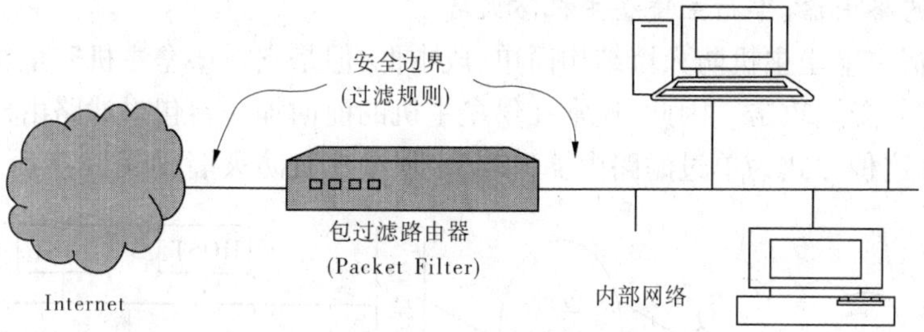

图 8-5　包过滤路由器为内部网络提供安全边界

2. 堡垒主机

堡垒主机也叫应用网关或宿主主机,它是一个被特别“加固”的,用来防范各类攻击的专用系统。前面介绍的包过滤路由器允许数据包在外部系统和内部系统之间直接流动。

与它不同的是,堡垒主机允许数据包在系统之间流动,但不允许直接交换数据包。允许数据包在内部系统与外部系统之间交换的主要风险是,驻留于受保护网络的系统内的应用程序必须承受得起这些允许的服务可能导致的威胁。

因为堡垒主机对网络安全至关重要,所以应加强防卫。通常堡垒主机是由管理员就近监控的。堡垒主机的软件和系统安全要进行定期的审查,还应该检查一些关于潜在的安全破坏和企图对堡垒主机进行攻击的访问记录。

(三)防火墙的体系结构

在进行 Internet 专线接入时,为了保障内部网络的安全,通常采用包过滤路由器和堡垒主机对内部网络进行隔离。包过滤路由器能够根据设定的规则对通过该路由器的数据包加以过滤,避免部分非法的数据包进入内部网络,它通常用来作为对不可信任网络的第一层防卫。但是,由于该技术只是在 IP 和 TCP 层进行操作,对 UDP、RPC 以至应用层的协议无法进行过滤,并且缺乏审核和报警机制。所以,除包过滤路由器外,通常还需要用堡垒主机对网络进行隔离。堡垒主机的主要功能是阻止非授权用户访问内部敏感数据，同时保证合法用户无障碍地访问网络资源。下面，给出几种常见的防火墙体系结构。

1. 单宿主堡垒主机防火墙

单宿主堡垒主机防火墙是最简单的防火墙，它只用一台堡垒主机对内部网络进行隔离，具有结构简单、成本低的优点。如图 8-6 所示，所谓单宿主堡垒主机是指只有一块网卡的堡垒主机。

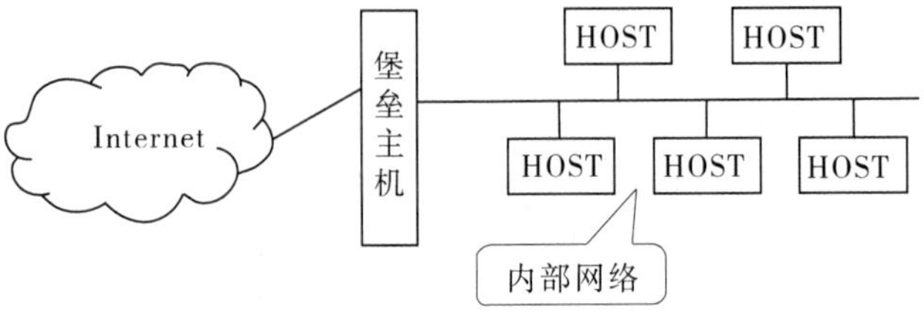

图 8-6 单宿主堡垒主机防火墙

2. 单过滤路由器、单宿主堡垒主机防火墙

虽然单宿主堡垒主机防火墙结构简单、成本低，但是它将堡垒主机完全暴露在公众网面前，十分容易受到攻击。因此，通常在堡垒主机的前面加一台包过滤路由器对外界信息加以隔离，称这种方式为单过滤路由器、单宿主堡垒主机防火墙，如图 8-7 所示。

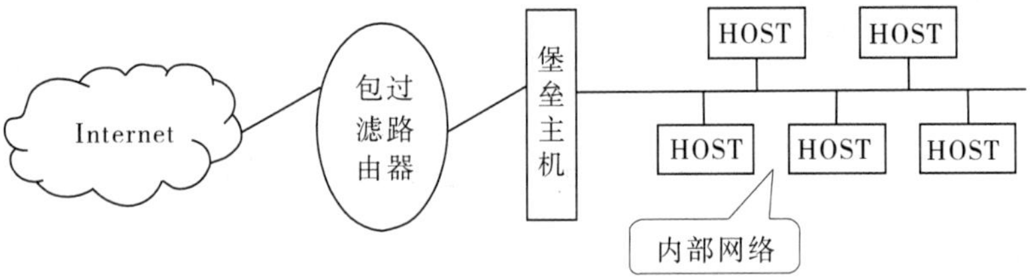

图 8-7 单过滤路由器、单宿主堡垒主机防火墙

在这种方式下，通过设置相关规则，路由器将所有来自外界的数据首先发送到堡垒主机上进行审查，从而保证了内部网络的安全。

3. 单过滤路由器、双宿主堡垒主机防火墙

单过滤路由器、单宿主堡垒主机防火墙依然存在一些缺陷。一旦路由器受到非授权的修改而导致路由表被破坏，路由器将不再把外部数据包发送给堡垒主机，而是直接传送到内部网络。这样的话，入侵者将绕开堡垒主机直接访问内部网络。对于这种情况，必须对以上结构加以调整，将单宿主堡垒主机更换为双宿主堡垒主机，称为单过滤路由器、双宿主堡垒主机防火墙，如图 8-8 所示。所谓双宿主堡垒主机也就是带两块网卡的堡垒主机，一块网卡通到路由器，另一块网卡连接到内部网络上，每块网卡上都有一个 IP 地址。这样，入侵者无法通过破坏路由表来访问内部网络，外界的数据流必须通过堡垒主机才能到达内部网络。在路由器和堡垒主机之间的网络称为非军事区（DMZ）。可以在 DMZ 区域放置一些不包含敏感数据的 Internet 服务器，如图中的虚线框所示。

4. 单过滤路由器、双堡垒主机防火墙

单过滤路由器、双宿主堡垒主机防火墙结构比较简单，能够在合理的价格范围内提供

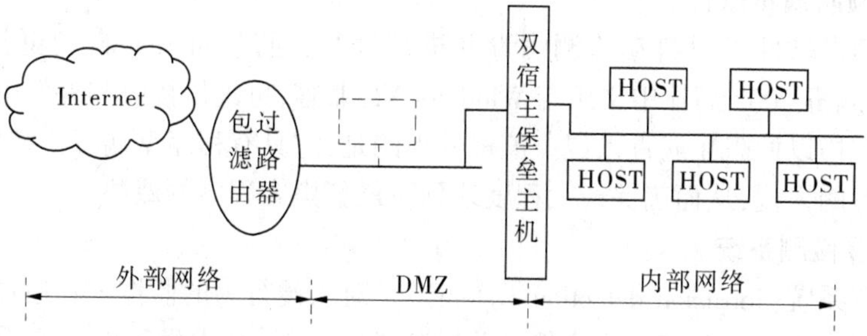

图 8-8　单过滤路由器、双宿主堡垒主机防火墙

较好的安全性能,在国内许多中小型企业内得到了良好的应用。但一些大型企业对网络安全有着更高的要求,他们采用的是具有双堡垒主机的结构,如图 8-9 所示。

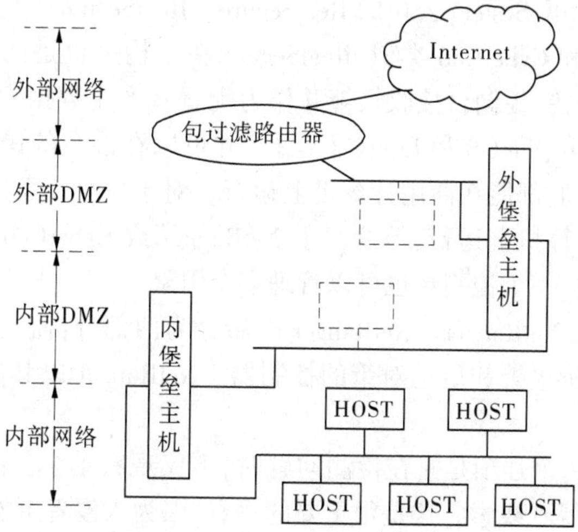

图 8-9　单过滤路由器、双堡垒主机防火墙(有两个 DMZ)

在图 8-9 所示的结构中,包含了外部和内部两台堡垒主机和两个 DMZ。这种体系结构在公众网络和内部网络之间设置了两层缓冲区,提供了相当高的安全保障和灵活多样的配置手段。用户可根据自身的应用需求和安全需要来选择在外部 DMZ、内部 DMZ 或内部网络上安装自己的 Internet 服务器,当需要最高的安全性能时,可以将所有的服务器都安装在内部网络上。

六、常用的网络安全工具

由于网络病毒和黑客不断地涌现,使人防不胜防,因此常备一些安全工具非常必要,下面就为大家介绍一些常用的网络安全工具。

(一)天网防火墙

天网防火墙是一套即时检查、即时防御的工具,可以将所有的黑客入侵拦截并记录下来。当有人试图入侵或恶意攻击时,如果启用天网防火墙系统,系统就会报警。同时,记录相关的信息并按事先定义的安全规则采取行动。

(二)诺顿防病毒软件

诺顿防病毒软件可以自动检测病毒并进行修复,通过 Internet 自动更新病毒定义。此外,诺顿防病毒 2002 简体中文版与 Windows XP 兼容,可提供接收和外发电子邮件及其附件的安全扫描以便阻止病毒入侵。值得一提的是,它具有程序型病毒拦截技术,可以阻止程序型病毒的入侵,从而确保最大程度地预防最新黑客程序的威胁。

(三)入侵检测系统

入侵检测系统(intrusion detection system),是对入侵行为的监控。它通过对计算机网络或计算机系统中若干关键点收集信息并对其进行分析,从中发现网络或系统中是否有违法或反安全策略的行为和被攻击的迹象。目前,国外有许多实验室和公司在从事入侵检测系统的研究和开发,并已完成一些原型系统和商业产品,但国内的研究现状相对落后。市场上常见的产品有以下两种:

(1)Internet Security System 公司的 RealSecure。RealSecure 的优点是它的简洁性和价格低。与 NetRanger 和 CyberCop 类似,RealSecure 在结构上也是两部分。引擎部分负责监测信息包并生成报警,控制台接收报警并作为配置及产生数据库报告的中心点。两部分都可以在 NT、Solaris、SunOS 和 Linux 上运行,并可以在混合的操作系统或匹配的操作系统环境下使用。它们都能在商用计算机上运行。对于一个小型的系统,可以将引擎和控制台放在同一台计算机上运行,但这对于 NetRanger 或 CyberCop 却不行。一个引擎可以向多个控制台报告,一个控制台也可以管理多个引擎。

(2)Cisco 公司的 NetRanger。NetRanger 产品分为两部分:监测网络包和发报警的传感器,以及接收并分析报警和启动对策的控制器。NetRanger 以其高性能而闻名,而且它还非常易于控制。

NetRanger 的另一个强项是它在检测问题时,不仅观察单个包的内容,而且还要看上下文,即从多个包中得到线索。这是很重要的一点,因为入侵者可能以字符模式存取一个端口,然后在每个包中只放一个字符。如果一个监测器只观察单个包,它就永远不会发现完整的信息。NetRanger 是目前市场上基于网络入侵检测软件中经受实践考验最多的产品之一。

(四)注册表编辑器

虽说很多杀毒软件声称可以查杀特洛伊木马程序,并且也都做得很好,但它们却都无法恢复特洛伊木马程序对注册表做过的修改。特别是查杀修改文件打开方式的木马,如冰河、QAZ 等,最终还是要靠注册表编辑器手动修改注册表以使系统恢复正常。不过,由于系统注册表中含有关于计算机运行方式的重要信息。除非绝对必要,否则请不要编辑注册表。注册表中出现错误时,计算机可能会无法正常运行。

任务三　网络系统管理

网络用户的管理是网络系统中非常重要的一个环节。试想在一个网络系统中,众多的用户杂乱无章,系统资源管理无序,用户的权限没有统一的设定,这就好比一支群龙无首、各自为政、纪律涣散的军队,不堪一击,经不起任何打击。对于网络系统则意味着毫无安全可言,它将很快变得千疮百孔甚至分崩离析。随着网络规模的不断扩大、复杂性的不断增加,同时要满足用户不断变化的需求,网络管理显得日趋重要。本任务将详细介绍网络管理知识。

一、网络工作人员

不同类型的网络工作需要不同的网络人员来完成,主要有以下几种网络人员:

(1)网络管理员。负责网络的正常工作,他的职责包括以下几个方面:确保定期执行必要的备份;管理网络的重要资源,如管理账号和密码;添加新的网络设备,如服务器、路由器、网络集线器,管理这些设备来监视网络硬件和软件,以发现存在的问题;规划网络升级的使用级别,排除网络故障。

(2)网络工程师。需要深入研究网络的细节,尤其要精通网络硬件。网络工程师通常也是各种故障的最终排除者,能够诊断并修复网络管理员无法解决的故障。

(3)网络体系结构设计师。有时也称为网络设计师,通常为销售和支持网络的公司或经常更改和扩展大型网络的公司工作,他们的工作主要是设计网络。

(4)其他与网络有关的人员。在网络领域中存在着许多与网络有关但没有直接相关的工作,因而也存在许多其他相关人员,如数据管理员、电子邮件管理员、Web 站点管理员、Web 设计师和网络支持人员等。

二、网络管理功能

网络管理功能是为网络管理员进行监视、控制和维护网络而设计的。在 OSI 网络管理标准中,将系统管理功能域分为配置管理、故障管理、性能管理、计费管理和安全管理等五种功能。

(1)配置管理。用于配置网络、优化网络。配置管理的目的是使网络性能达到最优。

(2)故障管理。是网络管理中最基本的功能之一,它对故障的检测、诊断、恢复或排除等措施进行管理。

(3)性能管理。负责收集网络性能数据,分析、调整管理对象。

(4)计费管理。用于记录网络资源的使用情况,目的是控制和监测网络操作的费用和成本。

(5)安全管理。计算机网络安全管理包括授权机制、访问机制和加密机制的管理,另外还要维护和检查安全日志。

三、日常管理工作

任何局域网建成并运行以后,都需要专门的网络管理。没有网络管理,网络就容易发生故障、损坏数据甚至导致计算机瘫痪。网络的日常管理工作是网络管理中工作量最大的工作,主要包括故障诊断与分析、数据备份与恢复,以及网络的升级与优化等工作。

(一)网络故障诊断与分析

要维护网络的正常运行,在网络出现问题时必须迅速加以解决。故障诊断的具体步骤如下:

(1)全面收集信息并分析故障信息，验证所出现的问题，检查在故障发生之前是否对该节点或者网络进行了改动。

(2)定位故障范围，将故障范围缩小到一个网段或节点。

(3)隔离故障。

(4)排除故障。如果是硬件故障，那么直接更换即可；如果是软件故障，那么可以重新安装出现问题的软件。

(5)检查故障是否被排除。

(二)数据备份与恢复

计算机中的数据对于用户来说是至关重要的。硬件与系统软件都可以用钱买到，而数据是多年积累的结果，一旦丢失，可能会给用户造成不可挽回的损失。为了减少用户误操作、供电中断、病毒破坏以及系统崩溃给用户带来的损失，一般情况下，都要定期对计算机中的数据进行备份。同时，当网络出现各种灾难性后果时，还要尽快恢复存储在服务器上的数据。定期制作高质量的数据备份，并迅速恢复数据，对于个人和公司的生存和发展都具有重大的意义。因此，一个实用的局域网应用系统设计中必须有网络数据备份恢复手段和灾难恢复计划。

1. 归档与备份

网络数据可以进行归档和备份。归档与备份是有区别的，归档是指在一种特殊介质(如光盘)上进行永久性存储，归档的数据可能包括文件服务器不再需要的数据，但由于某种原因需要保存若干年。一般是将这些数据存放在一个非常安全的地方。网络数据备份是一项基本的网络维护工作。对于网络管理员来说，除要防备任何对网络的破坏外，还常常会遇到以下情况：

(1)一个用户删除了网络中某个目录下的所有文件，但他又发现这些文件仍然需要，希望能恢复这些文件。

(2)一个用户无意中用一份新的报告覆盖了上一份报告，而后来又希望恢复已经被覆盖的报告。

(3)由于个别用户不熟悉系统的使用，无意中删除了几个有用的文件，导致系统无法正常工作。

这就需要用备份的副本来进行恢复。

2. 网络文件备份的基本方法

对于网络管理员来说，如果需要恢复丢失或被修改了的文件，那么他必须有最近网络文件的副本。备份网络文件就是将所需要的文件复制到光盘、磁带或磁盘等存储介质上，并将它们保存在远离服务器的安全的地方。要完成日常网络备份工作，需要解决以下几个问题：选择备份设备、选择备份程序、建立备份制度及确定备份工作执行者等。选择备份设备应根据网络文件系统的规模和文件的重要性决定，一般的网络操作系统都支持光盘、活动硬盘、磁带与软盘等多种存储介质与相应的备份设备。光盘因存储量大、易于保存和恢复，是一种理想的备份存储介质。软盘是一种不太可靠的存储介质，但其造价低，一般只能短期使用。磁带无论从造价、容量上均适中，但使用起来不太方便。在大中型应用系统及重要数据备份上，一般应选择光盘或活动硬盘作为备份的存储介质。

在建立好备份系统后,需要为文件备份制订一张计划表,规定多长时间做一次网络备份以及是否每一次都要备份所有文件。建立备份制度计划的第一件事就是选择需要备份的文件和备份的时间。例如,可以选择每月备份一次网络用户、打印服务程序和打印队列的地址、密码与属性信息。每周做一次所有网络文件的全部备份,每天做一次仅从上次备份以来修改过的文件备份。在制订备份计划时,还应考虑采用多少个备份版本,以及备份的介质存放在什么地方。

(三)网络的升级与优化

随着信息技术和计算机技术的发展,多媒体、实时视频和图像应用等大吞吐量的数据信息越来越多地被应用。百兆位、千兆位网的出现,使得 10 Mb/s 网络的传输速度已成了计算机之间进行信息交换的"瓶颈"。因此,必须对网络进行升级和优化,以提高现有网络的性能。

网络的升级最基础的操作就是提高网络的传输速率,以及把网络从共享结构转换到交换式结构。网络优化包括访问 Internet 的优化和对局域网使用的协议进行优化。访问 Internet 的优化主要是针对拨号网络适配器和 TCP/IP 协议设置进行调整。对局域网使用协议的优化主要是针对 NetBEUI 相 IPX/SPX 这两种协议。

四、组管理

如果能够善于利用组来管理用户账户,那么可以减轻许多网络管理负担。例如,当添加用户账户后,必须设置此用户对网络资源的使用权限,这样用户才能够访问这些资源,如文件、打印机等。但是,如果必须为每个账户分别设置其权限,那么将浪费不少的时间和金钱,尤其是用户众多的大型网络。为了减少这些困扰,可以将具有相同性质的用户账户归入到同一个组内。假设某公司业务部共有 50 个用户,他们都享有相同的权限,则可以将此 50 个用户归入到同一个组内,命名为 SALES。此时只要设置 SALES 组的权限,则该组内的所有用户就同时享有此权限,不需要替每个用户分别进行设置。

(一)组的概念及分类

组是用户账户的集合,通过将用户账户加入组,可以赋予用户账户所有授予组的权限。一般情况下,用户可以在域中执行的操作由用户账户属于哪组决定。Windows 2000 Server 中组的目的是一次能够控制多个用户,管理用户的第一个选择是将用户放进组中。根据组的性质可以将其分为以下两种类型:

(1)安全组。主要用来设置权限,例如可以设置某个安全组对某个文件具备"读取"的权限。安全组也可以用在与安全无关的任务上,例如可以通过电子邮件软件,将电子邮件发送给某个安全组。

(2)分发组。用在与安全(权限的设置等)无关的任务上,例如可以通过电子邮件软件将电子邮件发送给某个分发组,但是无法设置分发组的权限。

(二)组的作用域

组的作用域决定组在域树所应用的范围和组可能拥有的成员。根据组的作用域来看,组可以分为本地组、全局组和通用组。组作用范围的选择将由 Windows 2000 系统的操作模式决定:如果域控制器在混合模式中,只有本地组和全局组是有效的;在本地模式中，本地组、通用组和全局组都是有效的。混合模式是 Windows 2000 域控制器上的默认域模式设置。混合模式允许 Windows NT 域控制器和 Windows 2000 域控制器同时存在。混合模式不支持 Windows 2000 的通用组和组嵌套。当所有的 Windows NT 域控制器都被从域中删除时，可以将域模式改为 Windows 2000 本地模式。

（1）本地组。应用于运行 Windows 2000 Professional 的计算机和 Windows 2000 成员服务器计算机中，本地组的作用是可以授予本地用户账户和本地组，及其所在域和受信任域的用户账户和全局组使用本地资源的权限。本地用户或本地组由本地计算机管理员建立和管理，而域用户和全局组由域的管理员管理。本地组可以有下列类型的成员：全局组、通用组、域用户账户和其他本地组。可以通过指派给本地组的权限来使其成员具有执行某些操作的能力。用户可以被授权在计算机上执行某些操作，如备份文件和文件夹或关机。

（2）全局组。应用于 Windows 2000 域控制器，可以授予全局组某种资源的使用权限，并可以使它成为所在域和信任域的本地组成员。一个全局组实质上是在域内部创建的一个用户账户的集合，这些用户账户可以被统一赋予权限。全局组只能包含来自同一域的用户账户。在运行 Windows 2000 Professional 的计算机上不能创建全局组，然而可以使域中的全局组成为这些工作站的本地组成员，以使全局组成员拥有本地资源相应的权限。

（3）通用组。首先应该强调，通用组只有当域处于本地模式时才有效。通用组可以看作是全局组的扩展，通用组也是一个用户账户的集合，不过它的作用范围不仅在域内，其成员还可以来自域树或域林中任何 Windows 2000 域的组和账户、全局组和来自任何域的通用组，并且在域树或域林的任何域中都可以获得权限，也就是说，通用组可以作为域树或域林的任何域的本地组的成员。

利用组来控制用户对域中资源的使用时，总是首先创建资源的本地组，然后把全局组添加到该本地组上，使全局组获得使用本地资源的权限。全局组是对域中所有计算机某些资源具有相应访问权限的域用户账户的集合。例如，可以规定一个全局组对工作站 A 中的某些资源具有“完全控制”的访问权，对工作站 C 的某些资源具有“读取”的访问权，那么属于这个全局组中的域用户都具有这两种访问权。域的全局组在任何可接受域用户账号的地方都是有效的。全局组只能包含定义它的域中的域用户账号，不能包含其他全局组或其他域中的用户账号。

（三）预定义组

在安装域控制器时，系统将一些预定义的全局组和通用组放在 Users 组织单位中。此 Users 中的预定义组名称及含义见表 8-1。

可以将该域中各种类型的用户账户放入这些有全局作用域的组中，然后将这些组放入该域和其他域中的本地组。在默认情况下，用户创建的任何用户账户都将自动添加到域用户组（Domain Users）中，并且用户创建的任何计算机账户都将自动添加到域计算机组中（Domain Computers）。可以使用域用户和域计算机组来表示域中创建的全部用户和计算机账户。例如，如果用户希望本域中所有用户有访问该域中打印机的权限，可以将打印机的权限指派给域用户组（或将域用户组放入具有打印机权限的域本地组中）。

表 8-1　预定义组名称及含义

名称	类型	含义
DHCP Administrators	通用组	对 DHCP 服务器有管理访问权的成员
DHCP Users	通用组	对 DHCP 服务器只有只读访问权的成员
Dnsadmins	通用组	DNS 管理员组
Domain Admins	全局组	指定的域管理员
Domain Computers	全局组	加入到域中的所有工作站和服务器
Domain Controllers	全局组	域中所有域控制器
Domain Guests	全局组	域的所有来宾
Domain Users	全局组	所有域用户
Enterprise Admins	全局组	企业的指定系统管理员
Ras and Ias Servers	通用组	该组中的服务器可以访问用户的远程访问属性

在默认情况下，域中的域用户组是相同域中本地用户组的成员。域管理员组可以代表域中具有完全管理权利的用户。Windows 2000 Server 不将任何账户自动放入该组中，但是如果希望用户账户在域中具有更广泛的管理权利，可以将该账户放入域管理员组。在默认情况下，域中的域管理员组是相同域中计算机本地管理员组的成员。

(四)组的操作

在 Windows 2000 的“Active Directory 用户和计算机”管理控制台中，可以方便地进行新建、删除、更改组的名称以及向组内添加和删除成员等操作。

(1)组的创建、删除与重命名。要创建新组时，首先单击【开始】/【程序】/【管理工具】/【Active Directory 用户和计算机】命令，打开“Active Directory 用户和计算机”窗口；其次在左边的目录窗口中展开域节点，右击要创建新组的用户组织单元，在弹出的快捷菜单中选择【新建】/【组】命令，打开“新建对象-组”对话框；在“组名”文本框中输入新组的名称，然后在【组作用域】和【组类型】选项区域中，选中【全局】和【安全式】单选按钮；最后单击【确定】按钮。

如果要删除组，可以在“Active Directory 用户和计算机”管理控制台的目录窗口中，单击组所在的组织单元，在详细信息窗口中右击要删除的组，然后在弹出的快捷菜单中选择【删除】命令。如果要对组进行重命名，可以在详细信息窗口中右击组，然后在弹出的快捷菜单中选择【重命名】命令，输入新组的名称即可。

(2)添加(删除)组成员。Windows 2000 可以将计算机、用户账号和组添加到组中。方法是：打开“Active Directory 用户和计算机”管理控制台，在目录窗口中展开域节点，单击组所在的组织单元，在详细窗口中右击组，然后在弹出的快捷菜单中选择【属性】命令，打开“Users 属性”对话框，然后激活【成员】选项卡。

如果要删除已有的成员，可以单击列表中的成员，然后单击【删除】按钮。如果要添加新成员，可以单击【添加】按钮，在打开的“选择用户、联系人、计算机或组”对话框中，将显示可以加入组的成员列表。在上面的列表中选择成员，单击【添加】按钮，将成员加入到下面的列表中。当所需的成员都添加下面的列表后，单击【确定】按钮即可。

五、用户账户管理

网络上的服务器可以向网络上的各客户机提供共享资源,但对有些资源的共享必须加以限制,以确保资源的安全。如服务器上销售部门的数据库,对一个不属于销售部门的客户机,决不能容许对该数据库的访问。即使是销售部门的工作人员有权访问该数据库,有的也只能允许其对该数据库的浏览,而不允许对数据库的编辑或者修改,但有的工作人员必须完全控制该数据库,这就是所谓的访问权限。任何人(包括网络管理员)要想访问Windows 2000 Server,都必须有一个在该服务器上或者在该域中创建的账号。账号定义了用户名和用户密码,以及每个用户特有的其他信息。

需要时,通过"Active Directory 用户和计算机"管理控制台,可以管理用户账号。在该管理控制台的左侧窗格中,选择一个容器或者在右侧窗格中选定一个对象,然后在容器或者对象上右击,单击菜单栏上的【操作】命令,在打开的下拉菜单中选择需要执行的命令,即可完成对用户账号的管理工作。

(一)添加用户账户

需要使用"Active Directory 用户和计算机"管理控制台添加用户时,首先在"Active Directory 用户和计算机"管理控制台左侧窗格中,右击【Users】容器,然后在打开的下拉菜单中选择【新建】/【用户】命令,即可打开第 1 个"新建对象-用户"对话框。在该对话框中输入要添加用户的基本属性,如【姓】、【名】和【用户登录名】等内容。输入完这些选项后,单击【下一步】按钮,即可打开第 2 个"新建对象-用户"对话框。在该对话框中输入为新建用户设置的密码。同时,可以通过对该对话框中复选的选择,实现对用户账号的管理。其中,各复选框功能如下:

(1)【用户下次登录时须更改密码】复选框。选择该复选框将强制用户在第一次登录到网络系统时重新设置自己的密码。

(2)【用户不能更改密码】复选框。选择该复选框将不允许用户设置自己的密码。

(3)【密码永不过期】复选框。选择该复选框后,只要用户使用密码,密码将永远有效,不会过期作废。

(4)【账户已停用】复选框。选择该复选框将禁用新账号。管理员可以在需要时取消该复选框的选择启用该账号。

设置密码并选择合适的密码管理复选框后,单击【下一步】按钮,将打开第 3 个"新建对象-用户"对话框,在该对话框中列出了在前两个对话框中设置的用户账号信息,确认无误后,单击【完成】按钮,系统将自动完成该用户的添加任务。

在 Windows 2000 Server 服务器中添加用户账号时,应注意以下几点:

(1)户名不能与域中其他用户名或组名相同。本地组名可以包括除以下字符外的最多 20 个大写或小写字符:"/ [ ] : ; | = , + * ? < >"。

(2)用户名中不能只由句点(.)或空格组成。

(3)在"密码"和"确认"文本框中,可以输入不超过 127 个字符的密码。但是,如果网络上有使用 Windows 95 或者 Windows 98 操作系统的用户,则使用不超过 14 个字符的密码。因为 Windows 95 和 Windows 98 操作系统最多支持 14 个字符的密码。如果密码过长,用户可能无法从这样的计算机登录 Windows 2000 Server 服务器。

(二)设置用户账户属性

要想设置用户的属性,首先打开“Active Directory 用户和计算机”管理控制台,然后选择要设置属性的用户,单击菜单栏中的【操作】命令,在弹出的下拉菜单中,选择【属性】命令,打开所选用户属性对话框。该对话框包含了用户的所有信息,认真为每个用户填写这些属性,可以使查找和定位用户的工作更加方便。

如果要设置账户的属性,可以激活【账户】选项卡,再根据实际情况,填写有关的选项。其中各个选项要求的规则与创建新用户时要求的规则基本相同。设置完成后,单击【应用】按钮即可。

设置登录时间可以控制用户登录到域上的时间。默认情况下,Windows 2000 Server 允许用户 24 h 访问网络,但是管理员则希望在工作时间才能登录到域中。设置登录时间减少了账户暴露给未经授权的访问的时间。在【账户】选项卡中,单击【登录时间】按钮,打开用户的登录时段对话框。在该对话框中,通过拖动鼠标及选择【允许登录】和【拒绝登录】单选按钮,可以确定登录的时间。

通过设置域用户账户的登录选项,可以控制用户从哪些计算机登录到域上。在默认配置下,每个用户都可以从域中的任意一台计算机登录。如果限制只能从某些计算机登录,可以避免用户访问存放在其他计算机上的数据。在【账户】选项卡中,单击【登录到】按钮,打开“登录工作站”对话框。如果选中【下列计算机】单选按钮,可以在“计算机名”文本框中,输入进行登录的计算机名称,然后单击【添加】按钮。

(三)配置拨入设置及重设密码

为用户配置拨入设置后,可以使用户从远程通过拨号连接到网络上。激活“用户属性”对话框中的【拨入】选项卡。在该对话框中包含了下述的选项。

(1)【允许访问】或【拒绝访问】单选按钮。指明是否允许通过远程访问。

(2)【验证呼叫方 ID】复选框。用户拨入时必须使用的电话号码。

(3)【不回拨】单选按钮。远程访问不回拨用户,这是默认选项。

(4)【由呼叫方设置(仅路由和远程访问服务)】单选按钮。用户给远程访问服务 RAS 提供回拨电话号码,通话由公司付费。

(5)【总是回拨到】单选按钮。RAS 服务器使用指定的号码回拨用户,用户必须在特定的电话号码上才能连接到服务器上,由于这个号码是预先设置的,所以降低了未授权用户拨号进入。

当用户不能登录到域或者本地计算机时,可能需要重新设置用户的密码。要完成这个任务,必须以具有组织单元管理权限的身份登录。在“Active Directory 用户和计算机”管理控制台中,选择需要改变密码的用户,然后选择菜单栏中的【操作】/【重设密码】命令,打开“重设密码”对话框。在文本框中输入适当的密码,单击【确定】按钮即可。

(四)修改用户账户

除重新设置用户密码外,还可以对用户账户进行其他的修改,如停用、启用、重新命名、删除等操作。这些操作都可以在“Active Directory 用户和计算机”管理控制台的【操作】下拉菜单中完成。

(1)停用和启用用户账户。如果在某段时间内不需要某一用户账户,但将来还要使用时,可以禁用该用户账户。禁用后的用户账户上,将出现一个红色的“X”符号。

(2)重命名用户账户。在需要设置用户账户的所有权、权限和组所有权,并且重新指定到不同用户时,可以重命名用户账户。

(3)删除用户账户。在用户离开时,可以删除用户账户。

注意:用户账户删除后将不能再恢复,即使用同样的用户名和密码创建新的用户账户也不可以,这是因为 Windows 2000 Server 为每个新账户分配了一个唯一的数值,称为安全标志(或 SID),并且在计算机内部使用了这个唯一的数值。因此,在删除用户时,为了安全起见,可以先禁止该用户账户一段时间,如果该用户账户确实不需要,再将其删除。

六、简单网络管理协议 SNMP

简单网络管理协议 SNMP(simple network management protocol)是一种用于在网络设备之间交换管理信息的应用层协议,目前被广泛地实现在各种网络设备中,并在 Internet 中普遍使用。它是 Internet 组织的网络管理标准,用来管理 TCP/IP 互联网和以太网。它建立在 TCP/IP 协议簇中的 UDP 协议之上,提供无连接服务。尽管这是一种不太可靠的服务,但它保证了信息的快速传递。由于 SNMP 满足了人们长久以来对通用网络管理标准的需求,而且它本身简单明了,实现起来比较容易,占用的系统资源少,所以得到了众多网络产品厂家的支持,成为实际上的工业标准。基于它的网络管理产品在市场上占有统治地位。

SNMP 属于网络管理平台,它为网络管理应用系统和被管的网络设备之间的交互提供了标准的界面。图 8-10 为 SNMP 的体系结构。由图可知,SNMP 包含三个基本元素:管理进程(manager)、管理代理(agent)和管理信息库(MIB)。

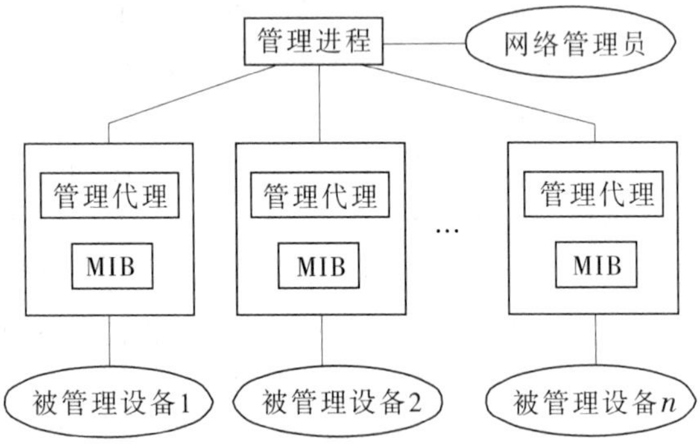

图 8-10 SNMP 体系结构

(一)管理进程(manager)

管理进程处于管理模型的核心。它是一组运行于网络管理中心主机上的软件程序,完成各种网络管理功能。它可以在 SNMP 的支持下,通过管理代理来对各种资源执行监测、配置等管理操作。管理进程可以通过图形界面显示网络中各管理代理的配置及其他网络信息,为管理人员管理网络提供方便。

(二)管理代理(agent)

管理代理是运行在被管理设备中的软件。网络中被管理的设备可以是主机、路由器、集线器等。它监视设备的工作状态、使用状况等,并收集相关网络管理信息。这些信息都存储在管理信息库(MIB)中。每一个管理代理都拥有一个包含代管设备相关信息的本地管理信息库。在管理进程的指令下,管理代理一方面从 MIB 中读取信息提交给管理进程,另一方面修改 MIB 中的信息。

(三)管理信息库(MIB)

管理信息库是一个概念上的数据库,由管理对象组成,每个管理代理管理 MIB 中属于本地的管理对象,各管理代理控制的管理对象共同构成全网的管理信息库。但需注意的是,管理信息库包括的数据项因管理设备不同而不同,例如一个路由器的管理信息可能包括关于路由选择表的信息。

七、常用的网络管理软件

作为一名网络管理员,应该尽量掌握网络测试与管理工具,从而更好地管理网络。在局域网中所使用的操作系统都内置了大量的网络测试工具,如 IP 测试工具 Ping、测试 TCP/IP 协议配置的工具 IPconfig 和 Winipcfg、利用 Windows 网络监视器和性能监视器来调整和监视网络等。另外,除利用 Windows 系统提供的网络工具外,还可使用专用的网络管理软件来进行管理。下面介绍三种常用的网络管理软件。

(一)HP Open View

HP Open View 是惠普(Hewlett-Packard,HP)公司开发的网络管理系统软件,它是第一个集综合性、实用性于一体的网络管理系统,在全球占据最大的市场份额。

HP 是最早开发网络管理产品的厂商之一;而 HP Open View 作为其著名的产品已经得到了广泛的应用。Open View 集成了网络管理和系统管理各自的优点,形成一个单一而完整的管理系统。Open View 解决方案实现了网络运作从被动无序到主动控制的过渡,使 IT 部门及时了解整个网络当前的真实状况,实现主动控制,而且 Open View 解决方案的预防式管理工具——临界值设定与趋势分析报表,可以让 IT 部门采取更具预防性的措施,管理网络的健全状态。这一灵活的管理体系结构,能在不同电子商业生态系统的各种 IT 环境中运行。

Open View 的解决方案是从用户网络系统的关键性能入手,帮其迅速地控制网络,然后还可以根据需要增加其他的解决方案。其管理功能的深度和广度有助于生成和控制策略,以保证新型电子化服务的可用性、性能和安全性。HP Open View 不但能快速排除故障和解决 IT 基础设施问题,还能监控和报告服务的可用性、性能和使用情况。

Open View 系列产品包括了统一管理平台、全面的服务和资产管理、网络安全、服务质量保障、故障自动监测和处理、设备搜索管理、网络存储、智能代理、Internet 环境的开放式服务等丰富的功能特性。

HP Open View 的主要功能模块是网络节点管理员。该软件包可以运行在 HP 以及 SUN 的硬件平台之上,软件平台可以是 UNIX 和 SUN Solaris,支持的数据库可以是 Ingres 和 Oracle 等。

(二)Net View

Net View 是 IBM 公司在 HP 公司的 Open View3.1 的基础上开发的。其扩展了 Open View3.1 的所有功能,并与其他一些软件集成,形成了 Net View 的产品序列。

Net View 被普遍认为是当今市场上最先进的网络管理产品。IBM 开发 Net View 的原始动机是对系统网络体系结构(SNA)网络进行管理,但是它现在已经成为支持开放式互联系统(OSI),以及传输控制协议/Internet 协议(TCP/IP)的公用局域网(LAN)管理系统。

Net View 是接收来自网络上被管理设备警报的聚焦点。入口是在被管理设备上的代理,例如主机系统、前端处理器、控制器和 LAN 部件。服务点向非 SNA 协议系统提供了一个进入的途径,并支持简单网络管理协议(SNMP)和公用管理信息协议(CMIP)。

Net View 的一些主要部件如下:

(1)命令设备。基本命令和对 IBM Net View 的控制中心。它建议在一些情况下如何采取行动。

(2)硬件监督器。负责管理网络警报,包括为今后引用而存储它们。

(3)会话监督器。收集关于网络会话的信息,例如它们的状态、配置响应时间、失效情况和出错代码。

(4)状态监督器。收集 SNA 网络上资源的信息。这些信息对图形监督器是有用的。

(5)图形监督器。运行在 OS/2 上的软件,它可以提供网络和其资源的图形化显示,用户可以通过点击获得关于 LAN 网络段、节点或设备的信息。

(6)浏览设备。提供了一种观看 IBM Net View 收集信息的途径。

Net View 的功能十分完善,它可对常用的 HTTP、SMTP、POP3、NNTP、FTP、TELNET 协议进行数据包的内容还原和恢复,并以方便快捷的方式显示出来;它可随时给客户端发送"信使"消息,并且兼具强大的 SMTP、POP3 协议分析技术和还原技术,以及强大的 MIME(multipurpose internet mail extensions)分析和显示技术。

(三)SunNet Manager

Sun 微系统公司的 SunNet Manager 是一个使用平台体系结构方法的网络管理系统。它是第一个重要的、基于 UNIX 的网络管理系统,它用于管理 TCP/IP 网,完整地支持 SNMP 协议。

SunNet Manager 包含了平台处理网络管理系统的所有核心功能,如通信协议接口、数据定义和其他的管理功能。其他的产品可通过插入或与平台接口而获得其所有内置的功能。这些功能包括访问多协议网、多供应商系统和数据库管理系统。

SunNet Manager 是一个管理应用程序的开发平台,这个平台提供了一个 OSI 管理代理模式,并且通过 SUN 开放网络计算(ONC)策略和简单网络管理协议(SNMP)以及其他协议提供对第三方产品的支持。这些产品在 TCP/IP 通信协议上运行。OPENLOOK 图形用户接口使网络管理员可察看网络情况,并简化了系统和事务的管理。

SunNet Manager 提供了功能强大、易于使用的网络管理用户工具和增加的管理服务软件,它为集成的网络管理提供一个综合环境。它的主要特点如下:

(1)提供面向目标的图形用户接口、开放直观的网络拓扑结构图形显示。

(2)自动化的故障隔离、诊断和监控等多种应用程序。

(3)提供了 API 接口解决方案,有 Agent 和 Proxy Agent 的开发工具包,用户可以对其进行编程扩充。

(4)分析资源性能,确定解决问题,简化及自动化管理任务,并且提供了集成的功能强大的工具集。

(5)利用一个分布式结构来管理多机型网络。

(6)支持符合工业标准的简单网络管理协议(SNMP),并且支持大量的第三方管理应用程序。

小 结

首先介绍了计算机网络安全方面的基础知识,包括网络安全所面临的威胁、常见的攻击威胁、网络安全防御措施以及网络安全的要求等内容,并重点介绍了访问控制技术、加密技术、病毒防护技术、审计和入侵检测技术、防火墙技术等网络安全技术。其次介绍了网络系统管理方面的基础知识,包括网络工作人员、网络管理的功能、日常管理、组管理、用户账户管理等内容。最后,还简要介绍了简单网络管理协议 SNMP 以及常见的几种网络管理软件。

习 题

1. 影响计算机网络安全的因素有哪些?
2. 简述系统攻击方法的种类。
3. 简述网络安全防御措施。
4. 什么是访问控制技术?有哪些访问控制技术?
5. 简述计算机病毒的分类、特点。怎样防范和清除计算机病毒?
6. 什么是防火墙?它由哪些组件组成?
7. 试述防火墙体系结构的几种形式。
8. 什么是网络管理?它的目的是什么?
9. 网络管理有什么功能?
10. 数据的备份与恢复的目的是什么?
11. 什么是组?有哪些组?
12. 简述在 Windows 2000 Server 中管理用户账户的方法。
13. 组成简单网络管理协议 SNMP 的三个部分是什么?
14. 常用的网络管理软件有哪些?分别有什么特点?

附录　参考实验

实验一　双绞线的制作

一、实验目的

制作双绞线 RJ-45 接头。

二、实验环境

(1)UTP5 类双绞线 2~3 m。
(2)RJ-45 接头(水晶头)。
(3)RJ-45 压线钳/剥线钳一把。
(4)RJ-45 测线仪一个。

三、预备知识

(一)RJ-45 接头

双绞线的 RJ-45 接头所遵循的标准是 TIA/EIA 568A 和 TIA/EIA 568B,它们规定了双绞线颜色标志及其排列顺序,见附表 1。TIA/EIA 568A 与 TIA/EIA 568B 没有本质的区别,只是颜色上的区别。问题是要保证:1 和 2 线对是一个绕对;3 和 6 线对是一个绕对;4 和 5 线对是一个绕对;7 和 8 线对是一个绕对。

附表 1　TIA/EIA 568A 和 TIA/EIA 568B 线序标准

引针号	1	2	3	4	5	6	7	8
T568A	白/绿	绿	白/橙	蓝	白/蓝	橙	白/棕	棕
T568B	白/橙	橙	白/绿	蓝	白/蓝	绿	白/棕	棕

(二)三种电缆的不同连接方法及用途

RJ-45 连接线一般有三种:直通(straight over)、交叉、(cross over)和反转(roll over)。

(1)直通电缆一般用于工作站与集线器(或交换机)之间或配线架与集线器(或交换机)之间的连接,线缆两端的 RJ-45 接头中的线序完全相同(都是 TIA/EIA 568A 或都是 TIA/EIA 568B)。

(2)交叉电缆一般用于集线器(或交换机)与集线器(或交换机)之间的连接,线缆两端的 RJ-45 接头中的线序不同(一端是 TIA/EIA 568A,而另一端是 TIA/EIA 568B)。

(3)反转电缆一般用于与 Console 端口的连接。它用于 RJ-45 与 RS-232 之间的转换。其顺序与 TIA/EIA 568A 或 TIA/EIA 568B 无关,只需两端线序完全相反即可。

四、实验步骤

(1)用 RJ-45 压线钳(当然也可以用其他剪线工具)把五类双绞线的一端剪齐(最好先剪一段符合布线长度要求的网线),然后把剪齐的一端插入到网线钳用于剥线的缺口中,注意网线不能弯,直插进去,直到顶住网线钳后面的挡位,稍微握紧压线钳慢慢旋转一圈,让刀口划开双绞线的保护胶皮,剥下外层护套。

(2)剥除外层护套后即可见到双绞线网线的 4 对线,并且可以看到每对线的颜色都不同。每对缠绕的两根导线是由一种染有相应颜色的导线加上一条只染有少许相应颜色的白色相间导线组成。四条全色导线的颜色为棕色、橙色、绿色、蓝色。先把 4 对导线一字并排排列,然后把每对导线分开,并按统一的排列顺序(如 568A、568B 标准)排列。注意每条导线都要拉直,并且要相互分开并列排列,不能重叠。然后用压线钳垂直于导线排列方向剪齐,确保导线端头截面的平整,不应有毛刺或不齐现象,整理好的导线长度约为 15 mm。自左至右编号的顺序定为"1,2,3,4,5,6,7,8"。

(3)左手水平握住 RJ-45 接头(塑料扣的一面朝下,金属片一面朝上,开口朝右),然后把剪齐、并列排列的 8 条导线对准 RJ-45 接头开口并排插入 RJ-45 接头中,一定要使各条导线都插到 RJ-45 接头的底部,不能弯曲(因为 RJ-45 接头是透明的,所以可以从 RJ-45 接头有卡位的一面清楚地看到每条导线所插入的位置)。

(4)检查每条导线的顺序是否正确,是否所有导线都插到 RJ-45 接头底部,然后将插入网线的 RJ-45 接头放入网线钳压线缺口中。因缺口结构与 RJ-45 接头结一样,一定要正确放入才能使后面压下压线钳手柄时所压位置正确。RJ-45 放好后即可压下压线钳手柄,适当用力,使 RJ-45 接头的插针都能插入到网线导线之中,与之接触良好。然后用手轻轻拉一下网线与 RJ-45 接头,看是否压紧,最好多压一次,最重要的是要注意所压位置一定要正确。

(5)按照相同的方法制作双绞线的另一端 RJ-45 接头。

(6)两端都做好 RJ-45 接头后即可用测线仪进行测试,如果测线仪上 8 个指示灯都依次为绿色闪过,证明网线制作成功。如果出现任何一个灯为红灯或黄灯,都证明存在断路或者接触不良现象,此时最好先检查一下两端导线的排列顺序是否一样,并对两端 RJ-45 接头再用压线钳压一次,再测,如果故障依旧,则剪掉一端重新制作。

实验二 安装网卡

一、实验目的

目前的网卡有 ATM 网卡、令牌环网网卡和以太网网卡等,以太网在目前的 PC 上使用得比较普遍。本实验进行以太网网卡安装训练。

二、实验环境

(1)一块合适的以太网网卡,一般选用 PCI 型 10/100 Mb/s 网卡。

(2)一把合适的螺丝刀。

(3)PC 机。

(4)网卡驱动程序。

三、实验步骤

(一)安装网卡硬件

(1)在计算机处于关闭状态下,拔下电源插头。

(2)打开机箱,为网卡寻找合适的插槽。

(3)用螺丝刀卸下插槽后面挡板上的防尘片,露出条形窗口。

(4)将网卡垂直插入插槽,使有接头的一侧面向机箱后侧。

(5)将网卡的金属接头挡板用螺丝固定在条形窗口顶部的螺丝孔上。

(6)盖上机箱,拧好固定螺丝,硬件安装完成。

注意:如果是 USB 网卡或 PCMCIA 网卡,则不需要拆卸机箱。

(二)安装网卡驱动程序

启动安装好网卡硬件的机器,Windows 会自动检测新增硬件,并启动添加新硬件向导,如果该设备 Windows 系统能够识别,则安装 Windows 自带的驱动程序即可,若不能识别,则需自行安装该设备的驱动程序。

注意:在安装过程中,系统往往会需要 Windows 安装盘上的一些文件,因此最好事先将 Windows 安装盘放入光驱中;否则,在安装中会弹出要求将 Windows 安装盘放入光驱的对话框。

实验三　交换机基本配置

一、实验目的

(1)了解交换机配置的基本方法。

(2)掌握如何使用 Console 口和 Telnet 方式对交换机进行配置。

(3)掌握对交换机恢复出厂设置的方法。

(4)掌握交换机配置文件的上传下载。

二、实验环境

本实验使用神州数码的交换机 DCS-3526 或 DCS-3726S 完成配置。使用一台交换机和一台 PC 机,把 PC 机的串口和交换机的 Console 口用专用的 Console 线缆连接,把 PC 机的网卡接口和交换机的某一个普通的网口用普通的网线相连,构建成如附图 1 所示的小型拓扑。

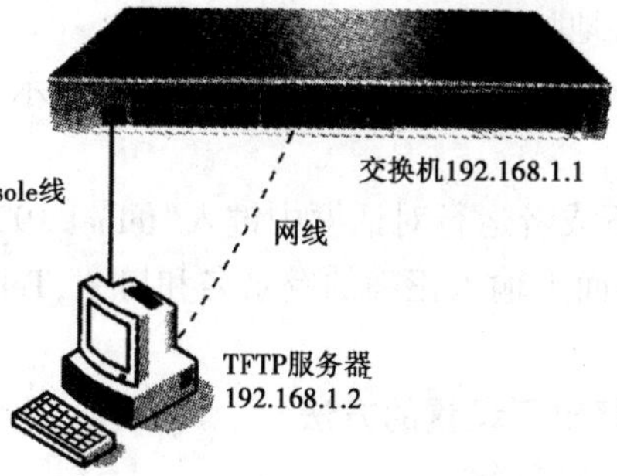

附图 1 交换机配置拓扑

三、实验步骤

(一)使用 Console 口对交换机进行配置

(1)用 Console 线连接 PC 机的串口和交换机的 Console 口。

(2)在 Windows 下通过超级终端配置交换机。

(3)交换机加电开机,此时在超级终端中按一下"回车"键,将会看到交换机的提示字符,表示已经进入交换机,此时已经可以对交换机进行配置。

(二)掌握如何使用 Telnet 方式对交换机进行配置

(1)在超级终端中给交换机设置 IP 地址 192. 168. 1. 1。

DCS-3526

Switch # config

Switch (config) # interface admin vlan

Switch (config-adminvlan) # ip address192. 168. 1. 1255. 255. 255. 0

Switch (config-adminvlan) # exit

DCS-3726S

Switch # config

Switch (config) # interface vlan 1

Switch # (config-if) # ip address 192. 168. 1. 1255. 255. 255. 0

(2)在交换机上设置授权 Telnet 用户。

DCS-3526

Switch # config

Switch (config) # telnet-user admin password 0 digital

Switch (config) # end

Switch # write

DCS-3726S

Switch # config

Switch (config) # username admin password 0 digital

Switch (config) # end

Switch # copy run start

(3)配置 PC 机的 IP 地址 192.168.1.2。

(4)在主机上执行"ping192.168.1.1"命令,应该显示 ping 通;若不通,则需要查原因。

(5)在 DOS 命令行下或者运行对话框中键入"telnet 192.168.1.1"。

(6)在 Telnet 配置界面上输入正确的登录名和口令,Telnet 用户就可成功地进入到交换机的 CLI 配置界面。

(三)掌握交换机恢复出厂设置的方法

在超级终端中执行下列命令:

DCS-3526

```
Switch # set default
Are you sure? [Y/N]=y
Switch # write
Switch # restart
```

DCS-3726S

```
Switch # config
Switch(config) # boot system config:Factory Default_Config.cfg
Switch(config) # end
Switch # reload
```

(四)掌握利用 TFTP 服务器进行配置文件的上传下载

(1)在 PC 机中安装 TFTP 服务器软件。

(2)保证 TFTP 服务器与交换机是互通的,采用"ping"命令测试。

(3)开启 TFTP 服务器。

(4)在超级终端中执行文件下载命令,如下所示:

DCS-3526

```
Switch # copy startup-config tftp://192.168.1.2/startup-config
```

DCS-3726S

```
Switch # copy startup-config tftp
TFTP server ip address:192.168.1.2
Destination configuration file name:startup-config
TFTP completed.
Success.
```

(5)在超级终端中执行文件上传命令。

DCS-3526

如下所示:

```
Switch # copy tftp://192.168.1.2/startup-config startup-config
Switch # restart
```

DCS-3726S

```
Switch # copy tftp starup-config
```

TFTP server ip address:192.168.1.2

Source configuration file name:startup-config

Startup configuration filename[ ]:startup-config

Write to FLASH Programming.

Write to FLASH finish.

Success.

Switch # reload.

(6)系统正常启动,表示上传文件成功。

实验四　交换机 VLAN 配置

一、实验目的

(1)了解 IEEE802.1q 的实现方法,掌握跨二层交换机相同 VLAN 间通信的调试方法。

(2)了解 DCS-3526 交换机接口的 trunk 模式和 access 模式。

(3)了解 DCS-3726S 交换机的 tagged 端口和 untagged 端口的区别。

二、实验环境

本实验使用神州数码的交换机 DCS-3526 或 DCS-3726S 完成配置。使用两台 DCS-3526 交换机或者两台 DCS-3726S 交换机,并且需要两台 PC 机。将其中 PC1 作为控制台终端,使用 Console 口配置方式连接到交换机 1;将 PC2 作为控制台终端,使用 Console 口配置方式连接到交换机 2。将交换机 1 和交换机 2 用交叉线缆连接。用网线分别将 PC1 和 PC2 连接到交换机的 RJ-45 接口上,构建成如附图 2 所示的拓扑。

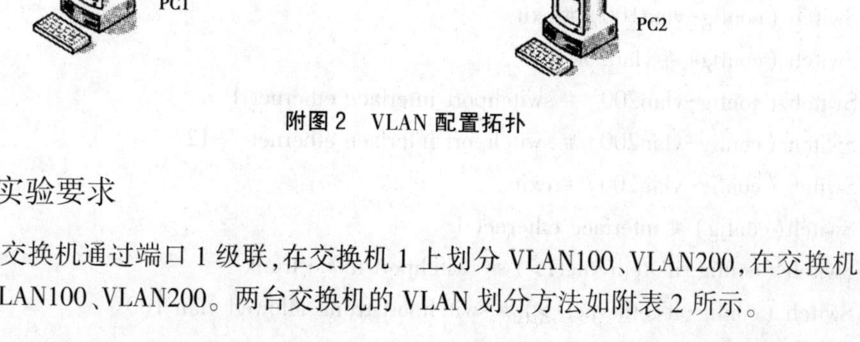

附图 2　VLAN 配置拓扑

三、实验要求

两台交换机通过端口 1 级联,在交换机 1 上划分 VLAN100、VLAN200,在交换机 2 上也划分 VLAN100、VLAN200。两台交换机的 VLAN 划分方法如附表 2 所示。

附表 2

VLAN	Ports
100	1,2~6
200	1,7~12

两台交换机 VLAN100 上的成员之间可以互相访问,VLAN200 上的成员可以互相访问,VLAN100 和 VLAN200 之间不能互相访问。PC1 和 PC2 的网络地址设置如附表 3 所示。

附表 3

PC	IP 地址	Mask
PC1	192.168.10.1	255.255.255.0
PC2	192.168.10.2	255.255.255.0

(1)PC1 接在交换机 1 的 VLAN100 成员端口,PC2 接在交换机 2 的 VLAN100 成员端口,两台 PC 能够互相 ping 通对方。

(2)PC1 接在交换机 1 的 VLAN200 成员端口,PC2 接在交换机 2 的 VLAN200 成员端口,两台 PC 能够互相 ping 通对方。

(3)PC1 接在交换机 1 的 VLAN100 成员端口,PC2 接在交换机 2 的 VLAN200 成员端口,两台 PC 不能够互相 ping 通对方。

(4)PC1 接在交换机 1 的 VLAN200 成员端口,PC2 接在交换机 2 的 VLAN100 成员端口,两台 PC 不能够互相 ping 通对方。

四、实验步骤

交换机 1 和交换机 2 的配置相同。

(一)使用 DCS-3526

```
Switch # config
Switch (config) # vlan100
Switch (config-vlan100) # switchport interface ethernet 1
Switch (config-vlan100) # switchpor interface ethernet 2-6
Switch (config-vlan100) # exit
Switch (config) # vlan200
Switch (config-vlan200) # switchport interface ethernet 1
Switch (config-vlan200) # switchport interface ethernet 7-12
Switch (config-vlan200) # exit
Switch(config) # interface ethernet 1
Switch (config-if <ethernet1>) # switchport mode trunk
Switch (config-if<ethernet1>) # switchport trunk allowed vlan 100
```

```
Switch (config-if<ethernet1>) # switchport trunk allowed vlan 200
Switch (config-if<ethernet1>) # switchport trunk native vlan 100
Switch (config-if <ethernet1 > ) # exit
Switch(config) # end
Switch # write
```

(二)使用 DCS-3726S

```
Switch # configure
Switch (config) # vlan database
Switch (config-vlan) # vlan100 media ethernet state active
Switch (config-vlan) # vlan200 media ethernet state active
Switch (config-vlan) # exit
Switch (config) # interface ethernet 1/1
Switch (config-if) # switchport allowed vlan add 100, 200 tagged
Switch (config-if) # interface ethernet 1/1-6
Switch (config-if) # switchport allowed vlan add 100 untagged
Switch (config-if) # switchport native vlan100
Switch (config-if) # interface ethernet 1/7-12
Switch (config-if) # switchport allowed vlan add 200 untagged
Switch (config-if) # switchport native vlan200
Switch (config-if) # exit
Switch (config) # end
Switch # copy running-config startup-config
```

实验五 路由器的基本配置

一、实验任务

进行路由器的基本配置。本实验采用 Cisco 2501 路由器实现。

二、预备知识

(一)Cisco 2500 系列的端口

(1)高速同步串口。最大支持 2.048 Mb/s 的 E1 速率。通过软件配置,该种端口可以连接 DDN、帧中继(Frame Relay)、X.25、PSTN(模拟电话线路)。

(2)同步/异步串口。该种端口可以用软件设置为同步工作方式。在同步工作方式下,最大支持 128 KB;异步方式下,最大支持 115.2 KB。

(3)AUI 端口,即粗缆口。一般需要外接转换器(AUI/RJ-45),连接 10Base 以太网络。

(4)ISDN 端口。可以连接 ISDN 网络(2B+D)。

(5)AUX 端口。该端口为异步端口,最大支持 38 400 b/s 的速率,主要用于远程配置或拨号备份。

(6)Console 端口。主要连接终端或运行终端仿真程序的计算机,在本地配置路由器。

(7)高密度异步端口。该端口通过一转八线缆,可以连接 8 条异步线路。

如 Cisco 2501 有一个以太网口(AUI)、一个 Console 口(RJ-45)、一个 AUX 口(RJ-45)和两个同步串口,支持 DTE 和 DCE 设备,支持 EIA/TIA-232、EIA/TIA-49、V. 35、X. 25 和 EIA-530 接口。

(二)Cisco 路由器的配置使用模式

Cisco 路由器的配置使用有多种模式,其中包括用户模式(User Mode)、特权模式(Privileged Mode)、配置模式(Configuration Mode)等。

(1)用户模式。普通用户登录路由器后即处于用户模式,这时的提示符为">"。在该模式下,用户只能查看一些路由器当前的使用状态,在用户模式下无法做进一步的配置。要再配置,必须转入特权模式。

(2)特权模式在用户模式下,输入命令:

>enable

再输入相应的口令。如果口令正确,就进入了特权模式。这时,提示符变为"#"。

在特权模式下,用户可以使用更多的命令,查看更多的信息。如:

#show config(查看配置文件内容)

#debug ip rip(跟踪 RIP 协议的路由信息交换)

(3)配置模式。在特权模式下输入命令:

#config terminal

提示符变为:

(config) #

即进入了配置模式,可以进行配置了。

(三)配置

(1)配置以太网端口。

#conf t(从终端配置路由器)

#int e0(指定 E0 口)

#ip address A. B. C. D X. X. X. X (ABCD 为以太网地址,XXXX 为子网掩码)

#ip address A. B. C. D X. X. X. X secondary (E0 口可同时支持两个地址类型。如果第一个为 A 类地址,则第二个 B 为类或 C 类地址)

#no shutdown (激活 E0 口)

#exit

完成以上配置后,用 ping 命令检查 E0 口是否正常。如果不正常,一般是因为没有激活该端口,用 no shutdown 命令教学 E0 口即可。

(2)专线的配置。

#conf t

#int S2(指定 S2 口)

#ip address A. B. C. D X. X. X. X（ABCD 为 S2 的 ip 地址，XXXX 为子网掩码）

no shutdown

#exit

（3）动态路由的配置。

#conf t

#router rip 20（使用 RIP 路由协议。常用的路由协议有 EIGRP、IGRP、IS-IS 等）

#network A. B. C. D（ABCD 为启用 RIP 协议的端口所在的网络号）

#exit

（4）静态路由的配置。

#ip router A. B. C. D X. X. X. X. Y. Y. Y. Y（ABCD 为对方路由器的网络地址，XXXX 为子网掩码，YYYY 为路由器下一跳的 IP 地址）

三、实验环境

本实验以 Cisco 2501 路由器为例，需要 3 台路由器及相关线缆，3 台 PC 机。

四、实验步骤

（一）连接路由器与主机

网络拓扑如附图 3 所示，利用 3 个 Cisco 2501 路由器互联，来模拟广域网的互联。

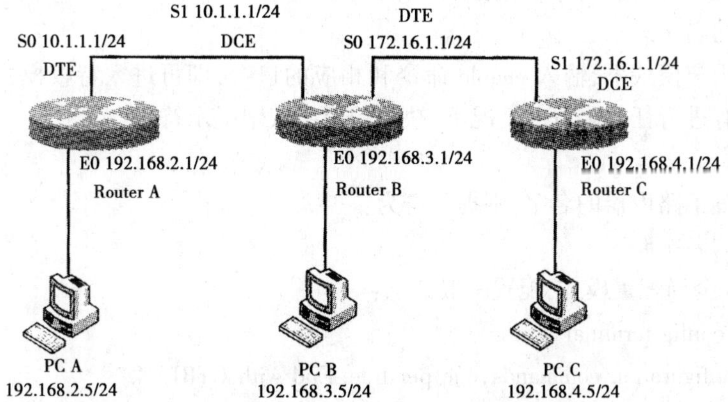

附图 3　路由器配置拓扑

（1）PC A 通过网线（交叉线）与 Router A 的 E0 口相连。

（2）PC B 通过网线（交叉线）与 Router B 的 E0 口相连。

（3）PC C 通过网线（交叉线）与 Router C 的 E0 口相连。

（4）RouterA 的 S0 口通过 V. 35 DTE 电缆与 Router B 的 S1 口的 V. 35 DCE 电缆相连。

（5）RouterB 的 S0 口通过 V. 35 DTE 电缆与 Router C 的 S1 口的 V. 35 DCE 电缆相连。

（二）通过 Console 端口对路由器进行基本配置

建立控制端口的连接：

(1)使用 Cisco 路由器的配置线缆,连接计算机的 Com 口和路由器的 Console 口。

(2)启用超级终端,超级终端中相关参数配置如附图 4 所示。

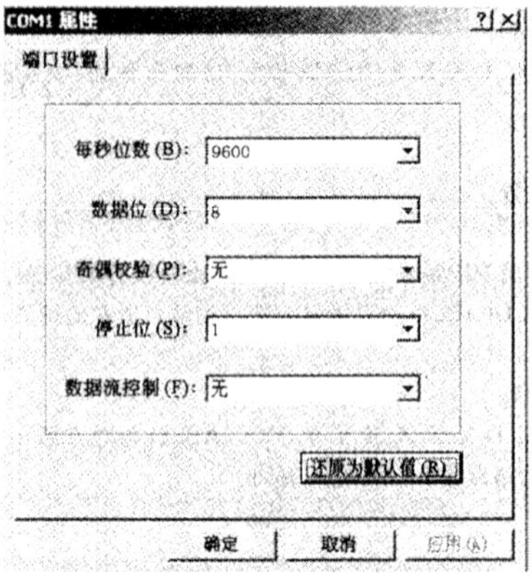

附图 4　超级终端中相关参数配置

(3)进入路由器命令行接口模式(CLI)。首先要进入一般用户模式,在一般用户模式下,用户只能运行少数的命令,而且不能对路由器进行配置。在没有进行任何配置的情况下,缺省的路由器提示符为:

Router>

如果设置了路由器的名字,则提示符为:

路由器的名字>

在一般用户模式下,输入 enable 命令和相应的口令,即可进入特权模式进行路由器配置。在没有进行任何配置的情况下,缺省的超级权限提示符为:

Router>

如果设置了路由器的名字,则提示符为:

路由器的名字#

(4)进入全局配置模式,配置一般信息:

router # config terminal

Enter Configuration commands,one per line. End with CTRL/Z.

/ * 设置路由器名字为 Router A * /

Router(contfig)#hostname t Router A

/ * 配置以太网端口 IP 地址 * /

Router (config) # interface e0

Router (config-if) # ip address 192. 168. 2. 1255. 255. 255. 0

Router (config-if) # end

Router A #

用同样方法,配置 Router B、Router C 的 E0 端口的 IP 地址。

(三)配置广域网接口

本实验用 V. 35 线缆直连模拟 DDN 专线。

(1)Router A。

Router A(config) # interface serial 0

/ * 配置广域网口的 IP 地址 * /

Router A(config-if) # ip address 10. 1. 1. 1;255. 255. 255. 0

/ * 激活 So 口 * /

Router A(config-if) #no shutdown

Router A(config-if) # end

(2)Router B。

Router B (config) # interface serial 1

Router B (config-if) # ip address 10. 1. 1. 2255. 255. 255. 0

/ * 在利用 V. 35 线缆直连时,需在 DCE 一端指定时钟速率 * /

Router B (config-if) # clockrate 2000000

Router B (config-if) # no shutdown

Router B (config-if) # exit

Router B (config) # interface serial 0

Router B (config-if) # ip address 172. 16. 1. 1255. 255. 255. 0

Router B (config-if) # no shutdown

Router B (config-if) # end

(3)Router C。

Router C (config) # interface serial 1

Router C (config-if) # ip address 172. 16. 1. 2255. 255. 255. 0

Router C (config-if) # clockrate 2000000

Router C (config-if) # no shutdown

Router C (config-if) # end

(四)配置路由(以静态路由为例)

(1)Router A。

Router A (config) # ip route 0. 0. 0. 0 0. 0. 0. 0 10. 1. 1. 2

(2)Router B。

Router B (config) # ip route 192. 168. 2. 0 255. 255. 255. 0 10. 1. 1. 1

Router B (config) # ip route 192. 168. 4. 0 255. 255. 255. 0 172. 1. 1. 2

(3)Router C。

Router C (config) # ip route 0. 0. 0. 0 0. 0. 0. 0 172. 16. 1. 1

(五)测试网络连接

先在 Router A 上测试。

(1)到 Router B。

Router A # ping 192. 168. 3. 1

Type escape sequence to abort.

Sending 5,100-byte ICMP Echos to 192. 168. 3. 1,timeout is 2 seconds;

!!!!!

Success rate is 100 percent(5/5) ,round-trip min/avg/max=4/4/4ms

(2)到 Router C。

Router A # ping 192.168.4.1

Type escape sequence to abort.

Sending 5,100-byte ICMP Echos to 192.168.3.1,timeout is 2 seconds,

!!!!!

Success rate is 100 percent(5/5), round-trip min/avg/max=4/4/4ms

上述情况表明,Router A 已经与 Router B、Router C 连通,可以相互访问。同样,可以分别在 Router B、Router C 上访问另外两台路由器或各自连接的主机。

(六)设置路由器的密码,防止配置被修改

(1)口令设置。通过 Console 端口、AUX 端口或 Telnet 进入路由器时,通常遇到两个口令:进入路由器的口令和从一般用户模式进入超级权限模式的口令。

进入路由器的口令设置:

Router A # config terminal

Router A (config) # line aux 0

Router A (config-line) login

Router A (config-line) password 1234

Router A (config-line) exit

Router A (config) # line vty 0 4

Router A (config-line) # password 1234

(2)多级权限配置。在缺省条件下,Cisco IOS 只有一个超级权限的口令,可以配置 Cisco IOS 有多达 16 个级别的权限及其口令。可以设置通过某个级别的口令登录的用户只允许使用某些命令。通过多级权限,可以根据管理要求,授予相应工作的相应权限。

Router A # config terminal

/*将特权口令改为 1234*/

Router A (config) # enable secret 1234

/*将特权的第一级口令设为 1234*/

Router A (config) # enable secret level 1 1234

(七)利用包过滤,实现网络访问控制

包过滤功能可以帮助路由器控制数据包在网络中的传输,通过包过滤可以限制网络流量及增加网络安全性,包过滤功能对路由器本身产生的数据包不起作用,当数据包进入某个端口时,路由器首先检查该数据包是否可以通过路由或桥接方式送出去。如果不能,则路由器将丢掉该数据包,如果该数据包可以传送出去,则路由器将检查该数据包是否满足该端口中定义的包过滤规则,如果包过滤规则不允许该数据包通过,则路由器将丢掉该数据包。

有两种方式的包过滤规则:

(1)标准包过滤。该种包过滤只对数据包中的源地址进行检查。

(2)扩展包过滤。该种包过滤对数据包中的源地址、目的地址、协议及端口号进行检查。

在全局配置状态下定义标准包过滤规则:

access-list 标识号码　deny 或 permit 源地址　通配符

在全局配置状态下定义扩展包过滤规则:

access-list 标识号码 deny/permit 协议标识　源地址　通配符　目的地址　通配符

例如,PC C 只能通过 Telnet 协议访问 PC A,其配置如下:

Router A # config t

Router A (config) # interface e0

Router A (config-if) # ip access-group 101 in

Router A (config-if) # exit

Router A(config) # access-list 101 permit tcp host 192. 168. 4. 5 host 192. 158. 2. 5 eq telnet

Router A(config-if) # end

这时,PC C 只能通过 Telnet 协议访问 PC A,而其他协议,如 DNS、Web 是不允许的。

(八)将 IP 与 MAC 绑定,防止 IP 地址盗用

Router A # config terminal

Router A(config) # arp 192. 168. 2. 5 00c8. c7b0. 84c9 arpa

此时,只有 IP 地址为 211. 168. 2. 5,且同时该主机的 MAC 地址为 0008. c7b0. 84c9 时,该计算机才能访问其他网络的主机,有效地防止了 IP 地址的盗用,保证了用户的合法权益。

参考文献

[1] 林生. 计算机通信与网络教程[M]. 2 版. 北京:清华大学出版社,2013.
[2] 谢希仁. 计算机网络[M]. 4 版. 北京:电子工业出版社,2010.
[3] 谭浩强,王利,等. 计算机网络实用教程[M]. 北京:清华大学出版社,2011.
[4] 杨明福,等. 计算机网络技术[M]. 北京:经济科学出版社,2012.
[5] Tanenbaum,A. S. 计算机网络(中译本)[M]. 3 版. 熊桂喜,译. 北京:清华大学出版社,2009.
[6] 夏素民,等. 计算机网络组建与应用标准教程[M]. 北京:清华大学出版社,2011.
[7] 欧阳,刘凡. 计算机网络应用基础[M]. 北京:电子科技大学出版社,2004.
[8] 苏金树,计算机网络应用基础[M]. 北京:国防科技大学出版社,2000.
[9] 倪鹏云,等. 计算机网络结构分析[M]. 北京:电子工业出版社,2007.
[10] 刘瑞挺,等. 计算机等级考试三级教程——网络技术[M]. 北京:高等教育出版社,2012.
[11] 高传善,等. 计算机网络[M]. 北京:人民邮电出版社,2012.
[12] 张泉方,等. 计算机网络实用教程[M]. 北京:中国水利水电出版社,2011.